U0239138

浙东白鹅
生产技术规范

陈维虎　王小骊　主编

中国农业出版社
北　京

编者名单

主　编　陈维虎　王小骊

副主编　杨　华　卢立志

参　编（按姓氏笔画排序）

王　伟　王冬蕾　王亚琴　吉小凤

吕文涛　李曙光　肖兴宁　肖英平

汪　雯　汪建妹　沈建良　陈景葳

罗锦标　奚经龙　唐　标　盛安常

曾　涛

前　言

随着经济全球化进程的加快，技术标准已成为国际经济、科技竞争的重要手段，以标准化手段为主要内容的技术性贸易措施正在成为当前国际贸易非关税壁垒的主要表现形式，标准也成为一个国家和地区提高自主创新能力及核心竞争力的重要战略目标之一。浙东白鹅是我国著名的地方品种，具有早期生长速度快、肉质优、性成熟早、耐粗饲、适应性强、外形美等特性。近年来，在国家水禽产业技术体系、宁波市白鹅产业技术创新与推广服务团队科技示范服务以及当地政府的产业扶持下，浙东白鹅规模生产技术不断完善，品牌知名度不断提升，养鹅产业得到了快速发展。尤其是随着养鹅技术标准化工作的开展与深入，浙东白鹅生产技术、鹅产品质量安全、农户养殖收入等水平得到了连续提高，大大促进了浙东白鹅产业的发展和生产经营效益的提高。但在技术标准的整体意识、实施机制、水平和竞争力方面还有差距，尤其是重要技术在浙东白鹅品牌建设、打造鹅业产业化经营体系中的支撑作用还不明显。当前，浙东白鹅处于一个新的转型和快速发展时期，推进和实施技术标准战略，对浙东白鹅良种推广应用具有重要意义和作用。应该把浙东白鹅技术标准创新放在更加突出的战略位置，全力推进和实施，为加快提升浙东白鹅产业化发展提供强有力的技术支撑，在产区绿色循环农业发展、乡村振兴战略实施、农民脱贫致富工作中发挥其应有的作用。

浙东白鹅标准化工作的任务是制定标准、组织标准实施，以及对标准的制定、实施进行监管。标准体系是标准化生产的基础。随着浙东白鹅专业化、规模化生产的形成和扩大，标准化的重要性越来越明显。随着生产规模不断扩大，养鹅经济市场化理念已被普遍接受，鹅产品商品化需要相关标准。标准化是发展现代养鹅业、走大规模集约化之路的基础。通过标准化，达到生产经营过程中的优化和统一协调，简化和消除这一过程中多余的、可替换的和低功能的环节，发挥最佳的功能，从而降低成本，提高浙东白鹅品牌产品的市场竞争力。通过标准的制定和实施，把浙东白鹅生产产前、产中、产后全过程纳入标准化生产和标准化管理的轨道，既可加快科技成果的转化，促进增长方式的转变，又能带动各种生产要素的科学配置和优化组合，促进区域化布局、规模化生产、产业化经营，从而达到产业及经济结构合理调整的目的。

1986 年，浙江省标准局和浙江省畜牧兽医局组织有关专家和技术人员起草了浙江省地方标准《浙东白鹅》，并在象山县审评通过。该标准于 1987 年 11 月 15 日发布，1988 年 1 月 1 日实施，标准号为浙 B/NY 10—1987。此后，各浙东白鹅产区以《浙东白鹅》为指南，根据当地情况，制定了各级浙东白鹅生产技术地方标准。其中，以中心产区象山县制定较早且全面。1997 年制定、2002 年修订发布了象山县地方标准《浙东白鹅规模生产技术规程》（DB 330225/T 04—2002），2002 年制定发布了象山县地方标准《浙东白鹅人工孵化技术操作规程》（DB 330225/T 23—2002）。随后，因标准化生产需要，象山县对相应标准进行了修订，先后发布了浙江省地方标准《地理标志产品　象山白鹅生产技术规程》（DB 33/T 880—2014）和宁波市地方标准《象山白鹅　第 1 部分：种鹅》（DB 3302/T 074.1—2018）、《象山白鹅　第 2 部分：繁育》（DB 3302/T 074.2—2018）、《象山白鹅　第 3 部分：饲养管理》（DB 3302/T 074.3—2018）、《象山白鹅　第 4 部分：疾病防治》（DB 3302/T 074.4—2018）、《浙东白鹅人工孵化技术规程》（DB 3302/T 185—2018）等一系列生产技术标准，以及宁波市地方标准《紫花苜蓿生产技术规程》（DB 3302/T 086—2018）、《墨西哥饲用玉米生产技术规程》（DB 3302/T 100—2018）、《多花黑麦草生产技术规程》（DB 3302/T 202—2021）等主要配套技术。为适应标准化生产发展的需要，象山县对《象山白鹅》（DB 3302/T 074）4 个标准进行了多次修订，以保证标准在生产指导中的技术领先性。为了科学评价浙东白鹅肉质细嫩鲜美的优良性能，在风味物质理化测定评价的基础上，制定了《鹅肉感官评价方法》（T/ZNZ 090—2021）浙江省农产品质量安全学会团体标准，结合产品质量安全、环境管理、防疫检疫等其他方面的引用标准，至 2018 年《浙东白鹅》（GB/T 36178—2018）的制定发布，形成了比较完整的浙东白鹅标准体系。浙东白鹅标准体系是畜牧业标准体系的组成部分，包含浙东白鹅品种特性、生产环境及生态安全、养殖生产、疫病防控和产品质量等标准子体系。

本书汇编的浙东白鹅标准体系，以及相关的标准和标准化知识简介，可作为浙东白鹅生产标准化工作的参考和养鹅场（户）标准化养鹅技术培训资料。

目　录

第一章 养鹅标准体系及标准化

标准制定、标准体系建立反映了行业标准化工作的水平。根据浙东白鹅生产发展的需要和养鹅科技发展的需要及其水平，制定和集成相关标准，建立标准体系，对提高浙东白鹅生产的管理技术水平和社会经济效益具有重要意义。

一、标准分类

按照标准化对象，通常把标准分为技术标准、管理标准和工作标准3大类。技术标准是对标准化领域中需要协调统一的技术事项所制定的标准，包括基础标准、产品标准、工艺标准、检测试验方法标准，及安全、卫生、环保标准等。管理标准是对标准化领域中需要协调统一的管理事项所制定的标准。工作标准是对工作的责任、权利、范围、质量要求、程序、效果、检查方法、考核办法所制定的标准。

按照标准的规定、属性、项目、通用程度不同，分为强制性标准和推荐性标准。强制性标准是在一定范围内通过法律、行政法规等强制性手段加以实施的标准，具有法律属性。推荐性标准又称为非强制性标准或自愿性标准，是指生产、交换、使用等方面，通过经济手段或市场调节而自愿采用推荐性标准的一类标准。

按照标准制定主体的属性，可分为国际标准、国家标准、行业标准、地方标准、团体标准、企业标准等六类。

（一）国际标准

国际标准是指国际标准化组织（ISO）、国际电工委员会（IEC）和国际电信联盟（ITU）等制定的标准，其他国际组织制定的标准，经国际标准化组织理事会审查认可，国际标准化组织理事会接纳并由中央秘书处颁布的标准。国际标准在世界范围内统一使用。国际标准还包括部分国家、地区或国际组织制定的，在国际上实际执行的标准。

（二）国家标准

国家标准是指由国家标准化主管机构（国家市场监督管理总局、国家标准化管理委员会）批准发布，全国专业标准化技术委员会（TC）、标准化分技术委员会（SC）、标准化工作组（SWG）具体负责各自的标准管理和审评，对全国经济、技术发展有重大意义，且在全国范围内统一的标准。国家标准分为强制性国家标准和推荐性国家标准。为保障人身健康和生命财产安全、国家安全、生态环境安全以及满足经济社会管理基本需要的技术要求，应当制定强制性国家标准。强制性国家标准由国务院批准发布或者授权批准发布。为满足基础通用、与强制性国家标准配套、对各有关行业起引领作用等的技术要求，可以制定推荐性国家标准。国家标准是企业和地方制定标准的基础及参考。鹅业相关国家标准以"GB、GB/T、GB/Z"开头。

（三）行业标准

行业标准是对没有国家标准而又需要在全国某个行业范围内统一的技术要求所制定的标准。行业标准不得与有关国家标准相抵触。有关行业标准之间应保持协调、统一，不得重复。行业标准在相应的国家标准实施后，即行废止。行业标准由行业标准归口部门统一管理。农业行业标准以"NY"开头。

（四）地方标准

地方标准是由地方（省、自治区、直辖市）人民政府标准化行政主管部门批准、制定和发布，在某一地区范围内统一的标准。经所在省、自治区、直辖市人民政府标准化行政主管部门批准，下辖设区市可以制定本行政区域的地方标准。地方标准一般以"DB"开头。

（五）团体标准

团体标准是学会、协会、商会、联合会、产业技术联盟等社会团体协调相关市场主体共同制定满足市场和创新需要的团体标准，由本团体成员约定采用，或者按照本团体的规定供社会自愿采用。团体标准一般以"T"开头，编号依次由团体标准代号（T）、社会团体代号、团体标准顺序号和年代号组成。

（六）企业标准

企业标准是在企业范围内需要协调、统一的技术要求、管理要求和工作要求所制定的标准，是企业组织生产、经营活动的依据。企业生产的产品没有国家标准和行业标准的，应当制定企业标准，作为组织生产的依据。已有国家标准或者行业标准的，国家鼓励企业制定严于国家标准或者行业标准的企业标准，在企业内部适用。企业标准由企业制定，由企业法人代表或法人代表授权的主管领导批准、发布，并经标准化行政主管部门审查、备案后，作为指导企业生产和经营的依据。企业标准一般以"Q"开头。

二、标准制（修）订

标准制定有一定的程序，一般可分为以下几个阶段：

（一）预立项阶段

根据生产、市场和环境竞争需要，确定需要制定标准的对象，再根据对象收集相关技术资料，明确范围和制定目标。

（二）立项阶段

对证据充分，符合立项条件的标准制定对象，提出立项申请。立项的基本条件：

（1）符合国家现行的法律法规和标准化工作的有关规定。

（2）符合国家标准的立项范围和指导原则。

（3）市场和企业急需，符合国家产业发展政策，对提高经济效益和社会效益有推动作用。

（4）政府急需，对规范市场秩序有推动作用。

（5）符合国家采用国际标准或国外先进标准的政策。

（6）与现行国家标准没有交叉。

（7）属于申报单位的业务范围。

（三）起草阶段

成立起草小组，拟订工作计划，开展调查研究，安排试验验证内容，完成标准征求意见稿。

（四）征求意见阶段

将征求意见稿发往相关单位或个人征求意见，收回并处理意见，提出标准送审稿。

（五）审查阶段

通过会议和函件审查，通过后形成报批稿。

（六）批准阶段

上报标准经审查机构审查，标准化主管部门批准、发布。

（七）出版阶段

批准的标准报批稿送标准出版单位出版。

（八）复审阶段

标准在实施后 5 年内，应进行重新审查，确认有效性，或修订，或废止。如需要修订，则按制（修）订程序开展。

（九）废止阶段

对已无实施利用价值的标准，宣布废止。

三、标准的实施与监督

（一）实施

标准的实施是指有组织、有计划地贯彻执行标准的活动。标准制定部门、使用部门将标准规定的内容贯彻到生产、流通等领域中的过程。这一过程分为7个阶段。

1. 计划 标准制定发布后，应拟订贯彻实施计划，确定贯彻标准的方式、内容、步骤、负责人员、起止时间、达到的要求和目标等内容。

2. 准备 为使计划顺利开展，应做好思想（宣传）准备、组织（实施力量）准备、应掌握的技术（配套）准备、物资条件（标准施行所需）准备。

3. 试点 按标准建立示范点，并从示范试点中获得经验，为全面贯彻标准创造条件。

4. 实施 按标准规定组织生产、流通、检验，并因地制宜采取措施，保证标准的贯彻、实施。

5. 检查 检验、检查标准在实施过程中的可行性和先进性，以及存在的问题。

6. 总结 对实施、检查结果进行分析、总结。

7. 反馈 将总结结果反馈到标准的起草、发布部门，为标准的修订积累和提供科学的依据。

（二）监督

为确保标准实施的有效性，取得显著的标准化成果，应对标准的实施进行监督。标准实施的监督就是通过检验、检测、资料审查、调查走访、测算评估等方法对生产、流通、检验领域的相关标准是否满足实施要求，是否按标准实施及达到预期效果，实施标准的计划、组织、措施是否落实到位，实施中存在的突出问题等开展监督。

1. 第一方监督 实施方的自我监督，建立标准实施监督制度，培养和增强标准化生产意识，对生产的各个环节，对照标准进行自我监督。

2. 第二方监督 与实施方相关的各方监督，对生产过程中是否有违反标准要求、造成相关他方的影响进行监督。

3. 第三方监督 具有公正立场的政府或其授权的相关机构进行的监督，如通过检验、检测来确保实施方是否按要求实施标准。

四、标准化

鹅业标准化是鹅业生产相关标准的提出、制定、实施和监管的科学过程。鹅业标准化就是为了达到养鹅生产的确定目标，运用系统分析方法，对鹅业经济、技术、科学、管理活动中需要统一、协调的各类对象，建立相关标准综合体和标准体系，并有组织、有步骤地贯彻实施和监管，使之实现必要而合理、统一活动的一种标准化方法。达到鹅业生产统一、简化、协调和最优化的要求，以实现效益最大化。标准化是养鹅生产的重要质量管理体系。养鹅企业标准化是以获得企业的最佳生产经营秩序和经济效益为目标，对生产经营活动范围内的重复性事物和概念，以制定和实施企业标准，贯彻实施相关的国家、行业、团体、地方标准，接受监督管理等为主要内容的过程。

（一）标准化原理

1. 统一原理 为了保证事物发展所必需的秩序和效率，对事物的形成、功能或其他特性，确定适合于一定时期和一定条件的一致规范，并使这种一致规范与被取代的对象在功能上达到等效。统一原理包含以下要点：

（1）统一是为了确定一组对象的一致规范，其目的是保证事物所必需的秩序和效率。

（2）统一的原则是功能等效，从一组对象中选择确定一致规范，应能包含被取代对象所具备的必要功能。

（3）统一是相对的，确定的一致规范，只适用于一定时期和一定条件，随着时间的推移和条件的改变，旧的统一就要由新的统一所代替。

2. 简化原理　为了经济有效地满足需要，对标准化对象的结构、型式、规格或其他性能进行筛选提炼，剔除其中多余的、低效能的、可替换的环节，精炼并确定满足全面需要的必要的高效能的环节，保持整体构成简单合理，使其功能效率最高。简化原理包含以下几个要点：

（1）简化的目的是为了经济，使之更有效的满足需要。

（2）简化的原则是从全面满足需要出发，保持整体构成简单合理，使其功能效率最高。所谓功能效率是指功能满足全面需要的能力。

（3）简化的基本方法是对处于自然状态的对象进行科学的筛选提炼，剔除其中多余的、低效能的、可替换的环节，提炼出高效能的能满足全面需要所必要的环节。

（4）简化的实质不是简单化而是精练化，其结果不是以少替多，而是以少胜多。

3. 协调原理　为了使标准的整体功能达到最佳，并在实施中产生实际效果，必须通过有效的方式协调好系统内外相关因素之间的关系，确定标准体系内外相互适应或平衡关系所必须具备的条件。协调原理包含以下要点：

（1）协调的目的在于使标准系统的整体功能达到最佳并产生实际效果。

（2）协调对象是系统内相关因素的关系以及系统与外部相关因素的关系。

（3）相关因素之间需要建立相互一致关系、相互适应关系（供需交换条件）、相互平衡关系（技术经济指标平衡，有关各方利益、矛盾的平衡），为此必须确立条件。

（4）协调的有效方式有：有关各方面的协商一致，多因素的综合效果最优化，多因素矛盾的综合平衡等。

4. 最优化原理　按照特定的目标，在一定的限制条件下，对标准系统的构成因素及其关系进行选择、设计或调整，使之达到最理想的效果。

（二）标准化步骤

1. 准备阶段　由不同养鹅主体（层次、规模等）相对应的标准化管理组织进行标准化项目的选择、项目的可行性分析、建立协调机构。浙东白鹅标准化生产工作应由所在地县级及以上人民政府牵头，标准化行政主管部门以及农业农村行政主管部门等组成的浙东白鹅标准化生产领导小组进行。浙东白鹅标准化生产领导小组负责浙东白鹅标准化生产项目确立，制定项目实施方案，出台浙东白鹅标准化生产扶持政策，指导由标准化及畜牧业科技人员、鹅业核心生产单位标准化实施人员等组成的浙东白鹅标准化生产工作实施小组，实施小组作为标准化协调机构，根据浙东白鹅标准化项目实施方案，组织浙东白鹅标准化工作的开展。

2. 规划阶段　明确标准化项目后，由协调机构制定需达到的目标，组织编制标准综合体规划。浙东白鹅标准化生产工作实施小组按照浙东白鹅标准化项目实施方案要求，组织编制浙东白鹅生产标准综合体规划，分阶段（或年度）制定具体的工作内容、实施措施和实现目标。

3. 建立和贯彻实施阶段　制定标准和引用相关标准，建立标准综合体，形成标准体系。除采用标准的完整性外，标准之间更具相容性、协调性，以保证达到总体目标的最佳效果。建立标准化实施示范基地（点），开展标准化技术培训和指导，推进标准的贯彻实施。及时总结标准化生产成效和贯彻实施的经验，定期对标准进行评审与修订。

4. 监督管理阶段　浙东白鹅标准化生产领导小组组织标准化行政主管部门以及农业农村行政主管部门依据法定职责，对标准的制定进行指导和监督，对标准的实施进行监督检查，对标准化成效进行评估。在标准化过程中，对出现的问题及时予以协调、整改、提高。

（三）质量管理认证体系

大规模养鹅及鹅产品加工企业应建立 HACCP（危害分析关键控制点）、GMP（良好作业规范）、SSOP（生产中为实现 GMP 目标所需的操作规范和程序）、ISO9000（14000）（国际标准化组织发布的质量管理和保证的体系）、绿色食品、有机食品（农产品）认证等标准化质量管理认证体系。

五、标准体系及构建

养鹅产业标准体系及构建是标准化的一个发展阶段，对养鹅业实施标准化，规范养鹅产业技术、提升养鹅效益具有重要意义。

（一）概念

1. 标准体系

标准体系是指一定范围内的标准按其内在联系形成的科学的有机整体。为实现养鹅产业发展目标，将养鹅生产全过程中需要实施的标准，运用系统管理的原理和方法将相互关联、相互作用的标准化要素加以识别，制定标准，建立标准体系并进行系统管理，发挥标准化的系统效应。标准体系具有集合性、可分解性、相关性、目标性和整体性特点，它由养鹅产业相关的相互独立而有机关联的多个标准集成，提高养鹅技术水平、发展养鹅产业的目标明确，其中标准的互作效应体现了标准体系很强的整体性。

2. 标准体系构建的基本理念

（1）需求导向。以鹅业发展规划和目标为标准体系建设的导向，充分考虑产区发展基础和社会、经济、地理环境等条件以及鹅产品开发趋势、市场需求等，制定相应标准，构建标准体系。

（2）创新设计。根据标准体系建设的有关标准基础和要求，进行标准体系的创新设计，构建系统、协调、适应鹅业发展战略需要的标准体系。

（3）系统管理。运用系统管理的原理和方法，针对识别品种、饲养管理、饲料保障、产品加工、测量手段等鹅业生产过程中相互关联、相互作用的标准化要素，建立系统性的标准体系，并与鹅业发展相关的扶持政策、科技研究与成果应用等体系充分融合、相互协调，以实现标准体系实施的有效性。

（4）持续改进。采用"策划—实施—检查—处置—再策划"的循环管理模式，实现鹅业标准体系持续改进，以适应鹅业发展的标准实施需求。

（二）标准体系构建

1. 构建原则

（1）明确目标。标准体系是为鹅产业发展规划和目标服务的，构建标准体系要先明确相应的标准化目标。

（2）整体性。标准体系的子体系及子子体系的全面完整和标准体系表所列标准的全面完整，保证标准体系实施的可操作性。

（3）层次适当。标准明细表中的每一项标准在标准体系结构图中应有相应的层次。为了便于理解、减少复杂性，标准体系的层次不宜太多。

（4）分类清晰。标准体系表内的子体系或类别的划分，各子体系的范围和边界要划分清楚，应按行业、专业或门类等标准化活动性质的同一性，而不宜按行政机构的管辖范围而划分。

2. 实施步骤

（1）确定标准化的方针目标。了解掌握标准化所支撑的鹅业发展方向与战略；明确标准体系建设的愿景和所要达到的目标；确定实现标准化目标的实施策略、指导思想和基本原则；确定标准体系的范围和边界。在此基础上，制定标准体系建设实施规划。

（2）对标准体系开展调查研究。了解和研究国内外相关标准体系的建设情况；现在已经制定的标准和已经开展的研究项目；存在的标准化相关问题和对标准体系的建设需求。

（3）确立标准体系结构。根据标准体系建设的方针、目标以及具体的标准化需求，借鉴国内外现有的相关标准体系的结构框架，从鹅业标准化的角度对体系标准进行分析，确立标准体系的结构关系。

（4）编制标准体系表。编制标准体系结构图、标准明细表、标准统计表和标准体系表编制说明。

（5）对标准体系的动态维护和更新。因为标准体系是一个动态的系统，在使用过程中应该不断优化完善，随着业务需要和技术发展的不断变化进行维护和更新。

3. 标准体系表

（1）标准结构图。以浙东白鹅为例的养鹅生产标准体系结构图见图1-1。

（2）标准体系表。现有浙东白鹅相关标准组成的浙东白鹅标准体系明细表见表1-1。

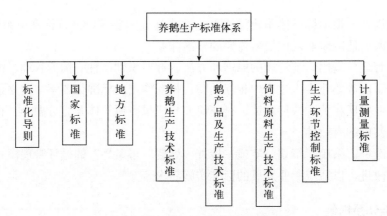

图 1-1 养鹅生产标准体系结构图

表 1-1 养鹅生产浙东白鹅标准明细表

序号	标准体系编号	子体系名称	标准名称	标准号	备注
1	1	导则	标准体系构建原则和要求	GB/T 13016—2018	
2	2	品种国家标准	浙东白鹅	GB/T 36178	
	3	品种地方标准			
3	3.1	品种地方标准	象山白鹅 第1部分：种鹅	DB 3302/T 074.1	
4	3.2	品种地方标准	象山白鹅 第2部分：繁育	DB 3302/T 074.2	
5	3.3	品种地方标准	象山白鹅 第3部分：饲养管理	DB 3302/T 074.3	
6	3.4	品种地方标准	象山白鹅 第4部分：疾病防治	DB 3302/T 074.4	
7	3.5	品种地方标准	浙东白鹅 第1部分：种鹅	DB 330281/T 11.1	
8	3.6	品种地方标准	浙东白鹅 第2部分：雏鹅	DB 330281/T 11.2	
9	3.7	品种地方标准	浙东白鹅 第3部分：肉用仔鹅	DB 330281/T 11.3	
10	3.8	品种地方标准	浙东白鹅 第4部分：饲养管理	DB 330281/T 11.4	
11	3.9	品种地方标准	浙东白鹅 第5部分：主要疾病防治	DB 330281/T 11.5	
	4	养鹅生产技术标准			
12	4.1	养鹅生产技术标准	地理标志产品 象山白鹅生产技术规程	DB 33/T 880	
13	4.2	养鹅生产技术标准	浙东白鹅（舟山）饲养技术规范	DB 3309/T 14	
14	4.3	养鹅生产技术标准	浙东白鹅人工孵化技术规程	DB 3302/T 185	
15	4.4	养鹅生产技术标准	无公害浙东白鹅 第1部分：种鹅	DB 330682/T 23.1	
16	4.5	养鹅生产技术标准	无公害浙东白鹅 第2部分：饲料使用准则	DB 330682/T 23.2	
17	4.6	养鹅生产技术标准	无公害浙东白鹅 第3部分：兽医防疫准则	DB 330682/T 23.3	

（续）

序号	标准体系编号	子体系名称	标准名称	标准号	备注
18	4.7	养鹅生产技术标准	无公害浙东白鹅 第4部分：兽药使用准则	DB 330682/T 23.4	
19	4.8	养鹅生产技术标准	无公害浙东白鹅 第5部分：饲养管理操作规程	DB 330682/T 23.5	
	5	产品及生产技术标准			
20	5.1	产品及生产技术标准	鹅肉感官评价方法	T/ZNZ 090—2021	
21	5.2	产品及生产技术标准	浙东白鹅肉品等级规格	T/ZNZ 089—2021	
22	5.3	产品及生产技术标准	畜禽屠宰操作规程 鹅	NY/T 3742	
23	5.4	产品及生产技术标准	食品安全国家标准 畜禽屠宰加工卫生规范	GB 12694	
24	5.5	产品及生产技术标准	食品安全国家标准 肉和肉制品经营卫生规范	GB 20799	
25	5.6	产品及生产技术标准	家禽屠宰检疫规程	农医发〔2010〕27号	
26	5.7	产品及生产技术标准	畜禽产品消毒规范	GB/T 36195	
27	5.8	产品及生产技术标准	病死及病害动物无害化处理技术规范	农医发〔2017〕25号	
	6	饲料原料生产技术标准			
28	6.1	饲料原料生产技术标准	紫花苜蓿生产技术规程	DB 3302/T 086	
29	6.2	饲料原料生产技术标准	墨西哥饲用玉米生产技术规程	DB 3302/T 100	
30	6.3	饲料原料生产技术标准	多花黑麦草生产技术规程	DB 3302/T 202	
31	6.4	饲料原料生产技术标准	鹅草循环种养模式	审评稿	
	7	生产环节控制标准			
32	7.1	生产环节控制标准	畜禽场环境质量标准	NY/T 388	
33	7.2	生产环节控制标准	畜禽场环境质量及卫生控制规范	NY/T 1167	
34	7.3	生产环节控制标准	高致病性禽流感防治技术规范	GB 19442	
35	7.4	生产环节控制标准	家禽产地检疫规程	农医发〔2010〕20号	

（续）

序号	标准体系编号	子体系名称	标准名称	标准号	备注
36	7.5	生产环节控制标准	跨省调运种禽产地检疫规程	农医发〔2010〕33号	
37	7.6	生产环节控制标准	无公害食品 鹅饲养兽医防疫准则	NY 5266	
38	7.7	生产环节控制标准	畜禽粪便无害化处理技术规范	GB/T 36195	
39	7.8	生产环节控制标准	食品动物中禁止使用的药品及其他化合物清单	农业农村部公告第250号	
40	7.9	生产环节控制标准	饲料卫生标准	GB 13078	
	8	计量测量标准			
41	8.1	计量测量标准	家禽生产性能名词术语和度量计算方法	NY/T 823	
42	8.2	计量测量标准	种禽档案记录	ZB B 43001	

（三）实施措施

1. 完善体系建设内容 围绕产业发展方向和目标，建立起以技术标准体系为主体，管理标准和工作标准体系相配套，包括产业标准化工作管理要求在内的标准体系。

2. 落实创新驱动战略 加强标准与科技互动，运用最新技术和生产操作经验，不断地优化标准体系结构，淘汰标准体系内低功能要素，增加和补充新的、高功能的要素，使标准体系始终处于相互关联、相互协调功能的最佳状态。

3. 评价和确认是推动体系运行及保持体系有效性的动力所在 在标准体系的实施过程中，通过评价和确认，持续改进标准体系的有效性。

六、浙东白鹅标准化示范区建设

为了促进浙东白鹅生产区域化布局、规模化养殖、标准化生产、产业化经营，促进产业和科技有机结合，开展浙东白鹅标准化示范区建设。在标准化示范区、养鹅户中大力推进和实施技术标准战略及浙东白鹅品牌战略，不断提升标准技术创新能力，制定完善各类鹅业生产管理标准，执行相关的国家、行业和地方标准，建立健全技术标准体系，加快养鹅科技的推广应用，提高浙东白鹅产品质量安全水平和市场竞争力。运用标准化手段规范浙东白鹅养殖、加工、流通、监管的生产全过程，推动鹅业产业化发展。发挥标准化示范区带头作用和辐射效应，推行浙东白鹅生产组织化的标准化推广模式，建立健全鹅业标准化示范、培训、推广体系，拓宽示范领域，扩大实施标准化生产规模。

（一）建设内容

在浙东白鹅标准化生产技术应用中，首先由标准化协调机构通过研究，组织制定出科学的品种标准、饲养管理标准及有关用药、环境安全等系列标准或标准体系。根据标准设计和建设鹅场建筑、添置养殖设施，制定完善的生产制度和监管制度。在标准化生产过程中，按标准要求组织实施养鹅生产。

贯彻实施规划要求拟执行的相关标准和需达到的技术要求，加强标准化实施管理。建设示范基地，在基地内开展标准化生产，饲养的种鹅符合浙东白鹅品种标准要求。在示范基地实行标准化生产的同时，发挥示范带动作用，带动标准化示范区养鹅户实施标准化生产。

（二）实施措施

1. 成立组织　为了统一标准化工作的领导、管理和协调，在建设和实施过程中，要成立浙东白鹅标准化示范区建设领导小组和标准化工作实施小组等专门的标准化机构，配备相应的人员。领导小组负责组织标准化示范区建设的实施，制定实施方案，开展标准化技术培训和指导，做好标准化管理与监督工作。实施小组负责标准化技术措施的制定和示范带动技术指导。

2. 制定实施方案　制定包括标准化示范区范围、标准体系、建设目标、实施内容、保障措施等在内的具体实施方案。

3. 建立标准体系　制定和搜集浙东白鹅标准化示范区建设相关的技术、管理和工作标准，建立标准体系，作为标准化示范区运用和执行的标准。

4. 标准宣贯　运用社会舆论、宣传媒体、编印标准汇编、培训、示范等手段开展标准宣贯。标准宣贯的目的就是为了实施，通过相关标准的宣传和贯彻，把标准的内容、执行标准的意义和目的都传递给示范区广大饲养户，提高饲养户的标准化意识，自觉执行标准组织生产，达到实施标准化生产示范区建设的目的。

七、鹅场标准化制度制订

养鹅场标准化养殖需要制订必要的各项管理制度，并上墙监督执行。

（一）养殖档案管理制度

（1）养鹅场必须建立养殖档案，并由专人负责养殖记录和档案的管理工作。

（2）养殖档案应当载明以下内容：

① 鹅的品种、类别、数量、繁殖记录、标识情况、来源和进出场日期。

② 饲料、饲料添加剂等投入品和兽药的来源、名称、使用对象、时间和用量等有关情况。

③ 检疫、免疫、监测、消毒等有关情况。

④ 发病、诊疗、死亡和无害化处理情况。

⑤ 畜禽养殖代码。

⑥ 畜牧兽医行政管理部门规定的其他内容。

(二) 免疫接种制度

(1) 免疫接种工作由鹅场防疫员专人负责，做好全场的免疫接种工作。

(2) 小鹅瘟、高致病性禽流感等疫病免疫接种必须执行下列程序：

① 小鹅瘟免疫接种程序。母鹅产蛋前 1 个月，用小鹅瘟弱毒疫苗免疫接种。母鹅未免疫接种的，出壳后雏鹅 1 日龄内用雏鹅用小鹅瘟疫苗免疫接种。

② 高致病性禽流感免疫接种程序。雏鹅 7～14 日龄首免，3～4 周后进行加强免疫接种 1 次。后备种鹅开产前 1 个月进行第 2 次加强免疫接种，以后每隔 4 个月免疫接种 1 次。

③ 其他疫病免疫接种。根据疫病流行情况、本场防疫预案、当地防疫部门免疫接种要求等确定免疫接种疫病种类，制订免疫接种程序。

(3) 免疫接种操作规范要求。

① 必须使用经国家批准生产的疫苗，并做好疫苗管理工作，按照疫苗保存条件储存和运输。

② 免疫接种时应按照疫苗使用说明书要求规范操作，并对废弃物进行无害化处理。

③ 免疫接种过程中应做好各项消毒工作，防止交叉感染。

④ 经免疫监测，免疫抗体合格率达不到规定要求时，尽快实施加强免疫。

(三) 卫生消毒制度

(1) 鹅场确定专门的消毒人员，负责鹅场的消毒工作。

(2) 应选择对人和鹅安全，对设备、设施腐蚀性小，没有残留毒性的消毒药。

(3) 鹅场出入口应设有消毒池和更衣室。每周给鹅舍消毒 1 次。每月对鹅场周围环境及场内污水池、堆粪坑、下水道消毒 1 次。

(4) 工作人员进入生产区应更衣、换鞋、紫外线消毒和脚踏消毒池。控制外来人员进入生产区，外来人员应严格遵守鹅场防疫制度，更换一次性防疫服和工作鞋，并经紫外线消毒和脚踏消毒池，按指定路线行走，并记录在案。

(5) 鹅出栏后，应及时对舍、栏、用具等进行彻底打扫和消毒。

(四) 兽药饲料使用制度

(1) 详细记录饲料、饲料添加剂等投入品和兽药的来源、名称、使用对象、使用时间和用量等有关情况。

(2) 必须使用经国家批准生产的兽药。允许使用国家畜牧兽医行政管理部门批准的微生态制剂。

(3) 鹅场兽药（生物药品）、饲料由专人管理，购入兽药、饲料必须经过验收方可入库。并做好出、入库记录。

(4) 优先使用疫苗预防鹅的疫病，减少兽药用量。

(5) 禁止使用未经国家批准的兽药或已经淘汰的兽药。

(6) 禁止使用霉变饲料，饲料及饲料添加剂中不得含有抗生素。

（7）使用抗生素、抗寄生虫药，要严格遵守用法、用量和休药期，未满休药期的肉鹅不得出售。

（五）疫情报告制度

（1）养鹅场应执行疫情报告制度，做好疫情报告工作。疫情报告由场动物防疫人员负责，其他人员不得报告疫情。

（2）鹅场发生疑似重大动物疫情时，防疫人员应当立即向当地兽医部门报告疫情，并采取临时性隔离等控制措施，防止疫情扩散。

（3）疫情报告内容。

① 疫情发生时间、地点。

② 染疫、疑似染疫的鹅种类和数量、同群鹅数量、免疫情况、死亡数量、临床症状、病理变化、诊断情况。

③ 流行病学和疫源追踪情况。

④ 已采取的控制措施。

⑤ 疫情报告的单位、负责人、报告人及联系方式。

（4）临时控制措施。

① 应立即隔离病鹅，并确定专人负责管理。

② 对鹅场进行全面消毒，特别是应对病鹅舍或被污染的环境进行彻底消毒。

③ 病死鹅不得屠宰食用。

④ 必要时对鹅场进行封锁。

（5）对重大动物疫情不得瞒报、谎报、迟报，不得授意他人瞒报、谎报、迟报，不得阻碍他人报告。

（6）防疫人员应当建立疫情统计、登记制度，并定期向当地兽医部门报告。

（六）鹅场废弃物无害化处理制度

（1）鹅场应设有废弃物无害化处理设施，如氧化池、无渗漏鹅粪发酵棚、病害尸体焚毁坑等。

（2）鹅粪、污水实行干湿分离。污水经氧化池氧化沉淀处理后循环利用，或用作周围农地、牧草地的有机肥。鹅粪运至发酵棚进行堆积发酵后作为有机肥使用。

（3）对传染病致死或因病扑杀的死尸应按要求进行处理。

八、标准化生产记录与养殖档案

根据《中华人民共和国畜牧法》（以下简称《畜牧法》）及配套法规要求，生产记录和养殖档案是管理部门对鹅场开展生产安全监管的依据。生产记录与养殖档案对鹅场生产经营具有重要意义，通过对生产记录和养殖档案进行分析可以找出生产经营中存在的问题，并予以改正，提高生产水平和经营效益。育种鹅场、保种场等还要有育种和保种有关的生产性能记录。屠宰场要有相应的生产记录。

（一）生产记录

1. 育雏记录 包括育雏环境（温湿度、天气等）、饲料消耗、死淘情况等记录（表1-2、表1-3）。育雏记录表由饲养员负责记录，对天气变化及其他有关管理工作还要以日记形式记录。技术员负责记录雏鹅动态观察情况。

表 1-2 育雏记录表

日期	日龄	存栏量（只）			死淘数（只）		喂料量（g）	鹅舍温度（℃）	备注
		公	母	小计	公	母			

饲养员：　　　　　　　　　　　　　　　　　　　　　　　　技术员：

表 1-3 育雏期体重测定表

编号	初生	1周龄	2周龄	3周龄	4周龄

饲养员：　　　　　　　　　　　　　　　　　　　　　　　　技术员：

2. 育成记录 包括耗料、体重等记录（表1-4、表1-5）。商品肉鹅饲养，根据农业执法管理等部门要求，还应有食品安全方面的检测、监测记录。

表 1-4 育成记录表

日期	日龄	存栏量（只）			死淘数（只）		喂料量（g）	鹅舍温度（℃）	备注
		公	母	小计	公	母			

饲养员：　　　　　　　　　　　　　　　　　　　　　　　　技术员：

表 1-5　育成期体重测定表

编号	5周龄	6周龄	7周龄	8周龄	9周龄	10周龄	11周龄	12周龄	13周龄	14周龄	15周龄

饲养员：　　　　　　　　　　　　　　　　　　　　　　　　　　技术员：

3. 产蛋记录　产蛋记录见表 1-6。同时，要记录养殖日志，包括鹅的健康观察状况、死淘原因、产蛋异常变化等。

表 1-6　产蛋记录表

日期		日龄	存栏量（只）			死淘数（只）		喂料量（g）	产蛋数（枚）	非种用蛋数（枚）	备注
月	日		公	母	小计	公	母				

饲养员：　　　　　　　　　　　　　　　　　　　　　　　　　　技术员：

4. 孵化记录　包括孵化环境记录、孵化成绩记录（表 1-7 至表 1-9）。孵化日志应记录孵化器运行及孵化异常情况、采取的调整措施、有无损失等。

表 1-7　孵化成绩记录表

批次	入孵时间	入孵数量（枚）	头照时间	无精蛋（枚）	死胚蛋（枚）	受精蛋数（枚）	二照时间	死胚蛋（枚）	活胚数（只）	出雏数（只）	健雏数（只）

操作员：　　　　　　　　　　　　　　　　　　　　　　　　　　技术员：

表 1-8　孵化成绩记录表

孵化批次：

值班记录时间	温度（℃）	相对湿度（%）	通风状况	加（喷）水	翻蛋	晾蛋	备注

操作员：　　　　　　　　　　　　　　　　　　　　　　　　　　技术员：

表 1-9 孵化环境记录表

日期		孵化室		二氧化碳浓度（%）	室外温度（℃）	备注
月	日	温度（℃）	相对湿度（%）			

操作员： 技术员：

5. 饲料兽药记录 包括饲料及饲料添加剂、兽药、疫苗及其他生物药品入库记录（表 1-10 至表 1-12），鹅场生产自配料的，还要有添加剂、预混料入库记录、饲料加工生产记录。饲料、兽药、疫苗还应有保管状况记录和出库、使用记录。

表 1-10 饲料、饲料添加剂入库记录表

日期（ 月 日）	饲料或添加剂名称	等级	数量	单价	金额	来源	备注

保管员： 技术员： 鹅场负责人：

表 1-11 兽药入库记录表

日期（ 月 日）	兽药名称	规格	数量	单价	金额	产地	批号	备注	经手人

保管员： 技术员： 鹅场负责人：

表 1-12 疫苗入库记录表

日期（ 月 日）	疫苗名称	规格	数量	单价	金额	产地	批号	备注	经手人

保管员： 兽医：

6. 免疫接种记录　按照免疫接种程序进行免疫接种，包括免疫接种和免疫接种结果监测记录（表 1-13、表 1-14）。

表 1-13　免疫接种记录表

免疫接种日期	疫苗名称	批号	免疫接种鹅日龄	数量（只）	免疫接种剂量	免疫接种反应	备注

兽医：

表 1-14　免疫接种监测记录表

监测日期		监测日龄	最近免疫接种时间	采集样品名称	份数	监测结果		备注
月	日					合格数	合格率（%）	

兽医：

7. 病死鹅无害化处理记录　病死鹅需要兽医分析病死原因，并记录清楚，以利于鹅场疾病控制方案制订和调整。病死鹅的处理方法及去向要记录明确（表 1-15）。

表 1-15　病死鹅无害化处理记录表

日期	病死鹅日龄	数量	病死原因	处理方法	备注	经办人

饲养员：　　　　　　　　　　　　　　　　　　　　　　　　　　　　　兽医：

8. 鹅场废弃物处理记录　鹅场废弃物处理记录见表 1-16。

表 1-16　鹅场废弃物处理记录表

日期		废弃物		处理方法	备注	经办人
月	日	种类	数量			

饲养员：　　　　　　　　　　　　　　　　　　　　　　　　　　　　　技术员：

（二）养殖档案

1. 引种 包括鹅的品种、数量、繁殖记录、标识情况、来源和进出场日期。

2. 饲料 包括饲料、饲料添加剂等投入品和兽药的来源、名称、使用对象、时间和用量等有关情况。

3. 防疫 包括检疫、免疫接种、监测、消毒情况。

4. 疾病防治 包括鹅场发病、诊疗、死亡和无害化处理情况。

5. 畜禽养殖代码 由当地畜牧兽医行政管理部门确定。

6. 其他 鹅场废弃物处理及环境治理等。

（三）标记

1. 种苗标记 在浙东白鹅种苗包装物中要有明显的品牌、品种、生产单位以及二维码等追溯标记。

2. 商品肉鹅标记 每只浙东白鹅商品肉鹅均应有识别标记，一般标记在胫部或翅部。

3. 屠体标记 商品肉鹅屠宰后的屠体识别标记一般在胫部或胸侧皮肤。

第二章 《浙东白鹅》国家标准

一、编制说明

（一）标准编制背景和任务来源

1. 编制背景 浙东白鹅原产于浙江省东部的象山、奉化、定海、绍兴一带，从 1 600 多年前的晋朝开始就有养鹅记载，饲养历史悠久，现以浙江省东南部为主产区，目前年饲养量已超过 1 000 万只。浙东白鹅肌肉嫩度好，风味物质含量高，肉质鲜美独特，肉中的蛋白质含量高，氨基酸比例适宜，特别是赖氨酸等人体必需氨基酸的含量显著高于鸡肉、猪肉，因此它一直是产区消费者传统的美味佳肴。同时，浙东白鹅抵抗力强、疾病少，饲料以新鲜牧草为主，鹅肉中抗生素、农药、重金属等有毒有害物质残留量少，它既是一种新颖的营养保健美味食品，又是一种不可多得的安全食品，外商指定以浙东白鹅为原料生产的"宁波冻鹅"畅销我国香港、澳门以及东南亚地区和欧美的华人社区，供不应求。浙东白鹅是极为优秀的地方品种，但目前浙东白鹅种质特性和评级标准技术规程尚无国家标准及相关标准。

规定家禽种质特性，规范种禽评级标准是家禽育种中最基本的工作之一，是家禽育种、生产、经营以及政府管理部门决策的科学依据。畜牧业发达的欧美一些国家都十分重视家禽种质特性和评级标准技术规程，建立了自己行之有效的种禽种质特性和评级标准技术规程。与欧美一些国家相比，我国开展家禽种质特性和评级标准技术规程工作相对较晚，但 20 世纪 90 年代以来，我国政府对家禽种质特性和评级标准技术规程工作十分重视，先后建立了国家家禽生产性能测定站（中心）和农业部家禽品质监督检验测试中心等家禽种质特性和评级标准测定机构，2005 年 12 月国务院颁布的《畜牧法》将畜禽遗传资源保护和畜禽品种质量监督列入，在肉鸡、蛋鸡品种的种质特性和评级标准方面建立了相关技术规程，对提升我国家禽育种水平、推动家禽品种创新和规范家禽品种市场发挥了重要作用。但由于浙东白鹅种质特性和评级标准技术规程还没有相关国家标准和行业标准，导致各高校、科研单位以及种鹅生产企业测定数据不准确、可比性差，农业部种禽质检机构在进行浙东白鹅种鹅生产性能测定时无标准可依，严重影响了检测工作的科学性、公正性和权威性。因此，制定浙东白鹅种质特性和评级标准技术规程有利于完善家禽标准化体系，为浙东白鹅的质量检测提供技术支撑，对浙东白鹅产业发展和品种质量安全具有重要意义。

2. 任务来源 《浙东白鹅》是国家标准化管理委员会［《关于下达 2010 年国家标准制修订计划的通知》（国标委综合〔2010〕87 号）］下达的 2010 年国家标准制修订计划（计划编号：20100664 - T - 326）。本标准起草单位为浙江省农业科学院、浙江省象山县畜牧兽医总站和浙江省象山县浙东白鹅研究所。参加本标准起草人员主要有卢立志、陈维虎、沈军达、李国勤、孙红霞、田勇、陶争荣、王得前、李进军、鲍明道、俞照正。

（二）标准编制工作过程

1. 收集浙东白鹅有关资料 2010 年 5 月浙江省农业科学院、浙江省象山县畜牧兽医总站和浙江省象山县浙东白鹅研究所组织有关专家和相关人员成立标准起草组，收集国内外相关标准和有关文献资料，同时深入浙江省象山、奉化、定海，以及江苏、上海等浙东白鹅生产企业进行调研，同时向扬州大学、四川农业大学、华中农业大学、青岛农业大学等从事水禽教学、研究的教授专家进行了咨询，收集浙东白鹅品种资源保护的数据，并对调查数据进行整理、分析、取舍。

2. 对浙东白鹅进行了种质特性测定 标准起草组曾完成浙江省科技厅重点科技计划"浙东白鹅选育及种质研究（2004C22017）"研究课题，在项目实施过程中系统地测定了浙东白鹅的种质特性，收集了大量试验数据，为《浙东白鹅》标准的撰写奠定了基础。

3. 撰写《浙东白鹅》标准征求意见稿 标准起草工作组依据调查研究和浙东白鹅种质特性测定资料，按照标准编写要求，草拟了《浙东白鹅》的草稿，经征求意见和修改，形成《浙东白鹅》征求意见稿。

（三）本标准编制的基本原则和主要技术内容确定的依据

1. 标准编制的原则 标准中外貌特征描述和生产性能指标符合浙东白鹅品种的种质特性和要求，在标准起草过程中，力求文字简练，用语规范，通俗易懂，易于掌握，具有科学性、先进性和可靠性。

2. 主要技术内容确定的依据 本标准的制定主要依据《畜牧法》《畜禽遗传资源鉴定技术规范》《家禽生产性能名词术语和度量统计方法》《无公害食品 蛋鸭饲养管理技术规范》等。本标准主要规定了浙东白鹅的体型外貌、体尺、体重、生长性能、产肉性能、繁殖性能、产绒和肥肝性能等种质特性，并对其评级标准进行了科学规范，基本能反映受测浙东白鹅品种的生产性能。标准起草工作组近年来对浙东白鹅进行了广泛研究，先后完成浙江省科技厅重点科技计划"浙东白鹅选育及种质研究（2004C22017）"等相关科研项目，以及完成浙东白鹅选育和种质研究、浙东白鹅繁殖周期与抱窝问题的研究、浙东白鹅的消化生理研究、浙东白鹅行为研究、鹅产品综合利用技术的研究、鹅种经济杂交和提高繁殖率的研究、鹅绒裘皮加工技术研究等相关工作，参与编写《中国畜禽遗传资源志 家禽志》，全面掌握浙东白鹅的生理生化、提高繁殖力、提高生产性能和产品加工等技术资料，为《浙东白鹅》标准制定进行了大量的科学积累。

测定方法和数据收集及统计按《家禽生产性能名词术语和度量统计方法》（NY/T 823—2004）方法执行。

标准主要条款的说明：

A. 标准名称。标准的名称为《浙东白鹅》。

B. 体型外貌和品种特性。本标准阐明的浙东白鹅外貌特征和品种特性，主要根据浙江省象山县浙东白鹅研究所的浙东白鹅保种群资料，结合国家级家禽品种基因库（江苏）保存的品种特征与特性，并参照《中国畜禽遗传资源志 家禽志》上所确定的标准进行编写。

浙东白鹅外观特征的描述用目测，生产性能指标的测定主要依据《家禽生产性能名词术语和度量统计方法》（NY/T 823—2004）规定执行。

C. 体重和体尺。2005—2006 年在浙江省象山县浙东白鹅研究所对浙东白鹅进行体重和体尺测定，测定日龄为 70 日龄，共测定 2 批，每批测定 500 只，2 批测定结果平均值见表 2-1。

表 2-1 成年鹅（70 日龄）体重和体尺

项　目	公　鹅	母　鹅
体重（g）	6 000±500	5 000±500
背长（cm）	30.0±2	28.0±2
胸深（cm）	9.2±1	8.7±1
胸宽（cm）	8.7±1	8.3±1
龙骨长（cm）	16.0±1	15.0±1
颈长（cm）	33.5±2	31.0±2

D. 繁殖性能。繁殖性能的测定项目（开产日龄、产蛋性能、种蛋品质、种用年龄、公母比例、受精率、受精蛋孵化率），在"浙东白鹅选育及种质研究"课题的研究中进行了 3 年（2004—2006 年）测定，每年测定的群体数为 500 只，3 年的繁殖性能平均值见表 2-2。

表 2-2 繁殖性能

项　目		范　围
开产日龄（d）		120～135
产蛋性能	年产蛋（窝）	3～4
	年产蛋数（个）	33～36
种蛋品质	蛋重（g）	162±15
	蛋形指数	1：(1.45～1.55)
	蛋壳颜色	铅白色
	蛋壳厚度（mm）	0.6±0.1
	蛋壳强度（kg/cm²）	7.5±0.2
种用年龄	适配月龄	公 10～12，母 8～9
	种用年限（年）	公 2～3，母 4～5
公母比例		自然交配，1：(6～10)；人工授精，1：(15～20)
受精率（%）		水上自由配种，70～75；人工辅助配种和人工授精，80～90
受精蛋孵化率（%）		85～93

E. 产肉性能。2005 年在浙江省象山县浙东白鹅研究所对 70 日龄浙东白鹅进行了屠宰

测定，测定鹅数为 500 只，测定结果见表 2－3。

表 2－3　70 日龄肉用性能

项　目	公　鹅	母　鹅
体重（g）	4 300±100	3 800±100
半净膛率（%）	79～83	
全净膛率（%）	68～71	
腿肌率（%）	16～18	
胸肌率（%）	12～14	
饲料转化比	全舍饲全精饲料（3.5～4.0）∶1；种草养鹅半舍饲（1.5～3.0）∶1；放牧条件下精饲料（1.0～1.3）∶1	

饲养的测定方法和数据收集及统计按《家禽生产性能名词术语和度量统计方法》(NY/T 823—2004)方法执行。

F. 产绒、羽性能。每只商品肉鹅的晾十羽毛重 130～170 g，羽绒率 7%～9%。

（四）采用国际标准

无相关国际标准可采用。

（五）标准作为强制性或推荐性标准的意见

建议作为推荐性标准发布，因为标准不涉及有关强制性标准所要求的人们生命、财产安全的内容。

（六）贯彻标准的要求和措施建议

（1）在《中国家禽》《中国禽业导刊》和中国家禽信息网等有关媒体上宣传本标准。

（2）通过有关行政、技术推广部门介绍、宣传本标准。

（3）通过有关会议介绍本标准。

（4）对浙东白鹅育种、教学和生产单位进行《浙东白鹅》及相关标准的培训，宣传贯彻本标准。

（七）主要参考文献、资料

《畜牧法》

《畜禽遗传资源鉴定技术规范》

NY/T 388　畜禽场环境质量标准

NY/T 823　家禽生产性能名词术语和度量统计方法

NY 5260　无公害食品　蛋鸭饲养兽医防疫准则

NY/T 5261　无公害食品　蛋鸭饲养管理技术规范

二、标准文本：《浙东白鹅》（GB/T 36178—2018）

前　言

本标准按 GB/T 1.1—2009 给出的规则起草。

本标准由中华人民共和国农业农村部提出。

本标准由全国畜牧业标准化技术委员会（SAC/TC 274）归口。

本标准起草单位：浙江省农业科学院、浙江省象山县畜牧兽医总站、温州市农业科学研究院、浙江省象山县浙东白鹅研究所。

本标准主要起草人：卢立志、陈维虎、董丽艳、李国勤、沈军达、孙红霞、田勇、陶争荣、陈黎、徐小钦、徐坚、俞照正。

1　范围

本标准规定了浙东白鹅原产地和特性、体型外貌、体重体尺、生长发育性能、屠宰性能、繁殖性能和测定方法。

本标准适用于浙东白鹅品种。

2　规范性引用文件

下列文件对于本文件的应用是必不可少的。凡是注日期的引用文件，仅注日期的版本适用于本文件。凡是不注日期的引用文件，其最新版本（包括所有的修改单）适用于本文件。

NY/T 823　家禽生产性能名词术语和度量统计方法

3　原产地和特性

浙东白鹅原产地为浙江省宁波市的象山县、宁海县、奉化区、余姚市、慈溪市以及绍兴市、舟山市部分县市等浙东地区。属中型鹅地方品种，肉质好。

4　体型外貌

浙东白鹅结构紧凑，体态匀称。头大小适中，肉瘤高突，喙、肉瘤呈橘黄色，眼睑金黄色，虹彩灰蓝色。全身羽毛洁白。

公鹅体躯呈斜长方形，站立昂首挺胸，体格雄伟。胫、蹼呈橘黄色，爪玉白色。尾羽短而上翘。

母鹅行动敏捷。头颈清秀灵活。腹部宽大，尾羽平伸。

雏鹅绒毛黄色。

成年鹅和苗鹅图片参见附录 A。

5　体重体尺

成年（400 日龄）体重和体尺见表1。

表 1　成年（400 日龄）体重和体尺

项　目	公　鹅	母　鹅
体重（g）	4 400～5 700	3 700～4 600
半潜水长（cm）	77.0～82.5	69.5～75.0
体斜长（cm）	28.0～32.0	26.0～30.0
胸宽（cm）	13.5～18.0	12.5～16.0
胸深（cm）	8.0～11.5	9.0～11.5
龙骨长（cm）	16.5～20.0	15.0～18.0
胫长（cm）	8.4～11.0	7.9～9.0
胫围（cm）	5.5～6.3	5.1～6.2

6　生产性能

6.1　生长发育性能

生长发育性能见表 2。

表 2　生长发育性能

周　龄	体重（g）	
	公　鹅	母　鹅
0	91～108	86～105
2	452～586	406～536
4	1 295～1 740	1 165～1 550
6	2 400～2 955	2 040～2 675
8	3 310～4 240	3 075～3 850
10	3 835～4 815	3 270～4 260

6.2　屠宰性能

10 周龄屠宰性能见表 3。

表 3　10 周龄屠宰性能

项　目	公　鹅	母　鹅
体重（g）	3 835～4 815	3 270～4 260
屠宰率（%）	77.8～92.6	74.8～89.6
半净膛率（%）	71.3～85.8	67.7～84.6
全净膛率（%）	62.1～76.7	59.0～74.6
腿肌率（%）	14.8～19.0	13.7～16.7
胸肌率（%）	8.1～11.1	9.6～12.4

6.3　繁殖性能

产蛋与繁殖性能见表 4。

表 4 产蛋与繁殖性能

项 目	范 围
年产蛋量（个）	28～38
平均蛋重（g）	160～180
蛋壳颜色	白色
受精率（%）	≥75
受精蛋孵化率（%）	≥77
公母比例	自然交配 1：（5～7）

7 测定方法

体型外貌为目测，体重体尺、生产性能测定按照 NY/T 823 执行。

附 录 A

（资料性附录）

成年浙东白鹅图片

A.1 成年浙东白鹅公鹅见图 A.1。

图 A.1 成年浙东白鹅公鹅

A.2 成年浙东白鹅母鹅见图 A.2。

图 A.2 成年浙东白鹅母鹅

A.3 成年浙东白鹅群体见图 A.3。

图 A.3 成年浙东白鹅群体

A.4 浙东白鹅苗鹅见图 A.4。

图 A.4 浙东白鹅苗鹅

第三章 浙东白鹅地方标准

一、《象山白鹅 第 1 部分：种鹅》（DB 3302/T 074.1—2018）

前　　言

《象山白鹅》（DB 3302/T 074—2018）共分为 4 个部分：
——第 1 部分：种鹅；
——第 2 部分：繁育；
——第 3 部分：饲养管理；
——第 4 部分：疾病防治。
本部分为 DB 3302/T 074—2018 的第 1 部分。
本部分依据 GB/T 1.1—2009 给出的规则起草。
本部分代替 DB 3302/T 074.1—2015《象山白鹅 第 1 部分：种鹅》。
本部分由象山县农林局提出。
本部分由宁波市畜牧业标准化技术委员会归口。
本部分起草单位：象山县畜牧兽医总站、象山县浙东白鹅研究所、宁波市畜牧兽医局。
本部分主要起草人：陈维虎、陈淑芳、俞照正、孙泽祥、王亚琴、黄仁华、罗锦标。
本部分于 2009 年 10 月首次发布，2018 年 6 月第一次修订。

1　范围

木部分规定了象山白鹅的品种特征、生产性能、选种、种鹅评定方法及标准。
本部分适用于象山白鹅品种鉴别、选育以及种鹅输出时的品种鉴定。

2　规范性引用文件

下列文件对于本文件的应用是必不可少的。凡是注日期的引用文件，仅所注日期的版本适用于本文件。凡是不注日期的引用文件，其最新版本（包括所有的修改单）适用于本文件。
DB 33/T 880 地理标志产品 象山白鹅生产技术规程

3　术语和定义

下列术语和定义适用于本标准。
3.1　象山白鹅
DB 33/T 880 规定的象山白鹅地理标志产品保护产地范围内饲养的符合本标准的浙东

白鹅。

3.2 蛋形指数

蛋的纵径与横径的比。

4 品种特征

4.1 体型

中型鹅，结构紧凑，体态匀称，背平直，翅紧贴，尾羽上翘，呈船形。公鹅呈斜长方形，母鹅臀部宽大丰满。

4.2 羽毛

全身羽毛洁白，紧贴身躯。公鹅尾羽短而上翘，母鹅尾羽平直，皮肤肉白色。

4.3 头、颈部

头大小适中，喙、肉瘤呈橘黄色，眼睑金黄色，虹彩灰蓝色。颈细长。头、颈、身躯连接呈流线型，比例协调。公鹅头颈强劲粗壮，肉瘤高大，眼睛明亮；母鹅头颈清秀灵活，肉瘤较低。

4.4 跖、蹼

跖、蹼粗壮厚实，呈橘黄色，爪玉白色。

4.5 形态

公鹅站立昂首挺胸，体格雄伟，步履稳健，鸣声高亢，自卫能力较强。母鹅行动敏捷，鸣声响亮，性情温和。

4.6 雏鹅

绒毛金黄色，体型较宽，头大颈长，跖、蹼粗壮，眼大有神，动作活泼。

5 生产性能

5.1 体重、体尺

5.1.1 体重

成年体重公鹅 6 000 g±500 g，母鹅 5 000 g±500 g。初生重 102 g±10 g。

5.1.2 成年体尺

5.1.2.1 背长：公鹅 30.0 cm±2 cm，母鹅 28.0 cm±2 cm。

5.1.2.2 胸深：公鹅 9.2 cm±1 cm，母鹅 8.7 cm±1 cm。

5.1.2.3 胸宽：公鹅 8.7 cm±1 cm，母鹅 8.3 cm±1 cm。

5.1.2.4 龙骨长：公鹅 16.0 cm±1 cm，母鹅 15.0 cm±1 cm。

5.1.2.5 颈长：公鹅 33.5 cm±2 cm，母鹅 31.0 cm±2 cm。

5.2 肉用性能

5.2.1 出栏日龄及体重

商品肉鹅 60 日龄～70 日龄出栏，出栏均重 4 100 g±200 g，其中公鹅 4 300 g±100 g，母鹅 3 800 g±100 g。

5.2.2　饲料转化率

全舍饲精饲料条件下料重比（3.5～4.0）：1；种草养鹅半舍饲条件下精饲料料重比（1.5～3.0）：1；放牧条件下精饲料料重比（1.0～1.3）：1。

5.2.3　屠宰性能

5.2.3.1　全净膛率：68%～71%。

5.2.3.2　半净膛率：79%～83%。

5.2.3.3　胸肌率，12%～14%；腿肌率，16%～18%。

5.2.3.4　熟肉率：60%～71%。

5.3　繁殖性能

5.3.1　开产日龄

开产日龄为120日龄～135日龄；产蛋母鹅比例达到50%日龄为140日龄～150日龄。

5.3.2　产蛋性能

5.3.2.1　年产蛋：3窝～4窝，第3窝及以后每窝产蛋9个～14个。

5.3.2.2　年产蛋数：35个～42个。

5.3.3　种蛋品质

5.3.3.1　蛋重：162 g±15 g。

5.3.3.2　蛋形指数：1：（1.45～1.55）。

5.3.3.3　蛋壳颜色：白色。

5.3.3.4　蛋壳厚度：0.6 mm±0.1 mm。

5.3.3.5　蛋壳强度：7.5 kg/cm^2±0.2 kg/cm^2。

5.3.4　种用年龄

5.3.4.1　适配月龄：公鹅10月龄～12月龄，母鹅8月龄～9月龄。

5.3.4.2　种用年限：公鹅2年～3年，母鹅4年～5年。

5.3.5　公母比例

自然交配1：（6～8），人工授精1：（15～20）。

5.3.6　受精率

自由配种75%～80%，人工辅助配种和人工授精80%～90%。

5.3.7　孵化率

受精蛋孵化率85%～93%。

5.3.8　成活率

1周龄成活率85%～95%，10周龄育成率80%～92%。

5.4　产绒、羽性能

每只商品肉鹅的晾干羽毛重130 g～170 g，绒质含量20%～40%。

6　种鹅评定

6.1　来源清楚，符合本品种特点，外生殖器官发育正常，少数鹅有极少量不明显的淡灰毛。

6.2　种鹅评定采用百分制。评定分初生、10周龄和成年3个阶段。

6.3 初生、10周龄种鹅按体重、背长、双亲年产蛋量平均成绩三项指标评分，分数权重分别为30分、30分和40分。

6.4 成年种鹅按体重、背长、年产蛋量三项指标评分，分数权重分别为30分、30分和40分。成年公鹅产蛋成绩按其双亲平均成绩评定。

6.5 评分标准

6.5.1 初生种鹅评分标准见表1。

表1 初生种鹅评分标准

项目	要　　求											
初生重（g）	≥122	≥120	≥118	≥116	≥114	≥112	≥110	≥108	≥106	≥104	≥102	≥100
评分	30	29	28	27	26	25	24	23	22	21	20	19
背长（cm）	≥8.3	≥8.2	≥8.1	≥8.0	≥7.9	≥7.8	≥7.7	≥7.6	≥7.5	≥7.4	≥7.3	≥7.2
评分	30	29	28	27	26	25	24	23	22	21	20	19
双亲平均成绩（分）	40	37	34	32	31	29	27	26	25	24	23	22

6.5.2 10周龄种鹅评分标准见表2。

表2 10周龄种鹅评分标准

项目		要　　求											
体重	公鹅（g）	≥4 550	≥4 500	≥4 450	≥4 400	≥4 350	≥4 300	≥4 250	≥4 200	≥4 150	≥4 100	≥4 050	≥4 000
	母鹅（g）	≥4 050	≥4 000	≥3 950	≥3 900	≥3 850	≥3 800	≥3 750	≥3 700	≥3 650	≥3 600	≥3 550	≥3 500
	评分	30	29	28	27	26	25	24	23	22	21	20	19
背长	公鹅（cm）	≥29.9	≥29.7	≥29.5	≥29.3	≥29.1	≥28.9	≥28.7	≥28.5	≥28.3	≥28.1	≥27.9	≥27.7
	母鹅（cm）	≥28.1	≥27.9	≥27.7	≥27.5	≥27.3	≥27.1	≥26.9	≥26.7	≥26.5	≥26.3	≥26.1	≥25.9
	评分	30	29	28	27	26	25	24	23	22	21	20	19
双亲平均成绩（分）		40	37	34	32	31	29	27	26	25	24	23	22
总分		100	95	90	86	83	79	75	72	69	66	63	60

6.5.3 成年种鹅评分标准见表3。

表3 成年种鹅评分标准

项目		要　　求											
体重	公鹅（g）	≥6 600	≥6 500	≥6 400	≥6 300	≥6 200	≥6 100	≥6 000	≥5 900	≥5 800	≥5 700	≥5 600	≥5 500
	母鹅（g）	≥5 600	≥5 500	≥5 400	≥5 300	≥5 200	≥5 100	≥5 000	≥4 900	≥4 800	≥4 700	≥4 600	≥4 500
	评分	30	29	28	27	26	25	24	23	22	21	20	19
背长	公鹅（cm）	≥31.4	≥31.2	≥31.0	≥30.8	≥30.6	≥30.4	≥30.2	≥30.0	≥29.8	≥29.6	≥29.4	≥29.2
	母鹅（cm）	≥29.2	≥29.0	≥28.8	≥28.6	≥28.4	≥28.2	≥28.0	≥27.8	≥27.6	≥27.4	≥27.2	≥27.0
	评分	30	29	28	27	26	25	24	23	22	21	20	19

（续）

项 目		要 求											
年产蛋数	数量（个）	≥38	≥37	≥36	≥35	≥34	≥33	≥32	≥31	≥30	≥29	≥28	≥27
	评分	40	37	34	32	31	29	27	26	25	24	23	22
总分		100	95	90	86	83	79	75	72	69	66	63	60

注：公鹅年产蛋数为其双亲产蛋量。

6.6 评定方法

6.6.1 评定时间

初生种鹅在出壳后 24 h 内评定；10 周龄种鹅在达到 10 周龄时评定；成年种鹅在每年 8 月底或 9 月初评定。

6.6.2 种鹅分级

测出实际评定分数后，确定 86 分～100 分为一级，70 分～85 分为二级，60 分～69 分为三级，59 分以下为等外级。

6.7 评定记录

各阶段评定时，按表 4 的要求进行记录，记录结果经技术人员签字有效。种鹅场其他档案记录按畜牧法规定和当地畜牧业行政管理部门要求进行记录。

表 4 象山白鹅评定分级登记表

单位　　　　　　　　　　　　　　　　　　　　　　　　　　　　　评定日期：　　年　月　日

鹅号	性别	出壳日期	评定阶段	（1）			（2）		（3）		（4）		总分	等级
				父号及评分	母号及评分	双亲平均分数及等级	体重（g）	评分	背长（cm）	评分	产蛋数（个）	评分		

注：初生、10 周龄及成年种公鹅，登记时填写上表（1）、（2）、（3）项；成年种母鹅填写上表（2）、（3）、（4）项。

技术员签字：

二、《象山白鹅　第 2 部分：繁育》（DB 3302/T 074.2—2018）

前　　言

《象山白鹅》（DB 3302/T 074—2018）共分为 4 个部分：

——第 1 部分：种鹅；

——第 2 部分：繁育；

——第 3 部分：饲养管理；

——第 4 部分：疾病防治。

本部分为 DB 3302/T 074—2018 的第 2 部分。

本部分依据 GB/T 1.1—2009 给出的规则起草。

本部分代替 DB 3302/T 074.2—2015《象山白鹅 第 2 部分：繁育》。

本部分由象山县农林局提出。

本部分由宁波市畜牧业标准化技术委员会归口。

本部分起草单位：象山县畜牧兽医总站、象山县浙东白鹅研究所、宁波市畜牧兽医局。

本部分主要起草人：陈维虎、陈淑芳、俞照正、孙泽祥、王亚琴、黄仁华、罗锦标。

本部分于 2009 年 10 月首次分布，2013 年 3 月第一次修订，2015 年 3 月第二次修订，2018 年 6 月第三次修订。

1 范围

本部分规定了象山白鹅生产的选种、繁殖。

本部分适用于象山白鹅的选种、繁殖。

2 规范性引用文件

下列文件对于本文件的应用是必不可少的。凡是注日期的引用文件，仅所注日期的版本适用于本文件。凡是不注日期的引用文件，其最新版本（包括所有的修改单）适用于本文件。

DB 33/T 880 地理标志产品 象山白鹅生产技术规程

DB 3302/T 074.1 象山白鹅 第 1 部分：种鹅

DB 3302/T 074.3 象山白鹅 第 3 部分：饲养管理

DB 3302/T 074.4 象山白鹅 第 4 部分：疾病防治

3 选种

3.1 选种要求

3.1.1 种鹅生产符合 DB 3302/T 074.1 要求，来自有生产、繁殖和防疫记录的种鹅场，公母鹅分别来自不同亲代。

3.1.2 种鹅应在饲养 2 年～3 年的母鹅所产的后代仔鹅中选留。季节上应选留 12 月至翌年 3 月出壳的鹅，反季节繁殖种鹅应选留 10 月至翌年 1 月出壳的鹅。

3.1.3 繁殖种鹅的饲养管理、疾病防治应符合 DB 3302/T 074.3 和 DB 3302/T 074.4 的规定。

3.2 选种方法

3.2.1 蛋选

种蛋来源于高产个体或群体，蛋重 150 g～170 g，蛋形指数 1：（1.45～1.55）。

3.2.2 苗选

出壳不久的雏鹅先鉴别雌雄，再在鉴别雏中选择个体大，健康活泼，食欲旺盛的作种用。留作种用的初生种鹅评分在 60 分（三级）以上。

3.2.3　初选

70 日龄～80 日龄时选留的后备种鹅，要求具有本品种特征，生长发育和健康状况良好，无杂毛。公鹅要求体型高大，眼凸有神，叫声洪亮，脚高粗，胸深宽，腹平，后躯长，生殖器官发育正常。母鹅要求体型大小适中，结构紧凑、匀称、性情温和，颈细长，胸腹宽深，后躯发达，两腔有力且间距宽。初选的后备种鹅评分在 60 分（三级）以上。

3.2.4　复选

在将近性成熟的后备种鹅群中，淘汰体型不符合品种要求、不健康的后备种鹅和生殖器官发育不良的后备种公鹅。

3.2.5　成年鹅选种

根据实际产蛋成绩、后代生长速度等记录进行选种，并确定种鹅健康，体型符合品种标准。所选种鹅的评定成绩在 60 分（三级）以上。

4　配种

4.1　公母比例

一般 1∶6，实行人工辅助配种 1∶8，人工授精 1∶（15～20）。

4.2　配种适龄与种用年限

应符合 DB 3302/T 074.1 的要求。

4.3　配种方法

4.3.1　自然交配

种鹅群自由交配，早上第 1 次放水时自由交配最佳。

4.3.2　人工辅助交配

在自由交配的基础上，对刚产蛋后的母鹅用人工辅助的方法让公鹅交配。

4.3.3　人工授精

4.3.3.1　采精方法

4.3.3.1.1　按摩法。将公鹅仰置采精员膝上，左手掌心向下紧贴公鹅背腰部，向尾部方向按摩 4 次～5 次，同时用右手大拇指和其他四指握住泄殖腔按摩至充血膨胀，感觉外凸时，有节奏地轻轻挤压泄殖腔上部，至阴茎勃起伸出后，引导至集精杯内射精。

4.3.3.1.2　引诱法。固定引诱用母鹅，让公鹅爬上母鹅背，待公鹅交配时将阴茎伸出泄殖腔后，用手迅速轻柔地引导入集精杯射精。

4.3.3.2　精液稀释

将采出的精液立即用现配的比例为 1∶1 的 25 ℃ 0.9％氯化钠溶液（生理盐水）徐徐混合稀释精液。也可用技术人员指定的专用稀释液稀释。

4.3.3.3　输精

把稀释后的精液 0.05 mL～0.1 mL 吸入输精器中，输精器插入母鹅泄殖腔左下方 5 cm～6 cm 深处，将精液徐徐输入。

4.4 配种间隔

人工授精和人工辅助配种可每隔 5 d～6 d 给母鹅配种 1 次。

5 人工孵化

5.1 种蛋保存

5.1.1 种蛋选择

要求蛋形标准，畸形、双黄、沙皮、薄壳及碎壳蛋不能入孵。

5.1.2 消毒

种蛋收集后用高锰酸钾加福尔马林熏蒸消毒 20 min～30 min，用药剂量为 1 m³ 消毒空间高锰酸钾 7 g，福尔马林 14 mL，水 7 mL。消毒后放入储蛋室。

5.1.3 保存

5.1.3.1 保存时间。夏秋季不超过 7 d，冬春季不超过 10 d。

5.1.3.2 保存方法。按产蛋先后分批保存于温度适宜（10 ℃～18 ℃）的储蛋室。天热时存放于阴凉处，上覆薄布或纱罩，天冷时覆棉絮保温。每天翻蛋 1 次～2 次。

5.2 入孵准备

5.2.1 孵化器

采用的孵化器应适宜于象山白鹅种蛋的特性和人工孵化要求。

5.2.2 孵化方式

全程机器孵化。

5.2.3 孵化前消毒

孵化器经清洁后，将种蛋按孵化器要求平放于蛋盘上，熏蒸消毒，按 5.1.2 操作。

5.3 孵化

5.3.1 孵化温度

采用变温孵化法，种蛋入箱后温度由 36 ℃升至 38 ℃预热 6 h。孵化温度，孵化第 1 天～4 天为 38.3 ℃（100.9 ℉）、第 5 天～7 天为 38 ℃（100.4 ℉）、第 8 天～16 天为 37.5 ℃（101.3 ℉）、第 17 天～23 天为 36.9 ℃（98.4 ℉）、第 24 天～31 天为 36.5 ℃（97.7 ℉）。孵化车间温度应保持在 21 ℃～23 ℃，如超过 24 ℃，则应适当调低孵化箱温度。

5.3.2 孵化湿度

第 1 天～9 天将孵化器相对湿度控制在 65％左右，第 10 天～26 天为 55％左右，开始出雏时提高到 80％左右。入孵第 7 天开始用少量 20 ℃左右的温水进行喷水，每天 1 次，第 16 天～26 天每天 2 次，第 27 天～31 天每天 4 次。

5.3.3 通风换气

通风量随着日龄增大而增大，一般第 1 天～10 天为 1 档，第 11 天～16 天为 2 档，第 17 天～26 天为 3 档（1 档通风量为 5 mm、2 档为 20 mm、3 档为 32 mm）。

5.3.4 晾蛋

入孵第 16 天后开始晾蛋，每天 2 次，晾蛋时间由每次 20 min～30 min 逐渐增至每次 1 h～1.5 h，直至第 26 天。

5.3.5 翻蛋

入孵后每 2 h 翻蛋 1 次，直至第 26 天。翻蛋角度为 140°～180°。

5.3.6 照蛋

分别在入孵后第 7 天、第 16 天、第 23 天进行 3 次照蛋，检查记录胚胎发育情况，剔出各期的无精蛋、死精蛋、死胚蛋等，并进行并箱处理。

5.3.7 出雏

入孵后第 27 天进出雏箱，出雏时将绒毛已干的雏鹅拣出，同时注意保持箱内孵化条件的稳定。出雏困难时应人工将蛋壳大头轻轻撬开后将头拉出，等头部毛干后，再将鹅体拉出。第 31 天出雏完毕。

5.4 胚胎发育

5.4.1 胚胎发育检查

可根据胚胎发育要求对孵化温度进行适当调整，即看胚试温。一般胚胎发育缓慢的可适当调高孵化温度 0.2 ℃～0.5 ℃（0.4 ℉～0.9 ℉），发育过快则相应调低。

5.4.2 胚胎发育

5.4.2.1 孵化第 3 天～3.5 天，胚胎出现血管形状似樱桃，俗称"樱桃珠"。

5.4.2.2 孵化第 7 天，胚胎眼珠内黑色素大量沉积，四肢开始发育，俗称"起珠"。

5.4.2.3 孵化第 8 天，胚胎身体增大，可以看到头部和弯曲的躯干部两个小圆团，俗称"双珠"。

5.4.2.4 孵化第 14 天～16 天，胚胎体躯长出羽毛，尿囊在蛋的小头合拢，整个蛋布满血管，俗称"合拢"；二照时，合拢不及时的，适当调高孵化温度，反之则调低。

5.4.2.5 孵化第 22 天～24 天，胚胎蛋白全部输入羊膜囊中。照蛋时小头看不到发亮的部分，俗称"封门"；三照抽查，观察到"封门"速度过慢时，适当调高孵化温度，反之则调低。

5.4.2.6 孵化第 25 天～26 天，胚胎转身，气室倾斜，俗称"斜口"。

5.4.2.7 孵化第 27 天～28 大，看到胚胎黑影在气室内闪动，颈部和翅部突入气室内，俗称"闪毛"。

5.5 孵化记录

5.5.1 孵化记录见表 1、表 2。

表 1 孵化值班记录

孵化时间（d）	温度（℃）	相对湿度（%）	晾蛋	室温（℃）			备注
				上午	中午	下午	

表2 入孵蛋孵化成绩记录

入孵蛋数（个）	受精蛋数（个）	受精率（%）	死胚数（个）	出雏数（只）	受精蛋出雏率（%）	备注

5.5.2 照蛋记录

头照时记录种蛋受精率，胚胎发育情况，区分死精蛋、无精蛋。二照时记录胚胎发育情况，死胚情况。三照时抽查胚胎发育情况。出雏时，应记录出雏数、健雏数情况。

6 种鹅输出

6.1 输出的种鹅应符合 DB 3302/T 074.1 要求。

6.2 种鹅输出时附有《种畜禽合格证》。

6.3 输出调运前，按当地动物卫生监督机构要求，申报、办理动物产地检疫合格及运输等许可证明，调出省外的应向输入地省、自治区、直辖市动物卫生监督机构申请办理审批手续。

6.4 包装

种雏用专用一次性纸箱。其他年龄种鹅用消毒后的专用金属或塑料笼具。

6.5 标志、标识

6.5.1 标志

地理标志产品使用专用标志的应符合《地理标志产品保护规定》的要求。标志可在包装物的显著部位标识。

6.5.2 标识

产品标识应包含产地、批次等信息。

6.6 运输

6.6.1 时间

一般5 h内短距离汽车运输的，待雏鹅绒毛干后装箱。天冷时中午启运，天热时早晚启运，其他季节全天可运。

长距离运输的，尽量在出雏后24 h内运达饲养目的地。

6.6.2 注意事项

6.6.2.1 天冷运输时，尽量用箱式车辆，箱子上部用毛毯覆盖保温。天热运输时，应注意通风降温。

6.6.2.2 运输途中要经常停车观察，防止温度过高或过低，防止箱子挤压、侧翻。

中途变换运输工具的，不能粗暴装卸，箱子固定牢固确保安全。加强变换地的动物卫生安全工作。

三、《象山白鹅　第3部分：饲养管理》(DB 3302/T 074.3—2018)

前　　言

《象山白鹅》(DB 3302/T 074—2018) 共分为 4 个部分：

——第 1 部分：种鹅；

——第 2 部分：繁育；

——第 3 部分：饲养管理；

——第 4 部分：疾病防治。

本部分为 DB 3302/T 074—2018 的第 3 部分。

本部分依据 GB/T 1.1—2009 给出的规则起草。

本部分代替 DB 3302/T 074.3—2015《象山白鹅　第 3 部分：饲养管理》。

本部分由象山县农林局提出。

本部分由宁波市畜牧业标准化技术委员会归口。

本部分起草单位：象山县畜牧兽医总站、象山县浙东白鹅研究所、宁波市畜牧兽医局。

本部分主要起草人：陈维虎、陈淑芳、俞照正、孙泽祥、王亚琴、黄仁华、罗锦标。

本部分于 2009 年 10 月首次发布，2013 年 3 月第一次修订，2015 年 3 月第二次修订，2018 年 6 月第三次修订。

1　范围

本部分规定了象山白鹅的环境要求、选址、鹅舍建筑与设施以及育雏、育成、育肥、种鹅各阶段的饲养管理。

本部分适用于象山白鹅的饲养管理。

2　规范性引用文件

下列文件对于本文件的应用是必不可少的。凡是注日期的引用文件，仅所注日期的版本适用于本文件。凡是不注日期的引用文件，其最新版本（包括所有的修改单）适用于本文件。

GB 18596　畜禽养殖业污染物排放标准

GB 14554　恶臭污染物排放标准

GB 8978　污水综合排放标准

GB 7959　粪便无害化卫生要求

NY/T 388　畜禽场环境质量标准

NY 5027　无公害食品　畜禽饮用水水质

NY 5036　无公害食品　肉鸡饲养兽医防疫准则

NY/T 5038　无公害食品　肉鸡饲养管理技术准则

DB 33/T 880　地理标志产品　象山白鹅生产技术规程

DB 3302/T 074.1　象山白鹅　第 1 部分：种鹅

3 环境要求

3.1 自然环境

3.1.1 气候条件

亚热带季风气候，位于大陆性与海洋性气候之间，冬、夏季节交替明显，四季分明，无霜期长，光照较多，气温适宜。年平均气温16.3 ℃，年平均降水量1 360 mm，年平均相对湿度76.8%。适宜象山白鹅的生活、生长发育和牧草生长。

3.1.2 水源、水质

河塘、河流、溪水、水库等养殖用水水源水质清洁卫生，符合NY 5027的规定。

3.2 饲养环境

符合NY/T 388和DB 33/T 880的规定。

4 鹅舍建筑

4.1 鹅场选址

濒临水面、地势高燥、坐北朝南、草源丰富、交通便捷。符合动物防疫条件要求。

4.2 鹅场布局

内部布局合理，各功能区分布清晰，隔离、消毒设施齐全。

4.3 育雏舍

鹅舍高2.5 m以上，窗户与地面面积比例为1∶(10～15)。具有较好的保温、通风性能。

4.4 育成舍

开放式鹅舍，下部适当封闭，上部敞开，并有运动场，鹅舍与运动场面积比例为1∶2或以上。

4.5 育肥舍

结构同4.4，并保持环境安静，光线暗淡。

4.6 种鹅舍

高2 m～2.5 m，采光面积与舍内地面面积比1∶(5～10)。具有较好的防寒散热性能，光线充足。鹅舍与运动场、水面的面积比例在1∶2∶2以上。

5 饲养设施

5.1 要求

饲养设施符合NY 5036、NY/T 5038的规定。

5.2 设施、设备

5.2.1 保温设施

采用地下坑（烟）道、电热、锅炉热水循环等保温设施。

5.2.2 饮水、喂料器

采用禽用塑料饮水、喂料器。自制竹木材质饮水、喂料槽，应在槽周边插上间隔2 cm～3 cm的竹条。

5.2.3 围栏

可采用尼龙网、竹篱、铁丝网、砖墙、镀锌管等围栏。

5.2.4 产蛋箱

采用塑料、竹木等材料的产蛋箱，长方形，箱高 30 cm，宽 50 cm，长 60 cm，也可用椭圆形、圆形产蛋箱。内铺柔软垫料。

5.2.5 废弃物处理

具备粪便堆积发酵棚、废水生态处理设施、病死鹅无害化处理储存设备等。

5.2.6 其他

饲料加工、运输等设备。

6 育雏

6.1 育雏前准备

6.1.1 育雏舍消毒

进雏前 2 d～3 d 将育雏舍清扫干净，熏蒸消毒，地面、墙体用 5% 消毒威喷洒消毒。

6.1.2 预热

育雏室铺上垫料后，进雏前 12 h 进行预热，舍内温度达到育雏保温要求。

6.1.3 育雏方式

6.1.3.1 地面育雏：育雏舍地面垫上垫料。厚度，冬季 10 cm～15 cm，其他季节 5 cm～10 cm。

6.1.3.2 网上育雏：网离地面高度 20 cm～50 cm。

6.1.3.3 笼上育雏：笼离地面高 100 cm，每笼体积 80 cm×60 cm×30 cm 至 100 cm×60 cm×30 cm。每笼育雏 10 只～15 只。

6.2 育雏

6.2.1 温度、湿度

育雏温度、湿度见表1。

表 1 育雏温度、湿度

日龄（d）	1～5	6～10	11～15	16～28
温度（℃）	27～28	25～26	22～24	18～22
相对湿度（%）	60～65	60～65	65～70	65～70

6.2.2 开水

雏鹅出壳后 20 h～36 h 内开水，水温 25 ℃。水中可添加 0.5% 电解多维和 5%～10% 葡萄糖。

6.2.3 开食

开水后 1 h 开食。10 日龄内每昼夜喂 7 次～8 次，以后逐渐减少饲喂次数，至 21 日龄后每昼夜喂 4 次～5 次（其中晚上 1 次～2 次）。

开食饲料用雏鹅或雏鸡用商品颗粒饲料与切碎的青绿饲料按 1∶1 比例拌和饲喂。3 日龄后逐渐增加青绿饲料比例，21 日龄后比例为 1∶3。

6.2.4 放牧管理

10 日龄后雏鹅可进行适度放牧。选择晴暖天气放牧，放牧时间和距离应由短到长，由近到远。放牧 3 d 后可自由下水，游水时间由短到长。

6.2.5 饲养密度

饲养密度见表 2。

表 2　饲养密度

日龄（d）	1～5	6～10	11～15	16～20	21～28
饲养密度（只/m²）	20～25	15～20	12～15	8～12	6～8

6.2.6 其他管理

育雏期间注意用具垫料的清洁、干燥和卫生，定期消毒，做好通风。育雏舍通夜照明，光照度以雏鹅能采食、活动为度。

7 育成

7.1 舍养

28 日龄后转入育成。育成鹅舍应有保温条件，冬季温度在 16 ℃以上。设有鹅舍面积 1 倍以上的运动场。使用配合饲料，每天饲喂 3 次，配合饲料中青绿饲料比例在 50%～70%。白天鹅在运动场活动，晚上进鹅舍。

7.2 放牧

上、下午各放牧 1 次，中午赶回鹅舍。夏天上午早放早归，下午晚放晚归；冬天上午晚放晚归，下午早放早归。放牧时间随日龄增大延长。放牧场地大、饲草充裕的，45 日龄后可全天候放牧。

7.3 饲喂

放牧鹅群在放牧期间不喂饲料，牧归后和晚上进行补饲。圈养的鹅群每天饲喂 3 次。饲料以青绿饲料加糠、秕谷及漕渣类粗饲料为主，适当添加玉米、稻谷等饲料。

8 育肥

8.1 方法

56 日龄开始育肥，育肥时间 10 d～14 d，育肥期舍饲。育肥前期用配合饲料（大小麦、稻谷等谷实类饲料占 30%，玉米粉占 30%，豆粕等饼粕类占 5%，糠、糟渣类占 35%）与青绿饲料 1:1 混合饲喂；育肥后期先喂配合饲料，后喂青绿饲料。每天喂 4 次，其中夜间 1 次。

8.2 管理

限制活动，控制光照，保持安静。环境清洁、干燥，定期消毒。饮水充足。

9 种鹅

9.1 后备种鹅

从育成期转入的后备种鹅，放牧后每天补饲 2 次～3 次精饲料。100 日龄后逐步转入粗饲，粗饲期只放牧或喂青绿饲料，不喂精饲料。圈养的加喂粗饲料。开产前 30 d 开始由少到多加喂精饲料。

9.2 成年母鹅

9.2.1 产蛋期

以舍饲为主，放牧为辅，喂足青绿饲料的同时，每天加喂精饲料 120 g～180 g。精饲料由谷物、玉米、米糠和少量豆粕等组成。运动场堆放蛎壳、螺蛳壳和沙砾自由采食。

9.2.2 休蛋期

前期停喂精饲料，吃足青绿饲料，加大放牧强度，减轻体重，适时换羽。圈养的加喂适量粗饲料。产蛋前 15 d，逐渐加喂精饲料。产蛋前 7 d～10 d 检查腹部，查看泄殖腔括约肌是否松弛，括约肌松弛，要进行配种，加喂钙、磷等矿物质饲料。

9.2.3 赖抱期

应及时醒抱。一般将鹅隔离，只喂水，不喂料，可同时喂醒抱药物。醒抱后日夜加料，尽快恢复体质。

9.3 公鹅

休配期喂足青绿饲料，不喂精饲料，加强放牧游水，保持体质健壮。配种前 1 个月开始加喂精饲料，恢复膘情。配种期加强运动。

10 商品肉鹅

10.1 出栏日龄

商品肉鹅出栏日龄一般为 65 d～70 d。

10.2 性能要求

商品肉鹅肉用性能和屠宰性能符合 DB 3302/T 074.1 的规定要求。

10.3 外貌特征

体型中等，体躯呈船形，全身羽毛洁白，肉瘤、喙、胫、蹼为橘黄色。头大小适中，颈细长。

10.4 标志、标识

10.4.1 标志

地理标志产品使用专用标志的应符合《地理标志产品保护规定》的要求。标志可捆贴在商品鹅的腿部或其他显著部位。

10.4.2 标识

产品标识应包含产地、批次等信息。

11 鹅场环境卫生

保持鹅场环境整洁、卫生，气味、废水、粪便处理符合 GB 18596、GB 14554、GB 8978、GB 7959 要求。

12 模式图

见附录 A。

附　录　A

（资料性附录）

象山白鹅饲养管理技术模式图

育雏期（出壳至28日龄）	育成期（28日龄～56日龄）	育肥期（56～70日龄）	种鹅后备期、休蛋期（7周龄至开产，每年6～8月）	种鹅产蛋期（每年9月至翌年5月）
温度与湿度：1周龄舍温26℃～28℃，以后每周下降2℃，鹅舍通风干燥，相对湿度60%～70%。饲养密度：1日龄每平方米20只，以后逐渐减少，至21日龄～28日龄为6只～8只。每群规模为100只～200只，地面和网上育雏为50只～100只。出壳20 h后先喂水，后开食，水温25℃。开食前饲料用雏鹅颗粒饲料1：1拌入切碎的鲜嫩牧草。10日龄内每天喂7次～8次，以后每天减少2次。14日龄后颗粒饲料喂量减少，逐渐增加青绿饲料，由糠、精渣类等粗饲料替代。同时，逐渐增加青绿饲料比重，精青饲料比20日龄达到3：1	管理：鹅舍内保持清洁干燥，舍内有一定的室外运动场和放水池，放牧的应加强管理。夜间应亮灯，利于采食和防鼠害。饲料：每6只/m²，每群100只～200只，按青绿饲料比（6～8）：1自由采食，放牧的场地应堆积沙砾让鹅自由采食	饲养管理：在饲料中添加稻谷、玉米等能量饲料，占粗饲料能量的60%。青绿饲料、精料比（4～6）：1。育肥10 d左右，育肥期保持鹅舍清洁、安静。	选种：育成期结束选留后备种鹅，要求外貌符合本品种特性，生长发育良好、健康，无杂毛，70日龄～80日龄复选要求体重，公鹅4 300 g±300 g，母鹅3 800 g±300 g。淘汰生殖器官发育不正常的后备鹅。后备期管理：后备期每天补饲2次～3次精料，每只日补量100 g左右。100日龄开始逐步转入粗饲料，只放牧或喂青草。开产前30 d逐渐增加精饲料至产蛋期喂精饲料量。休蛋期管理：休蛋期开始停喂或减少喂精料，吃足青绿饲料。开产前15 d～20 d逐渐增加精饲料至产蛋期饲料量。产蛋前7 d～10 d检查腹部，泄殖腔括约肌是否松弛，并进行探蛋，如已松弛就应配种，并在日粮中加精料、磷等矿物质饲料	产蛋期管理：准备足够多的产蛋窝，并保持清洁，填料干燥、松软。以舍饲为主，吃足青绿饲料，每天加喂精饲料120 g～180 g，精饲料以谷物、玉米粉、蕃薯干、米糠和少量豆粕组成，运动场放足蛎壳、螺蛳壳和沙砾。种蛋及时拣出，并保存于阴凉通风处。上覆薄布。并建议种蛋产下后7 d内进行孵化。鹅抱蛋管理：发现鹅抱蛋的及时从鹅群中拿出、喂水不喂料，并服用醒抱药物，尽量缩短醒抱期。醒抱后马上加料，恢复体质产蛋

主要病防治技术

▲高致病性禽流感：10日龄～14日龄，30日龄～35日龄，开产前分别用高致病性禽流感进行首免、二免、三免。以后每隔6个月免疫接种1次。疫苗用量按疫苗说明书

▲小鹅瘟：母鹅产蛋前1个月用小鹅瘟弱毒苗免疫接种，母鹅未免疫接种的，雏鹅出壳后用小鹅瘟疫苗免疫接种。用法和用量按疫苗说明书

▲驱虫：30日龄、60日龄，分别用驱虫药进行预防性驱虫。种鹅2个月驱虫1次。用法和用量按说明书

综合措施

※定期消毒；定期清除鹅舍附近垃圾、杂草等

※常饮0.1%复合维生素B水溶液等

※谨慎引种

※无害化处理病、死鹅

※定期杀虫灭鼠

四、《象山白鹅　第4部分：疾病防治》(DB 3302/T 074.4—2018)

前　言

《象山白鹅》(DB 3302/T 074—2018)共分为4个部分：

——第1部分：种鹅；

——第2部分：繁育；

——第3部分：饲养管理；

——第4部分：疾病防治。

本部分为 DB 3302/T 074—2018 的第4部分。

本部分依据 GB/T 1.1—2009 给出的规则起草。

本部分代替 DB 3302/T 074.4—2015《象山白鹅　第4部分：疾病防治》。

本部分由象山县农林局提出。

本部分由宁波市畜牧业标准化技术委员会归口。

本部分起草单位：象山县畜牧兽医总站、象山县浙东白鹅研究所、宁波市畜牧兽医局。

本部分主要起草人：陈维虎、陈淑芳、俞照正、孙泽祥、王亚琴、黄仁华、罗锦标。

本部分于2009年10月首次分布，2013年3月第一次修订，2015年3月第二次修订，2018年6月第三次修订。

1　范围

本部分规定了象山白鹅疾病的预防措施和主要疾病防治方法。

本部分适用于象山白鹅的疾病防治。

2　规范性引用文件

下列文件对于本文件的应用是必不可少的。凡是注日期的引用文件，仅所注日期的版本适用于本文件。凡是不注日期的引用文件，其最新版本（包括所有的修改单）适用于本文件。

NY/T 388　畜禽场环境质量标准

NY 5035　无公害食品　肉鸡饲养兽药使用准则

NY 5036　无公害食品　肉鸡饲养兽医防疫准则

NY/T 5038　无公害食品　肉鸡饲养管理技术准则

DB 33/T 880　地理标志产品　象山白鹅生产技术规程

DB 3302/T 074.3　象山白鹅　第3部分：饲养管理

3　预防措施

3.1　总则

疾病预防措施应符合 NY 5036 的规定。

3.2 防疫设施

3.2.1 鹅场大门设消毒池和消毒室。消毒池中消毒液保持有效消毒浓度。

3.2.2 鹅场应设有兽医室、隔离舍等防疫功能区。

3.2.3 配备兽药、疫苗储藏、冷藏设备和诊疗器械、消毒用具。

3.3 防疫要求

3.3.1 科学饲养管理

鹅场选址、环境卫生和饲养管理符合 NY/T 388、NY/T 5038、DB 33/T 880 和 DB 3302/T 074.3 的规定。

3.3.2 建立档案

建立免疫接种和养殖档案，生产、免疫接种、用药、疾病、治疗、病死鹅无害化处理、产品出场等情况必须记录清楚。

3.3.3 疫情监测

做好鹅群健康动态观察，对主要疫病定期进行实验室监测。开展疫情分析，掌握疫情动向。

3.3.4 消毒

3.3.4.1 鹅场消毒：鹅场建立日常卫生消毒制度和紧急消毒预案。

3.3.4.2 车辆消毒：运载商品肉鹅出场的车辆，必须清洗消毒后方可装车发运。

3.3.5 引种

不到疫区购买雏鹅或引种。按《中华人民共和国动物防疫法》《浙江省动物防疫条例》的相关规定引种。

3.3.6 用药预防

必要时可采用药物预防，用药要科学合理，符合 NY 5035 要求。商品肉鹅不得使用《食品动物禁用的兽药及其他化合物清单》规定的药物。商品肉鹅出售前用药必须执行有关兽药休药期的规定。

3.3.7 预防接种

3.3.7.1 高致病性禽流感：雏鹅 10 日龄～14 日龄首免，28 日龄～30 日龄二免；饲养种鹅的应在 90 日龄和产蛋前各免疫接种 1 次，以后每半年免疫接种 1 次。

3.3.7.2 小鹅瘟：应在母鹅产蛋前 1 个月免疫接种，每年免疫接种 1 次。

3.3.7.3 其他疫病预防接种根据当地疫情或动物防疫部门的规定。

4 主要疾病防治

4.1 小鹅瘟

按本部分 3.2.7.2 的免疫接种程序预防。对未获得母源抗体的雏鹅，可用抗小鹅瘟血清接种，以预防或治疗小鹅瘟，每只雏鹅注射 1 mL。

4.2 高致病性禽流感

按本部分 3.2.7.1 的免疫接种程序预防。发生疫情时，按《中华人民共和国动物防疫法》规定上报疫情，采取封锁、隔离、扑杀、销毁、消毒、无害化处理、紧急免疫接种等强制性措施，迅速扑灭疫病。

4.3　小鹅流行性感冒

小鹅发病后，首先做好保温工作，隔离病鹅，加强消毒。并根据兽医处方使用抗菌药物治疗。

4.4　禽霍乱

发病时进行环境消毒，并根据兽医处方使用抗菌药物治疗。

4.5　禽沙门氏菌病

发病时根据兽医处方使用抗菌药物治疗。

4.6　绦虫病

使用抗寄生虫药物驱虫。一般 30 日龄驱虫 1 次，60 日龄再驱虫 1 次，母鹅每 2 个月驱虫 1 次。

4.7　鹅虱

使用灭虱药物治疗。场地用灭虱药物定期喷洒灭虱，喷洒时场地不得留有鹅只。

5　检疫

商品肉鹅检疫应按照当地动物卫生监督部门规定进行产地检疫。运出场外的商品肉鹅，应经当地动物卫生监督机构检疫合格，取得动物检疫合格证明后，方可出场。

五、《浙东白鹅　第 1 部分：种鹅》（DB 330281/T 11.1—2003）

前　言

为确保浙东白鹅的优质高产，本标准规定了浙东白鹅的特征特性、生产性能及选种要求。

本标准按 GB/T 1.1—2000、GB/T 1.2—2002 的要求编写。

本标准是浙东白鹅系列标准的第 1 部分，该系列标准的其他部分为：

DB 330281/T 11.2—2003　浙东白鹅　第 2 部分：雏鹅

DB 330281/T 11.3—2003　浙东白鹅　第 3 部分：肉用仔鹅

DB 330281/T 11.4—2003　浙东白鹅　第 4 部分：饲养管理

DB 330281/T 11.5—2003　浙东白鹅　第 5 部分：主要疾病防治

本标准由余姚市农业局提出并归口。

本标准起草单位：余姚市畜牧兽医技术服务中心。

本标准主要起草人：陈晓青。

本标准批准发布单位：余姚市质量技术监督局。

本标准于 2001 年 4 月 18 日首次发布，于 2003 年 12 月 25 日第一次修订，自 2003 年 12 月 31 日起实施。

1　范围

本标准规定了浙东白鹅特征特性、测定方法、选种和种鹅出场要求。

本标准适用于浙东白鹅选种和品种鉴定。

2　规范性引用文件

下列文件中的条款通过本标准的引用而成为本标准的条款。凡是注日期的引用文件，其随后所有的修改单（不包括勘误的内容）或修订版均不适用于本标准。然而，鼓励根据本标准达成协议的各方研究是否可使用这些文件的最新版本。凡是不注日期的引用文件，其最新版本适用于本标准。

GB 16567　种畜禽调运检疫技术规范

NY 10—1985　种禽档案记录

3　定义

本标准采用下列定义。

3.1　体斜长

沿体表测量肩关节至坐骨结节间距离。

3.2　龙骨长

从龙骨前端到本端的距离。

3.3　胸深

第一胸椎到龙骨前缘的距离。

3.4　胸宽

肩关节之间的距离。

3.5　胫骨长

从胫部上关节到第三、第四趾间的直线距离。

3.6　半潜水长

从嘴尖到髋骨连线中点的距离。

4　特征特性

4.1　外貌特征

4.1.1　羽毛：全身羽毛洁白，允许在头和背侧夹杂少量斑点状灰褐色羽毛。

4.1.2　头：额上方肉瘤高凸，母鹅肉瘤较小，呈半球形，随年龄增长凸起明显。肉瘤为橘黄色；眼睑金黄色。

4.1.3　颈：颈长，呈弓形，公鹅粗壮，母鹅较细。

4.1.4　胫、蹼：雏鹅胫、蹼橘黄色，成年后渐变成橘红色，爪为玉白色。

4.1.5　体型：呈斜长方形。

4.2　生产性能

4.2.1　体重

4.2.1.1　出壳重 120 g～140 g。

4.2.1.2　70 日龄体重：4.0 kg～4.8 kg。

4.2.1.3　成年体重：公鹅 5.8 kg～6.8 kg，母鹅 4.8 kg～5.8 kg。

4.3 体尺

成年浙东白鹅体尺见表 1。

表 1 成年浙东白鹅体尺

性别	体斜长（cm）	龙骨长（cm）	胸宽（cm）	胸深（cm）	胫骨长（cm）	半潜水长（cm）
公鹅	35.0～38.0	18.5～21.0	14.0～16.0	14.2～16.5	9.8～11.2	83.0～88.0
母鹅	30.0～33.0	15.0～18.0	11.5～13.5	12.0～13.8	8.5～9.7	71.0～76.0

4.4 肉用性能

4.4.1 肉质：肉色呈浅粉红色，纤维细嫩，有弹性。

4.4.2 屠宰率：90 日龄公母鹅平均为（86.6±0.8)%。

4.5 繁殖性能

4.5.1 开产日龄：130 日龄～150 日龄。

4.5.2 开产蛋重：110 g～130 g。

4.5.3 成年鹅蛋重：170 g～190 g。

4.5.4 窝产蛋：10 个～13 个。

4.5.5 年产蛋：3 窝～4 窝，25 个～40 个。

4.5.6 公母配比：1：（5～10）。

4.5.7 受精率：90%～95%。

4.5.8 孵化率：85%～90%。

4.5.9 种鹅利用期：母鹅 4 年～5 年，公鹅 2 年～3 年。

5 测定方法

5.1 外貌特征：目测。

5.2 体尺：用皮尺或钢尺按 NY 10—1985 中 2.1.2 规定的方法测定。

5.3 体重：用台秤逐只称重，称重前断料 12 h。

5.4 屠宰率：按 NY 10—1985 中 2.4.1、2.4.2、2.4.3 规定的方法测定。

5.5 开产日龄：按 NY 10—1985 中 2.2.6.a 规定的方法测定。

5.6 开产蛋重：第 1 窝蛋平均重量。

5.7 窝产蛋：以第 4 窝产蛋数为准。

5.8 受精率、孵化率：分别按 NY 10—1985 中 2.2.1、2.2.2 规定的方法测定。

6 选种要求

6.1 种雏鹅的选择

6.1.1 种雏鹅：来自高产种鹅的第 2 年至第 3 年后代，公母来自不同亲代，个体大的健雏。

6.1.2 蛋重：160 g～180 g，蛋形指数 1：1.55。

6.1.3 育雏季节：选 12 月至翌年 2 月出壳的雏鹅培育。

6.2 初选

6.2.1 日龄：70 日龄～80 日龄。

6.2.2 外貌：具有本品种特征。

6.2.2.1 公鹅：体型高大，呈长方形，眼凸有神，叫声洪亮，脚高，胸深宽，腹平，后躯长，自卫性强，生殖器官发育正常。

6.2.2.2 母鹅：体型大小适中，结构紧凑匀称，性情温和，胸腹宽深，后躯发达，两胫间距离宽，有力。

6.3 复选

140 日龄～150 日龄时，选健康、体重符合本品种要求，且公鹅生殖器官发育良好的作为种用。

7 种鹅出场

7.1 种鹅必须符合本标准要求。

7.2 种鹅必须附有合格证。

7.3 种鹅出场调运前应按 GB 16567 中第 3 章的规定进行检疫，并经免疫注射。

六、《浙东白鹅 第 2 部分：雏鹅》（DB 330281/T 11.2—2003）

前　言

为确保浙东白鹅雏鹅的质量，特制定浙东白鹅雏鹅地方标准。

本标准按 GB/T 1.1—2000、GB/T 1.2—2002 的要求编写。

本标准是浙东白鹅系列标准的第 2 部分，该系列标准的其他部分为：

DB 330281/T 11.1—2003　浙东白鹅　第 1 部分：种鹅

DB 330281/T 11.3—2003　浙东白鹅　第 3 部分：肉用仔鹅

DB 330281/T 11.4—2003　浙东白鹅　第 4 部分：饲养管理

DB 330281/T 11.5—2003　浙东白鹅　第 5 部分：主要疾病防治

本标准由余姚市农业局提出并归口。

本标准起草单位：余姚市畜牧兽医技术服务中心。

本标准主要起草人：陈晓青。

本标准批准发布单位：余姚市质量技术监督局。

本标准于 2001 年 4 月 18 日首次发布，于 2003 年 12 月 25 日第一次修订，自 2003 年 12 月 31 日起实施。

1 范围

本标准规定了浙东白鹅种蛋、孵化、雏鹅选择和出场要求。

本标准适用于浙东白鹅雏鹅孵化。

2　规范性引用文件

下列文件中的条款通过本标准的引用而成为本标准的条款。凡是注日期的引用文件，其随后所有的修改单（不包括勘误的内容）或修订版均不适用于本标准。然而，鼓励根据本标准达成协议的各方研究是否可使用这些文件的最新版本。凡是不注日期的引用文件，其最新版本适用于本标准。

GB 16567　种畜禽调运检疫技术规范

3　定义

本标准采用下列定义。

雏鹅

指出壳至 28 日龄的苗鹅。

4　种蛋

4.1　种蛋选择

来自健康鹅群；蛋壳清洁，蛋黄表面无血丝、血块，蛋重 140 g 以上。畸形、双黄、沙壳、薄壳、钢皮、皱纹蛋不应入孵。

4.2　种蛋保存

4.2.1　冬季不超过 14 d，春季不超过 10 d，夏秋季不超过 7 d。

4.2.2　种蛋按产卵先后分批保存于温度适宜的储蛋室（10 ℃～18 ℃）。天冷时用棉絮保温，天热时放于阴凉处，上覆纱罩。

4.3　种蛋消毒

种蛋收集后 2 h 内进行消毒，用 0.02％高锰酸钾或 0.1％新洁尔灭液浸洗消毒晾干。

5　孵化

5.1　自然孵化

5.1.1　用稻草编成直径 70 cm～75 cm，高 30 cm 的孵化窝，每窝孵蛋 11 个～14 个。

5.1.2　晚上将抱性强的母鹅放入孵化窝。

5.1.3　每天定时人工辅助翻蛋 1 次～2 次，将窝中心的 3 个～4 个蛋与周边的蛋互换。

5.1.4　孵化第 7 天头照，第 16 天二照，剔除无精蛋、死胎蛋。可视检后孵化蛋数，将同日入孵的蛋拼窝，以减少孵化种鹅。

5.1.5　母鹅抱窝孵化后，每天定时将母鹅抱出窝外喂料（主要为稻谷）、饮水、排粪 1 次，也可将饲料和饮水放在窝的旁边，让其自食。天冷时，将母鹅抱出窝外活动时，应将棉絮盖在种蛋上保温。母鹅活动 3 min，应速抱回孵化。

5.1.6　孵化至第 28 天开始啄壳，第 30 天～31 天出雏，及时取出毛干的雏鹅，对啄壳较久未能出壳的，人工将蛋壳轻轻撬开，将头轻轻拉出，等头部毛干后，再将鹅体拉出。

5.2　人工孵化

5.2.1　孵化箱温度：预热到 25 ℃时进蛋，24 h 内逐渐升温到 38 ℃。孵化第 1 天～

6 天，38.1 ℃～37.9 ℃；第 7 天～18 天，37.8 ℃～37.5 ℃；第 19 天～28 天，37.5 ℃～37.2 ℃；第 29 天至出壳，37 ℃～36.9 ℃。

5.2.2 湿度：孵化初期（第 1 天～2 天），机内相对湿度维持在 65％～70％；孵化中期（第 13 天～23.5 天），相对湿度维持在 60％～65％；孵化后期（第 23.5 天后至出壳），相对湿度维持在 65％～75％。

5.2.3 晾蛋：每天晾蛋 2 次，每次 30 min～40 min。

5.2.4 翻蛋与角度：每天翻蛋 2 次～4 次，翻蛋角度 45°～50°。孵化至第 28 天停止翻蛋。

5.2.5 照蛋：第 7 天头照，第 16 天二照，第 24 天三照。

5.2.6 移蛋：孵化至第 28 天时将蛋移至出雏机内继续孵化。

5.2.7 出雏：每隔 4 h 拣雏 1 次，及时将绒毛已干的雏鹅、空蛋壳拣出。

6 雏鹅的选择

6.1 出壳时间在第 29 天～31 天。

6.2 体重在 120 g 以上。

6.3 绒毛整洁、长短合适、色泽鲜亮。卵黄充分吸收，脐部干燥，愈合良好，其上覆盖绒毛。腹部柔软，大小适中。活泼，反应灵敏。抓在手中饱满，挣扎有力，有弹性。

7 雏鹅出场

7.1 检疫

雏鹅发运前应按 GB 16567 中的规定进行检疫，办理雏鹅运输合格证。

7.2 包装

7.2.1 发往市内的雏鹅，一般用纸板箱装，长 60 cm、宽 45 cm、高 30 cm 的纸板箱放 30 只～40 只雏鹅，箱底垫稻草或其他垫料。用户有其他要求的双方协商决定。

7.2.2 发往境外的雏鹅，宜用长 60 cm、宽 45 cm、高 15 cm 塑料雏禽笼，装 40 只雏鹅。

7.3 发运时间

7.3.1 短距离（运输时间在 5 h 以内）：绒毛干后发货，天冷时中午起运，热天早晚起运，其他季节全天可运。

7.3.2 长距离：要求在出雏 36 h 内能抵达目的地。

途中应检查 1 次～2 次雏鹅情况。

7.3.3 雏鹅包装箱要放平，并留有空间。

天冷时，用棉絮、毛毯等保温。天热时，注意通风、遮阴。

七、《浙东白鹅 第 3 部分：肉用仔鹅》（DB 330281/T 11.3—2003）

前　言

为确保浙东白鹅肉用鹅的质量，特制定浙东白鹅肉用鹅地方标准。

本标准按 GB/T 1.1—2000、GB/T 1.2 的要求编写。

本标准是浙东白鹅系列标准的第 3 部分，该系列标准的其他部分为：

DB 330281/T 11.1—2003　浙东白鹅　第 1 部分：种鹅

DB 330281/T 11.2—2003　浙东白鹅　第 2 部分：雏鹅

DB 330281/T 11.4—2003　浙东白鹅　第 4 部分：饲养管理

DB 330281/T 11.5—2003　浙东白鹅　第 5 部分：主要疾病防治

本标准由余姚市农业局提出并归口。

本标准起草单位：余姚市畜牧兽医技术服务中心。

本标准主要起草人：陈晓青、沈磊磊、翁林莉。

本标准批准发布单位：余姚市质量技术监督局。

本标准于 2001 年 4 月 18 日首次发布，于 2003 年 12 月 25 日第一次修订，自 2003 年 12 月 31 日起实施。

1　范围

本标准规定了浙东白鹅肉用仔鹅定义、要求、评定方法和运输要求。

本标准适用于浙东白鹅肉用仔鹅的质量评定和活口交易。

2　规范性引用文件

下列文件中的条款通过本标准的引用而成为本标准的条款。凡是注日期的引用文件，其随后所有的修改单（不包括勘误的内容）或修订版均不适用于本标准。然而，鼓励根据本标准达成协议的各方研究是否可使用这些文件的最新版本。凡是不注日期的引用文件，其最新版本适用于本标准。

GB 16549　畜禽产地检疫规范

3　定义

本标准采用下列定义。

3.1　宰前体重

宰前禁食 12 h 的体重。

3.2　屠体重

切开下颈部血管，放血致死，去羽毛、脚皮、趾壳和喙壳后的重量。

3.3　半净膛重

屠体去气管、食道、嗉囊、肠、脾、胰和生殖器官。留心脏、肝（去胆）、肾、腺胃、肌胃（除去内容物质及角质膜）和腹膜（包括腹部板油及肌胃周围的脂肪）的重量。

4　要求

4.1　外貌特征

体躯呈长方形，全身羽毛洁白，允许在头部和背侧夹杂少量斑点状灰褐色羽毛，颈细长，肉瘤、喙为橘黄色。

4.2 体重

体重 4.0 kg～5.0 kg。

4.3 屠宰率

屠宰率≥86.5%。

4.4 半净膛率

半净膛率≥77.1%。

4.5 分级

4.5.1 一级：外貌特征按 4.1 要求，体重 4.5 kg 以上，肌肉丰满，羽毛光泽，有绒毛、血管毛。

4.5.2 二级：外貌特征按 4.1 要求，体重 4.0 kg～4.5 kg，肌肉丰满，羽毛较光泽，有绒毛、血管毛。

4.5.3 三级：外貌特征按 4.1 要求，体重 4.0 kg 以下，肌肉欠丰满，羽毛生长差。

5 评定方法

5.1 外貌特征

用目测法评定。

5.2 体重

用台秤测定。

5.3 屠宰率

屠宰率按式（1）计算：

$$屠宰率 = \frac{屠体重}{宰前体重} \times 100\% \tag{1}$$

5.4 半净膛率

半净膛率按式（2）计算：

$$半净膛率 = \frac{半净膛重}{宰前体重} \times 100\% \tag{2}$$

6 运输

6.1 检疫

运出境外的浙东白鹅肉用仔鹅，在起运前按 GB 16549 进行检疫，经部门检疫合格，办理畜禽运输检疫证明。

6.2 车辆消毒

运载浙东白鹅肉用仔鹅出境时的车辆，必须在装车前进行清洗消毒，并经当地检疫部门检查合格后，方可装车发运。

6.3 装笼

肉用仔鹅宜采用长 90 cm、宽 50 cm、高 35 cm 的竹笼装笼，每个竹笼 10 只～11 只。

八、《浙东白鹅　第4部分：饲养管理》（DB 330281/T 11.4—2003）

前　言

为确保浙东白鹅肉用鹅质量和种鹅种用价值，提高养鹅的经济效益，特制定浙东白鹅饲养管理地方标准。

本标准按 GB/T 1.1—2000、GB/T 1.2—2002 的要求编写。

本标准是浙东白鹅系列标准的第4部分，该系列标准的其他部分为：

DB 330281/T 11.1—2003　浙东白鹅　第1部分：种鹅

DB 330281/T 11.2—2003　浙东白鹅　第2部分：雏鹅

DB 330281/T 11.3—2003　浙东白鹅　第3部分：肉用仔鹅

DB 330281/T 11.5—2003　浙东白鹅　第5部分：主要疾病防治

本标准的附录 A 是提示的附录。

本标准由余姚市农业局提出并归口。

本标准起草单位：余姚市畜牧兽医技术服务中心。

本标准主要起草人：陈晓青。

本标准批准发布单位：余姚市质量技术监督局。

本标准于2001年4月18日首次发布，于2003年12月25日第一次修订，自2003年12月31日起实施。

1　范围

本标准规定了浙东白鹅雏鹅、中鹅、肥育仔鹅、种鹅的饲养管理。

2　雏鹅饲养管理（出壳至28日龄）

2.1　育雏室

2.1.1　育雏室条件

2.1.1.1　保温性能好，安装有顶棚。

2.1.1.2　光照充足。窗户面积与地面面积之比为1：（10～15）。

2.1.1.3　保持舍内干燥、清洁。舍内地面比舍外高出 25 cm～30 cm，用混凝土或三合土筑成。

2.1.2　育雏室消毒

2.1.2.1　消毒时间：在进雏前 2 d～3 d。

2.1.2.2　墙壁、地面：用 20% 石灰乳涂刷墙壁；用 5% 漂白粉混悬液喷洒消毒地面。

2.1.2.3　饲养用具：饲料盆（槽）、饮水器（槽）等用消毒液按规定要求喷洒或洗涤，然后用清水冲洗干净。

2.1.2.4　保温用品：棉絮、毛毯及垫草，用前在阳光下暴晒 1 d～2 d。

使用其他消毒剂按有关规定进行。

2.1.2.5 空间：用福尔马林与高锰酸钾，按每立方米 28 mL 福尔马林＋14 g 高锰酸钾混合液熏蒸 24 h，消毒完毕后打开门窗换气 2 d～3 d。

2.1.2.6 使用其他消毒药剂按有关规定进行。

2.2 饲养

2.2.1 初饮

2.2.1.1 时间：出壳 24 h～36 h。

2.2.1.2 水温：冬季、早春 25 ℃±2 ℃，其他季节为常温。

2.2.1.3 初饮水种类：5％～10％葡萄糖或清洁用水。

2.2.1.4 初饮后，应保证雏鹅有足够而清洁的饮水。

2.2.2 开食

2.2.2.1 时间：初饮后即可开食。

2.2.2.2 开食料：配合饲料或夹生饭搭配切细的青菜叶或黑麦草，配合饲料与青绿饲料比为 1∶2，混合饲喂。

2.2.2.3 方法：将配制好的开食饲料撒在塑料布上，引诱雏鹅自由采食。

2.2.3 舍饲

2.2.3.1 日喂次数：3 日龄前，喂 6 次；4 日龄～10 日龄，喂 8 次；11 日龄～20 日龄，喂 6 次；20 日龄以后，喂 4 次，其中夜间 1 次。

2.2.3.2 配比：10 日龄前精饲料与青绿饲料比例为 1∶2，先喂精饲料后喂青绿饲料或混合喂；10 日龄后精饲料与青绿饲料比例为 1∶4，先喂青绿饲料后喂精饲料或混合喂。

2.2.4 放牧

2.2.4.1 初放时间：冬季、早春 10 日龄～14 日龄，部分羽毛开始翻白时；其他季节，外界气温与育雏室温度接近时进行放牧。

2.2.4.2 初放天气：冬季、早春在风和日丽时。

2.2.4.3 放牧场地：草嫩、无疫情、无污染、有饮水源。

2.2.4.4 注意事项：有雷雨、大雨、烈日、露水未干时不放牧。

2.3 管理

2.3.1 保温

2.3.1.1 育雏室室温：第 1 周 28 ℃～26 ℃，以后每周下降 2 ℃～3 ℃，降至 15 ℃时开始逐步脱温。将温度计挂在离地面 15 cm～20 cm 高处墙壁上测定室温。

2.3.1.2 红外线灯泡加温：一只 250 W 红外线灯泡可育雏鹅 150 只左右。

2.3.1.3 灯泡高度：7 日龄内离地面 40 cm～45 cm，随鹅日龄增加逐步升高。

2.3.2 防潮

2.3.2.1 湿度：育雏室相对湿度 55％～65％。

2.3.2.2 降湿方法：

a）喂水切勿外湿；

b）垫草见湿就换；

c）通风换气。

2.3.3　密度

2.3.3.1　1 日龄～5 日龄：25 只/m²～20 只/m²。

2.3.3.2　6 日龄～10 日龄：20 只/m²～15 只/m²。

2.3.3.3　11 日龄～15 日龄：15 只/m²～12 只/m²。

2.3.3.4　16 日龄～20 日龄：12 只/m²～8 只/m²。

2.3.3.5　20 日龄以后，密度逐渐降低。

2.3.4　分栏：根据雏鹅大小、强弱进行分群。分栏饲养，每栏 25 只～30 只为宜。

2.3.5　放水

2.3.5.1　初放水时间：放牧后 2 d～3 d 可进行放水。

2.3.5.2　初放水要求：在清洁浅水塘中让其自由下水，活动几分钟后上岸，待梳理绒毛、毛片干后赶回鹅舍。不强迫雏鹅下水。

2.3.6　卫生：饲料新鲜卫生，饮水、用具清洁，室内清洁干燥。

3　中鹅饲养管理（29 日龄～56 日龄）

3.1　饲养

3.1.1　放牧

上、下午各放牧 1 次，中午回鹅舍。夏天，上午早放早归，下午晚放晚归；冬天，上午晚放晚归，下午早放早归。夜间补饲 1 次黑麦草或其他青绿饲料添加适量配合饲料或谷实类饲料。

3.1.2　全舍饲

白天全喂黑麦草或其他青绿饲料 2 次～3 次，夜间补饲 1 次，补饲饲料同 3.1.1。

3.2　管理注意事项

a）雷雨、大雨、酷暑天中午不放牧；

b）不高举放牧竹竿，不打雨伞放牧；

c）不让兽类接近鹅群；

d）施过农药，在农药有效期内的草地不放牧或被农药污染的青绿饲料不饲喂。

4　肥育仔鹅饲养管理（57 日龄至上市）

4.1　饲养

4.1.1　肥育期：7 d～10 d。

4.1.2　饲喂方式：舍饲，自由采食。日喂 3 次，夜间 1 次。肥育初期，精饲料与青绿饲料混合饲喂，当鹅粪出现黑色、条状、变细、质地结实时，改为先喂精饲料，后喂青绿饲料。

4.2　管理

限制活动，保持安静，控制光照，充分喂养，供给充足的清洁饮水。

5　种鹅饲养管理

5.1　种雏鹅饲养管理

种雏鹅饲养管理：同 2。

5.2 后备种鹅（初选以后）。

5.2.1 生长阶段（70 日龄～120 日龄），以青绿饲料为主，每天补喂精饲料 1 次～2 次，保证生长发育和换羽期的营养需要。

5.2.2 控饲阶段（120 日龄至开产前 30 d）：限制饲养，控制体重，青绿饲料为主，每天补喂精饲料 1 次～2 次。

5.3 种鹅

5.3.1 产蛋前期（复选以后）

5.3.1.1 饲养：每天补饲 2 次～3 次，喂足青绿饲料，添加沙砾、贝壳或微量元素添加剂。

5.3.1.2 防疫卫生：按本标准第 5 部分规定。

5.3.2 产蛋期

5.3.2.1 喂料：每天定时喂精饲料 3 次～4 次，上午保持料槽内不断料。

5.3.2.2 配种：自由配种，每 100 只种鹅要求有水面 45 m² ～60 m²，早晚两次赶至水边，自由下水配种。人工辅助配种，水面可减少到 20 m² ～30 m²。

5.3.2.3 光照：以自然光和早晚加电灯补光。从开产时每天 13 h 的光照时间（5% 种鹅开产），以后每周延长 0.5 h～1 h，直至达到每天光照时间 16 h 时保持到产蛋期结束。每 20 m²（舍内）装一只 40 W 的白炽灯泡，悬高 2 m。

5.3.3 休产期（停产至下个产蛋期的产蛋前 30 d）

放牧为主，舍饲为辅。

6 饲料、饲料添加剂、兽药使用要求

6.1 所有饲料、饲料添加剂须来自有生产许可证或生产登记证的企业，并且产品合格。

6.2 饲料添加剂应是《允许使用的饲料添加剂品种目录》所规定的品种。

6.3 所有兽药应来自具有兽药生产许可证并具有批准文号的生产企业，使用时应严格按照有关规定，并实施休药期。

7 配合饲料营养成分

配合饲料营养成分见附录 A（资料性的附录）。

附 录 A

（资料性附录）

浙东白鹅配合饲料营养成分。

表 A.1 浙东白鹅配合饲料营养成分

日 龄	代谢能（MJ/kg）	粗蛋白质（%）	钙（%）	有效磷（%）
1 日龄～21 日龄	≥11.7	≥18.0	≥0.80	≥0.40
22 日龄～56 日龄	≥11.7	≥14.5	≥0.80	≥0.40

（续）

日　龄	代谢能（MJ/kg）	粗蛋白质（%）	钙（%）	有效磷（%）
57日龄至上市	≥10.8	≥12.5	≥0.80	≥0.40
种　鹅	≥10.5	≥15.0	≥2.20	≥0.40

九、《浙东白鹅　第5部分：主要疾病防治》(DB 330281/T 11.5—2003)

前　言

为提高浙东白鹅成活率，提高养鹅的经济效益，特制定浙东白鹅饲养管理地方标准。

本标准按 GB/T 1.1—2000、GB/T 1.2—2002 的要求编写。

本标准是浙东白鹅系列标准的第5部分，该系列标准的其他部分为：

DB 330281/T 11.1—2003　浙东白鹅　第1部分：种鹅

DB 330281/T 11.2—2003　浙东白鹅　第2部分：雏鹅

DB 330281/T 11.3—2003　浙东白鹅　第3部分：肉用仔鹅

DB 330281/T 11.4—2003　浙东白鹅　第4部分：饲养管理

本标准由余姚市农业局提出并归口。

本标准起草单位：余姚市畜牧兽医技术服务中心。

本标准主要起草人：俞永裕、施建明。

本标准批准发布单位：余姚市质量技术监督局。

本标准于 2001 年 4 月 18 日首次发布，于 2003 年 12 月 25 日第一次修订，自 2003 年 12 月 31 日起实施。

1　范围

本标准规定了浙东白鹅疾病的综合防治，主要疾病防治及用药注意事项。

本标准适用于浙东白鹅的主要疾病防治。

2　疾病综合防治

2.1　防治要求

保持白鹅的正常生长发育，增强机体对疾病的抵抗能力，科学地使用疫（菌）苗、兽药，避免产生抗药性，控制药物残留，降低防治成本，提高防治效果，确保鹅群安全。

2.2　防治原则

坚持预防为主、防重于治的方针，实行防治结合的方法，按早、快、严、小的灭病原则，根据疾病发生、流行的规律、条件，准确、合理、经济、安全地使用疫（菌）苗、药物进行预防和治疗，有效地控制疾病的发生与流行。

2.3　防治措施

2.3.1　科学饲养管理

2.3.1.1　不同年龄的白鹅分开饲养。

2.3.1.2 根据生产、生长发育的需要，合理配制日粮。

2.3.1.3 禁喂霉变或被农药污染的饲料。

2.3.1.4 创造适宜的环境条件，消除或减少致病因子。

2.3.2 严格卫生消毒制度

坚持经常性消毒、定期性消毒、突击性消毒三结合卫生消毒制度。

2.3.2.1 物理消毒

保持用具、舍内外环境清洁，利用日晒、紫外线消毒。

2.3.2.2 生物消毒

粪便、污物或其他废物堆积发酵处理。

2.3.2.3 化学消毒

利用化学药剂进行消毒处理。

2.3.3 接种疫（菌）苗

按照合理的免疫接种程序适时免疫接种，增强机体的特异性免疫力、防止传染病的发生和流行。

3 主要疾病防治

主要疾病防治见表1。

表1 鹅的主要疾病防治

病名	主要症状及病理变化	预防措施	推荐治疗方法
小鹅瘟	症状：严重下痢，排出黄白色或绿色水样和混有气泡的稀粪。鼻液增多，摇头，喙前端色泽变深，临死前常出现神经症状 剖检：小肠中下段黏膜有带状假膜，肠腔内有质地硬实、形如香肠的栓子状物	1. 消毒：育雏室和孵化场的一切用具、设备用前应清洗消毒；种蛋收集后先用0.1%新洁尔灭液冲洗、晾干，再用福尔马林熏蒸消毒 2. 免疫接种：母鹅在产蛋前3周龄～4周龄肌内注射或皮下注射小鹅瘟疫苗1头份，在第二个产蛋期后加强免疫一次 3. 未经母鹅免疫的雏鹅群，在1日龄可皮下注射小鹅瘟高免血清或高免卵黄抗体，每只0.5 mL～1 mL，或接种小鹅瘟雏鹅疫苗	用小鹅瘟高免血清或高免卵黄抗体皮下注射，15日龄以下1 mL，15日龄以上2 mL。必要时隔天重复一次
小鹅流行性感冒	症状：体温升高，流眼泪，呼吸困难，鼻腔不断流出大量浆液性分泌物，为排出鼻腔内黏液，常强力摇头，头向后弯，身躯前部羽毛常有鼻黏液，体毛潮湿，死前出现下痢 剖检：气管、肺、气囊内有纤维性分泌物，心内外膜出血或瘀血，脾、肾瘀血肿大，表面常见灰白色坏死小点	1. 平时要加强对鹅群的饲养管理，30日龄以内的雏鹅注意防寒保暖 2. 保持鹅舍、场地、垫草干燥和清洁卫生，光线充足，通风良好 3. 饲养密度适当	1. 禽畜灵：每包（50 g）加料50 kg，或加水50 kg喂服，连用3 d 2. 泰康-50：每包（50 g）拌料40 kg喂服，连用3 d 3. 洛奇：每包（50 g）混水50 kg饮服，连用3 d 4. 菌克星：每瓶（100 mL）加水25 kg饮服，每天2次，连用3 d～5 d

（续）

病名	主要症状及病理变化	预防措施	推荐治疗方法
禽大肠杆菌性腹膜炎（蛋子瘟）	症状：病鹅精神沉郁，食欲减退，肛门周围沾着污秽发臭的排泄物，并混有蛋清、凝固的蛋白或卵黄小块最后衰竭而死 剖检：卵黄性腹膜炎是本病特征性病变。腹腔内有少量淡黄色腥臭的混浊液体，混有破损的卵黄，内脏器官表面覆盖淡黄色凝固的纤维性渗出物，肠系膜粘连。卵巢变形萎缩	1. 鹅舍：产蛋窝保持清洁干燥，定期消毒，搞好环境卫生，保持鹅舍通风良好，密度适当 2. 不到疫区放牧 3. 种用公鹅外生殖器有病变的一律淘汰 4. 病鹅隔离治疗	1. 庆大霉素每只肌内注射4万U～8万U，每天2次，连用3 d 2. 强力抗每瓶（15 mL）加水25 kg～50 kg饮服，连用3 d～5 d 3. 一服灵：每瓶（100 mL）加50 kg～100 kg饮服，连用3 d～5 d
禽沙门氏菌病（禽副伤寒）	症状：病雏鹅食欲消失，饮欲增加，腹泻，粪便稀薄带气泡，呈黄绿色，污染后躯，干后封闭泄殖腔，导致排粪困难。成年鹅感染常呈慢性，表现下痢消瘦、跛行、关节肿大等 剖检：肝肿大，有黄色斑点，有细小坏死病灶，卡他性肠炎，气囊混浊	1. 慢性病鹅不作种鹅 2. 雏鹅与成年鹅分开饲养 3. 加强饲养管理，保障饮水、饲料、用具卫生，棚舍及运动场要定期消毒，发现病鹅严格隔离	1. 氟苯尼考：按0.04%～0.06%拌料喂服3 d～5 d 2. 禽畜灵：每包（50 g）加料50 kg，或加水50 kg喂服，连用3 d 3. 一服灵：每瓶（50 g）加水50 kg～100 kg饮服，连用3 d～5 d 4. 诺氟沙星：按0.005%～0.01%比例均匀混于饲料内，连喂3 d
禽巴氏杆菌病（鹅出败）	症状：1. 最急性型，鹅突然死亡且原因不明 2. 急性型，食欲废绝，饮水增多，有时痢频频摇头，下痢呈草绿色、灰白色或绿色，严重时带血 3. 慢性型，贫血、消瘦、关节肿胀、化脓、跛行 剖检：心外膜、心冠沟脂肪有大量出血点；肝肿大、质脆，表面有灰白色针尖大小的坏死点等特征性病变	1. 保持鹅舍干燥、干净、通风、光线充足 2. 加强饲养管理，保障饮水、饲料、用具卫生、棚舍及运动场地要定期消毒 3. 发现病鹅及时隔离	1. 一服灵（949）：每瓶（50 g）加水50 kg～100 kg饮服，连用3 d～5 d 2. 强力抗：每瓶（50 g）加水25 kg饮服，连用3 d～5 d 3. 菌克星：每瓶（100 mL）加25 kg饮水，每天2次，连用3 d～5 d
曲霉菌病	症状：体温升高，食欲减退，饮欲增加，张口呼吸，有甩鼻涕现象，下痢，有时出现霉菌性眼炎 剖检：肺、气囊、气管上可见粟粒大至绿豆大的黄白色或灰白色结节	1. 不使用发霉的垫草，不喂发霉饲料 2. 育雏室应注意通风换气和消毒 3. 经常翻晒垫料，保持食物干燥 4. 加强育雏期饲养管理，适当放牧	1. 每千克饲料中加入50万U～100万U制霉菌素，连用2 d～3 d 2. 每只雏鹅口服制霉菌素0.5万U～1万U，每天2次，连用2 d 3. 用1:3 000的硫酸铜溶液饮水，连用3 d～5 d
鹅口疮	症状：精神委顿，嗉囊扩张下垂、松软，呼吸困难。口腔黏膜形成乳白色或黄色的斑点，逐渐融合成白色纤维素性假膜，假膜下溃疡出血	1. 保持鹅舍及运动场、孵化室的清洁卫生 2. 合理使用抗菌药 3. 定期消毒 4. 发现病鹅及时隔离	1. 每千克饲料中加制霉菌素50万～200万U，连用2 d～3 d 2. 用1:2 000的硫酸铜溶液饮水，连用7 d 3. 口腔中溃疡部位可用碘甘油或冰硼散涂擦

（续）

病名	主要症状及病理变化	预防措施	推荐治疗方法
鹅软脚病	症状：10 日龄～30 日龄雏鹅多发。病鹅脚软无力，跛行，喜蹲伏，生长发育不良，长骨骨端增大，骨质疏松	1. 日粮中钙、磷比例要合理，要有足够的维生素 D 2. 鹅舍垫料干燥，阳光充足，运动适度	1. 病鹅喂鱼肝油和钙片。鱼肝油每只每次 2 滴～4 滴，每天 2 次；维生素 D 每只口服 15 000 IU 或肌内注射 4 万 IU 2. 病鹅肌内注射维丁胶性钙，每只 2 mL～0.5 mL
鹅球虫病	症状：病鹅厌食，步态蹒跚，下痢，排白色稀粪，常伴有血液或血块 剖检：小肠充血、出血肿胀，充满浓稠淡红棕色液体。肠黏膜出血糜烂，有假膜覆盖或脱落形成肠蕊栓	1. 保持鹅舍及运动场干燥、通风、清洁 2. 及时清除粪便，更换垫料 3. 雏鹅与成年鹅分开饲养 4. 定期添加抗球虫药：如克球粉、氨丙啉等	1. 三字球虫粉：每 50 克混水 25 千克饮服，连用 3 d 2. 球虫清：每 5 mL 混水 100 千克饮服，连用 3 d 3. 氨丙啉预混剂：每包 50 g 拌料 50 kg，连用 3 d～4 d
禽流感	体温升高，精神差、减食、咳嗽、气喘、流泪；羽毛松乱，并有歪头、转圈等神经症状，头和脸面部水肿；排灰白或淡黄、绿色甚至红褐色稀粪。产蛋鹅产蛋明显减少甚至绝蛋，死亡率高达 70% 以上 气管黏膜水肿出血，气管内分泌物增多；肝脾肿大质脆，有出血斑和坏死灶，腺胃两端交界处有出血带，十二指肠有环状出血，心肌变性，有条索状坏死；产蛋鹅腹腔中卵黄膜充血或卵黄性腹膜炎症状	1. 10 日龄～15 日龄雏鹅每只皮下注射禽流感灭活疫苗 0.5 mL 2. 种鹅每隔 6 个月每只肌内注射禽流感灭活疫苗 2 mL	目前尚无有效的治疗方法。本病属于农业农村部规定的一类传染病，一旦发生，应立即扑杀、销毁
鹅的副黏病毒病	症状：病鹅腹泻，排灰白、黄绿稀粪，食欲减退，饮欲增加，精神委顿，无力，后期出现扭颈、转圈、仰头等神经症状 剖检：皮肤瘀血，肝、脾、胰肿大，瘀血，有灰白色坏死灶，食道、肠腔黏膜有大小不一的纤维性结痂，痂下溃疡。盲肠扁桃体肿大、出血	1. 加强鹅群饲养管理 2. 保持鹅舍清洁干燥，定期消毒，搞好环境卫生 3. 用鹅副黏病毒灭活疫苗进行免疫接种	1. 隔离病鹅 2. 鹅舍带鹅消毒 3. 用鹅副黏病毒高免卵黄抗体肌内注射或皮下注射，每千克体重 2 mL 4. 未发病的鹅群应紧急接种副黏病毒灭活苗

注：1. 混饲药物必须溶解充分。

2. 针剂注射应勤换针头，紧急接种时应一只鹅一个针头。

3. 剂量和用药时间必须按规定执行。

4. 临床上并发和继发现象较多，应采取综合治疗措施，宜几种药物科学配伍使用，并与环境整治、消毒同步进行。

5. 治疗球虫病应选用二种以上的药物交替使用，以避免产生抗药性。

6. 对细菌性疾病应经常分离致病菌株，选用敏感药物。

第四章　浙东白鹅生产技术标准

一、《地理标志产品　象山白鹅生产技术规程》（DB 33/T 880—2012）

前　言

本标准根据国家质量监督检验检疫总局颁布的《地理标志产品保护规定》和 GB/T 17924—2008《地理标志产品标准通用要求》制定。

本标准按 GB/T 1.1—2009 给出的规则进行起草。

本标准由浙江省农业厅提出。

本标准由浙江省畜牧兽医标准化技术委员会归口。

本标准起草单位：象山县质量技术监督局、象山县畜牧兽医总站、象山县浙东白鹅研究所。

本标准主要起草人：陈维虎、俞照正、孙红霞、江峰、侯纪田、计水珠、范巧灵。

1　范围

本标准规定了象山白鹅的术语和定义、地理标志产品保护范围、要求、检验方法、检验规则及标志、标识、包装、运输。

本标准适用于国家质量监督检验检疫行政部门根据《地理标志产品保护规定》批准保护的象山白鹅。

2　规范性引用文件

下列文件中的条款通过本标准的引用而成为本标准的条款。凡是注日期的引用文件，其随后所有的修改单（不包括勘误的内容）或修订版均不适用于本标准。然而，鼓励根据本标准达成协议的各方要研究是否可使用这些文件的最新版本。凡是不注日期的引用文件，其最新版本适用于本标准。

GB 5009.5　食品安全国家标准　食品中蛋白质的测定

GB/T 5009.11　食品中总砷及无机砷的测定

GB 5009.12　食品安全国家标准　食品中铅的测定

GB/T 5009.15　食品中镉的测定

GB/T 5009.17　食品中总汞及有机汞的测定

GB/T 5009.44　肉与肉制品卫生标准的分析方法

GB/T 5009.124　食品中氨基酸的测定

GB/T 9695.7　肉与肉制品　总脂肪含量测定

GB 16869　鲜、冻禽产品

GB/T 18407.3　农产品质量安全　无公害畜禽肉产地环境要求

NY/T 823　家禽生产性能名词术语和度量统计方法

GB/T 20759　畜禽肉中十六种磺胺类药物残留量的测定

GB/T 20764　可食动物肌肉中土霉素、四环素、金霉素、强力霉素残留量的测定　液相色谱−紫外检测法

NY 5266　无公害食品　鹅饲养兽医防疫准则

动物性食品兽药残留检测方法（农牧发〔2003〕236 号）

3　术语和定义

下列术语和定义适用于本标准。

3.1　象山白鹅 XiangShan white goose

在第四章规定的地理标志产品保护范围内饲养的、符合本标准的浙东白鹅。

3.2　宰前体重 Preslaughter weight

宰前禁食 12 h 后体重。

3.3　屠体重 Carcass weight

放血致死，去羽毛、脚皮、趾壳和喙壳后的重量。

3.4　半净膛重 Eviscerated weight

屠体去气管、食道、嗉囊、肠、脾、胰和生殖器官。留心脏、肝（去胆）、肾、腺胃、肌胃（除去内容物及角质膜）和腹脂（包括腹部板油及肌胃周围的脂肪）的重量。

3.5　全净膛重 Whole net carcass weight

半净膛重减去心、肝、腺胃、肌胃、肺、腹脂的重量。

4　地理标志产品保护范围

象山白鹅的地理标志产品保护范围为浙江省象山县丹东街道、丹西街道、爵溪街道、石浦镇、西周镇、鹤浦镇、贤痒镇、定塘镇、墙头镇、泗洲头镇、涂茨镇、大徐镇、新桥镇、东陈乡、晓塘乡、黄避岙乡、茅洋乡、高塘岛乡等 18 个乡镇街道现辖行政区域。见附录 A。

5　要求

5.1　自然环境

5.1.1　气候

亚热带季风气候，位于大陆性与海洋性气候区之间，冬、夏季节交替明显，四季分明，无霜期长，光照较多，气温适宜。年平均气温 16.3 ℃，年平均降水量 1 360 mm，年平均相对湿度 76.8%。适宜象山白鹅的生活、生长发育和牧草生长。

5.1.2　水源和土壤条件

年平均水资源总量为 9.3 亿 m³，其中地表水资源量 8.6 亿 m³，人均占有水资源量为 1 700 m³。平原区河道纵横、池塘棋布，丘陵间溪水常流，有利于象山白鹅生长和牧草生产。放养水源水质清洁卫生。

5.1.3　饲养环境

符合 GB/T 18407.3 要求。

5.2　饲养技术

见附录 B。

5.3　品质特征

见附录 C。

6　检验规则

6.1　组批

同一饲养条件、同时出栏的为一批。

6.2　抽样

每一批次随机抽样 5‰，每批抽样数不得少于 2 只。

6.3　检验类别及项目

6.3.1　出场检验

每批鹅出场前按外貌特征的要求，对出场鹅进行检验，检验合格后方可出场。

6.3.2　型式检验

型式检验项目为：外貌特征、理化指标、屠宰率、半净膛率、重金属及农药残留指标。下列任何一种情况下，应进行型式检验：

a）每年首批鹅出栏前；

b）饲养方法有较大变更或喂养饲料配比有较大变化时；

c）国家质量监督机构提出型式检验要求时。

6.4　判定规则

6.4.1　出场检验或型式检验项目全部符合本标准，即判为合格批或该周期型式检验合格。

6.4.2　不合格批允许逐只检验，剔除不合格品后再次提交出场检验。

6.4.3　理化指标中蛋白质、脂肪、氨基酸总含量不合格项允许复验，复验抽样数量为本标准 6.2 的两倍。

6.4.4　重金属及农药残留不合格即判不合格，不得复验。

7　标志、标识、运输

7.1　标志、标识

7.1.1　地理标志产品专用标志的使用应符合《地理标志产品保护规定》的要求。标志可捆贴在象山白鹅的腿部或其他显著部位。

7.1.2　产品标识应包含产地、批次等信息。

7.2　运输

7.2.1　检疫

运出境外的象山白鹅商品肉鹅，应经当地动物卫生监督机构检疫合格后，方可出运。

7.2.2 车辆消毒

运载象山白鹅商品肉鹅出场的车辆，必须在装车前进行清洗消毒，并经当地动物卫生监督机构检疫合格后，方可装车发运。

附 录 A

（规范性附录）

象山白鹅地理标志产品保护范围图

象山白鹅地理标志产品保护范围见图 A.1。

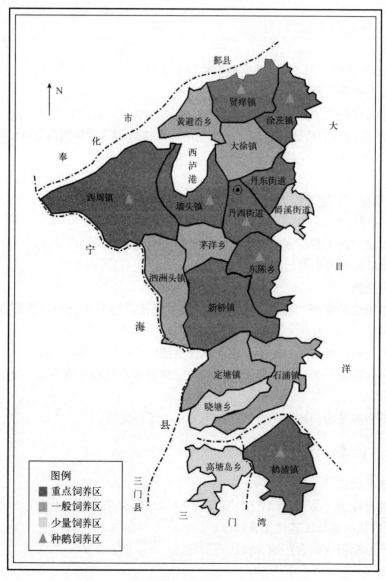

图 A.1 象山白鹅地理标志产品保护范围

附 录 B

（规范性附录）

象山白鹅的生产管理技术

B.1 种雏来源

种雏来自象山境内规定的一、二级象山白鹅种鹅场。

B.2 选种要求

B.2.1 种鹅生产符合 DB 3302/T 074.1 要求，来自有生产、繁殖和防疫记录的种鹅场，公母鹅分别来自不同亲代。

B.2.2 种鹅应在饲养 2 年～3 年的母鹅所产的后代仔鹅中选留。季节上应选留 12 月至翌年 3 月出壳的鹅（年夜鹅或清明鹅），反季节繁殖种鹅应选留 10 月至翌年 1 月出壳的鹅。

B.2.3 繁殖种鹅的饲养管理、疾病防治应符合 DB 3302/T 074.3 和 DB 3302/T 074.4 的规定。

B.3 育雏

B.3.1 育雏前准备

B.3.1.1 育雏舍消毒

进雏前 2 d～3 d 将育雏舍清扫干净，空间熏蒸消毒，方法按 DB 3302/T 074.2 中孵化室熏蒸消毒。地面、墙体用 5％消毒威喷洒消毒。

B.3.1.2 预热

育雏室铺上垫料后，进雏前 12 h 进行预热，舍内温度达到育雏保温要求。

B.3.2 育雏方式

B.3.2.1 地面育雏

育雏舍地面垫上垫料。厚度，冬季 13 cm～17 cm，其他季节 7 cm～10 cm。

B.3.2.2 网上育雏

网离地面 20 cm～100 cm。

B.3.2.3 笼上育雏

笼高 25 cm～30 cm，每笼面积 60 cm×80 cm 至 60 cm×100 cm。每笼育雏 10 只～15 只。

B.3.3 温度、湿度

日 龄	1～5	6～10	11～15	16～28
温度（℃）	27～28	25～26	22～24	18～22
相对湿度（％）	60～65	60～65	65～70	65～70

B.3.4 开食

B.3.4.1 开水：雏鹅进入育雏室后即行开水，水温 25 ℃。水中可添加 0.5％电解多维素和 5％～10％葡萄糖。

B.3.4.2 开食：开水后 1 h 开食，10 d 内每昼夜喂 7 次～8 次，以后逐渐减少饲喂次数，至 21 d 后每昼夜喂 4 次～5 次（其中晚上 1 次～2 次）。

开食饲料用雏鹅用商品颗粒饲料与切碎的青绿饲料按1∶1比例拌和饲喂。3 d后逐渐增加青绿饲料比例，21 d后比例为1∶3。

B.3.5　放牧管理

10日龄后雏鹅可选择晴暖天气进行适度放牧，放牧3 d后可逐渐自由放水。

B.3.6　饲养密度

日　龄	1～5	6～10	11～15	16～20	21～28
饲养密度（只/m²）	20～25	15～20	12～15	8～12	6～8

B.3.7　其他管理

育雏期间注意用具垫料的清洁、干燥和卫生，定期消毒，定期通风。育雏舍通夜照明，光照度以雏鹅能采食、活动为度。

B.4　育成

B.4.1　放牧

育成期间应放牧，每天放牧不少于4 h。

B.4.2　补饲

放牧期间不喂饲料，牧归后和晚上进行补饲。补饲饲料用青绿饲料加适量米糠、秕谷及糟渣类粗饲料。

B.5　育肥

60日龄左右开始育肥，育肥时间10 d～14 d，育肥期舍饲。育肥前期用配合饲料与青绿饲料1∶1混合饲喂，育肥后期先喂配合饲料，后喂青绿饲料。每天喂4次，其中夜间1次。

B.6　疾病防治

疾病防治应符合DB 3302/T 074.4的规定要求，加强饲养管理，实行全进全出；搞好环境卫生，严格消毒；定期免疫接种，合理用药。

B.7　屠宰要求

屠宰日龄60日龄～70日龄，屠宰体重≥4 kg。

<h1 style="text-align:center">附　录　C</h1>

（规范性附录）

<h2 style="text-align:center">象山白鹅品质特征</h2>

C.1　外貌特征

C.1.1　外貌特征

体型中等，体躯呈船形，全身羽毛洁白，肉瘤、喙、胫、蹼为橘黄色。头大小适中，颈细长。

C.1.2　胴体感官

胴体匀称、光净，肌肉丰满；皮肤紧凑，有弹性、有光泽，呈肉白色；喙、跖、蹼部呈橘黄色。分割胴体肌肉有光泽，色泽鲜艳，肌间脂肪含量适中，且分布均匀。

C.1.3 理化指标

象山白鹅的理化指标应符合表1的规定。

表1 理化指标

项 目	指 标
蛋白质（%）	≥18.0
肌间脂肪（%）	5.5～8.5
氨基酸总含量（%）	≥16.0
解冻失水率（%）	≤8
挥发性盐基氮（每100 g，mg）	≤15
砷（以As计）（mg/kg）	≤0.5
铅（以Pb计）（mg/kg）	≤0.1
汞（以Hg计）（mg/kg）	≤0.05
镉（以Cd计）（mg/kg）	≤0.1
土霉素（mg/kg）	≤0.10
金霉素（mg/kg）	≤0.10
磺胺类（以磺胺类总量计）（mg/kg）	≤0.10
氯羟吡啶（克球粉）（mg/kg）	≤0.05
恩诺沙星（mg/kg）	≤0.10
环丙沙星（mg/kg）	≤0.10

C.1.4 屠宰性能

屠宰日龄以60日龄～70日龄，屠宰体重≥3.5 kg为最佳。屠宰率86%～88%，半净膛率79%～83%，全净膛率68%～71%。

C.2 检验方法

C.2.1 外貌特征、胴体感官

目测检查。

C.2.2 理化指标

C.2.2.1 蛋白质

按GB/T 5009.5规定执行。

C.2.2.2 肌间脂肪

腿部肌肉中脂肪含量按GB 9695.7规定执行。

C.2.2.3 氨基酸总含量

按GB/T 5009.124规定执行。

C.2.2.4 解冻失水率

按GB 16869中5.2规定的方法测定。

C.2.2.5 挥发性盐基氮

按GB/T 5009.44规定的方法测定。

C.2.2.6 砷

按 GB/T 5009.11 规定的方法测定。

C.2.2.7 铅

按 GB/T 5009.12 规定的方法测定。

C.2.2.8 汞

按 GB/T 5009.17 规定的方法测定。

C.2.2.9 镉

按 GB/T 5009.15 规定的方法测定。

C.2.2.10 土霉素

按 GB/T 20764 规定的方法测定。

C.2.2.11 金霉素

按 GB/T 20764 规定的方法测定。

C.2.2.12 磺胺类

按 GB/T 20759 规定的方法测定。

C.2.2.13 恩诺沙星、环丙沙星

按《动物性食品中兽药残留检测方法》规定的方法测定。

C.2.3 屠宰率、半净膛率、全净膛率

按 NY/T 823 规定执行。

二、《浙东白鹅（舟山）饲养技术规范》（DB 3309/T 14—2010）

前　言

本标准代替 DB 3309/T 14.1—2003《浙东白鹅（舟山）饲养技术规范　第 1 部分：种鹅》、DB 3309/T 14.2—2003《浙东白鹅（舟山）饲养技术规范　第 2 部分：雏鹅》、DB 3309/T 14.3—2003《浙东白鹅（舟山）饲养技术规范　第 3 部分：肉鹅》和 DB 3309/T 14.4—2003《浙东白鹅（舟山）饲养技术规范　第 4 部分：疾病防治》。本标准与 DB 3309/T 14—2003 相比，除按 GB/T 1.1—2009 规定进行编辑性修改外主要技术变化如下：

——增加或替换规范性引用文件。

——修改成年种鹅体重、蛋重、种蛋受精率、受精蛋孵化率、利用年限的数值。

——增加繁殖性能测算方法、检疫标准，增加饲养管理要求、用药要求中部分条文。

——主要传染病诊断与治疗增加病理变化的剖解变化（见附录 B）。

本标准的附录 A、附录 B、附录 C、附录 D 为规范性附录。

本标准由舟山市定海区农林局提出。

本标准由舟山市农林局归口。

本标准起草单位：舟山市定海区农林局。

本标准主要起草人：余海军、郑飞、董世意、魏晓坚、林超群、王军杰。

本标准所代替标准的历次版本发布情况为：

——DB 3309/T 14.1—2003《浙东白鹅（舟山）饲养技术规范 第 1 部分：种鹅》、DB 3309/T 14.2—2003《浙东白鹅（舟山）饲养技术规范 第 2 部分：雏鹅》、DB 3309/T 14.3—2003《浙东白鹅（舟山）饲养技术规范 第 3 部分：肉鹅》和 DB 3309/T 14.4—2003《浙东白鹅（舟山）饲养技术规范 第 4 部分：疾病防治》。

1 范围

本标准规定了浙东白鹅（舟山）的定义、种鹅的特征特性、雏鹅和种鹅的选择要求、白鹅的饲养管理要点及种蛋孵化、浙东白鹅的疾病防治和用药注意事项，以及商品鹅的外貌特征、分级、评定方法和白鹅的检疫、包装和运输要求。

本标准适用于种鹅生产、选种、品种鉴定和繁育，雏鹅的饲养、运输和交易，肉鹅的饲养、运输、质量评定和活口交易。

2 规范性引用文件

下列文件对于本文件的应用是必不可少的。凡是注日期的引用文件，仅所注日期的版本适用于本文件。凡是不注日期的引用文件，其最新版本（包括所有的修改单）适用于本文件。

GB 16548 病害动物和病害动物产品生物安全处理规程

GB 16549 畜禽产地检疫规范

GB 1656 种畜禽调运检疫技术规范

NY 10 种禽档案记录

NY/T 823 家禽生产性能名词术语和度量统计方法

NY 5030 无公害食品 畜禽饲养兽药使用准则

NY 5032 无公害食品 畜禽饲料和饲料添加剂使用准则

NY 5266 无公害食品 鹅饲养兽医防疫准则

NY/T 5038 无公害食品 家禽养殖生产管理规范

中华人民共和国动物防疫法 中华人民共和国主席令

中华人民共和国兽药典 中国兽药典委员会

3 定义

下列术语和定义适用于本标准。

3.1 种鹅

符合本品种要求，用于繁育的公母鹅。

3.2 雏鹅

出壳至 20 日龄的鹅。

3.3 中鹅

21 日龄至 60 日龄的肉鹅。

3.4 育肥鹅

61 日龄至上市前的肉鹅。

3.5 商品鹅

育肥后上市的肉鹅。

3.6 体斜长

沿体表测量的肩关节至坐骨结节的距离。

3.7 龙骨长

从龙骨前端到末端的距离。

3.8 胸深

第一胸椎到龙骨前缘的距离。

3.9 胸宽

肩关节之间的距离。

3.10 胫骨长

从胫部上关节到第三、第四趾间的直线距离。

3.11 半潜水长

从嘴尖到髋骨连线中点的距离。

3.12 宰前体重

宰前禁食 12 h 后体重。

3.13 屠体重

切开耳下部血管，放血致死，去羽毛、脚皮、趾壳和喙壳后的重量。

3.14 半净膛重

屠体去气管、肺、食道、肠、脾、胰和生殖器官。留心脏、肝（去胆）、肾、腺胃、肌胃（除去内容物及角质膜）和腹脂（包括腹部板油及肌胃周围的脂肪）的重量。

3.15 全净膛重

屠体去内脏器官和腹脂（包括腹部板油及肌胃周围的脂肪）以后的重量。

4 成年种鹅品种特性

4.1 体型外貌

全身羽毛洁白，紧贴身躯，体躯呈船形，颈细长，肉瘤、喙为橘黄色，胫、蹼为橘红色，爪为玉白色，眼睑金黄色，虹彩蓝灰色。公鹅肉瘤凸出，体格雄伟，尾羽短而上翘，叫声高亢，自卫性能强。母鹅尾羽平伸，腹部宽大，叫声响亮，性情温和。

4.2 体重

4.2.1 70 日龄体重：公鹅 4.0 kg 以上，母鹅 3.5 kg 以上。

4.2.2 成年体重：公鹅 6.0 kg～7.0 kg，母鹅 4.5 kg～5.5 kg。

4.3 体尺

体尺按表 1 要求规定。

表 1　种鹅体尺表

类别	体斜长（cm）	龙骨长（cm）	胸深（cm）	胸宽（cm）	胫骨长（cm）	半潜水长（cm）
公鹅	32.0～35.5	17.5～22.0	9.5～11.5	12.0～15.5	16.0～17.5	78.0～85.5
母鹅	29.0～32.0	15.0～18.0	8.0～11.0	10.0～13.5	14.0～15.5	71.0～78.0

4.4　繁殖性能

4.4.1　5％开产日龄：140 d～150 d。

4.4.2　蛋重：150 g～180 g。

4.4.3　窝产蛋：8 枚～13 枚。

4.4.4　年产蛋：3 窝～4 窝，35 枚～40 枚。

4.4.5　种蛋受精率：75％～90％。水上自由配种 75％～80％，人工辅助配种和人工授精率 80％～90％。

4.4.6　受精蛋孵化率：85％～90％。

4.4.7　利用年限：公鹅 2 年～3 年，母鹅 4 年～5 年。

4.5　屠宰性能

4.5.1　屠宰率：88％。

4.5.2　半净膛率：84％。

4.5.3　全净膛率：72％。

4.6　检测方法

4.6.1　体型外貌

目测法测定。

4.6.2　体重

用精度为 50 g 的衡器测定。

4.6.3　体尺

用游标卡尺和卷尺测定。

4.6.4　繁殖性能

4.6.4.1　种蛋受精率

指受精蛋数占入孵种蛋数的比率，按式（1）计算：

$$受精率＝（受精蛋数/入孵种蛋数）\times 100％ \qquad (1)$$

受精蛋数也可从入孵种蛋中扣除无精蛋及变质蛋数后求得，但应包括死胚蛋在内。

4.6.4.2　受精蛋孵化率

指出雏数与受精蛋数的比率，应剔除孵化过程中操作破损的胚蛋，按式（2）计算：

$$孵化率＝（出雏数/受精蛋数）\times 100％ \qquad (2)$$

出雏数是指已出壳的雏禽数，包括出壳后就死亡的雏禽，以及正常出壳或通过助产成功出壳的鹅，不能行动或行动不便的、脐带吸收不全，卵黄吸收不良，腹部较硬，精神呆滞的弱雏在内。

4.6.4.3 蛋重

294 日龄～300 日龄（或 494 日龄～500 日龄）期间 7 d 内所产的蛋的平均重，为 300 日龄（或 500 日龄）蛋重。以千克为单位，按式（3）计算：

$$总蛋重（kg）＝（平均蛋重×平均产蛋量）/1\,000 \tag{3}$$

4.6.5 屠宰率

屠宰率按（4）计算：

$$屠宰率＝屠体重/宰前体重×100\% \tag{4}$$

4.6.6 半净膛率

半净膛率按下列公式计算：

$$P_1＝G_1/G×100\% \tag{5}$$

式中：

P_1——半净膛率（%）；

G——宰前体重（kg）；

G_1——半净膛重（kg）。

4.6.7 全净膛率

全净膛率按下列公式计算：

$$P_2＝G_2/G×100\% \tag{6}$$

式中：

P_2——全净膛率（%）；

G——宰前体重（kg）；

G_2——全净膛重（kg）。

5 种鹅、雏鹅的选择

5.1 后备种鹅的选择

5.1.1 日龄：60 日龄～75 日龄。

5.1.2 方法：宜选用 1 月底 2 月初出壳的鹅；公鹅体型高大，眼凸有神，叫声洪亮，脚高且粗，自卫性强；母鹅体型大小适中，性情温和，后躯发达，两股间距离宽有力；允许在头部和背侧夹杂少量斑点状灰褐色羽毛。

5.2 开产前种鹅的选择

5.2.1 日龄：60 日龄～75 日龄。

5.2.2 方法：在后备种鹅中选健康、外貌特征符合品种要求的种鹅；公鹅的生殖器官发育良好。

5.3 雏鹅的选择

5.3.1 出壳时间：在孵化期 30 d～31 d 内。

5.3.2 体重：在 110 g 以上。

5.3.3 外貌特征：绒毛整洁、长短合适，色泽鲜亮。卵黄吸收充分，脐部干燥，愈合良好，其上覆盖绒毛。腹部柔软，有弹性，大小适中。眼大有神，精神活泼，反应灵敏，腿干结实。抓在手中饱满，挣扎有力。

6　饲养管理

6.1　后备种鹅

6.1.1　生长阶段（60 日龄～90 日龄）

青绿饲料自由采食；每天补喂精饲料 2 次～3 次，每只每天 100 g～150 g，保证生长发育的营养需要。

6.1.2　控制饲料阶段（90 日龄到开产前 20 d）

青绿饲料自由采食；可采用饲喂秕谷或粗糠等粗饲料的方法控制体重；公母鹅分群饲养。

6.2　成年种鹅

6.2.1　产蛋前期

每天补喂精饲料 2 次～3 次，每只每天 250 g～400 g，喂足青绿饲料，添加沙砾和贝壳等含钙、磷丰富的物质，钙、磷比例宜保持在 2 : 1 左右，饲养水平逐渐接近产蛋期。公鹅单独饲养，宜在配种前 10 d 左右加喂生地或桂圆，以提高种蛋受精率。

6.2.2　产蛋期

每天定时喂精饲料 3 次～4 次，每只每天 400 g～500 g。配种期间，公鹅应喂足精饲料和青绿饲料，宜加喂一些生地或桂圆，以提高种蛋受精率。产蛋母鹅以舍饲为主，精饲料中应有充足的钙质和蛋白质。配种前公、母鹅应分开饲养，公鹅应加强运动。自然配种宜在水中进行，每 100 只种鹅有水面 50 m² 以上；采用人工辅助配种，可提高种蛋受精率。从开产到产蛋期结束全天光照应控制在 13 h～15 h，自然光不足的可用电灯补光，每 20 m²（舍内）悬挂（高 2 m）一只 40 W 的白炽灯泡。

6.3　雏鹅

6.3.1　开水

6.3.1.1　时间：出壳 24 h～36 h。

6.3.1.2　水温：寒冷季节 20 ℃～30 ℃，其他季节常温。

6.3.1.3　方法：宜用清洁饮用水加适量抗生素、复合维生素 B、维生素 C，或 0.9％生理盐水让其自由饮用 10 min～20 min。

6.3.2　开食

6.3.2.1　时间：开水后即可开食。

6.3.2.2　方法：用配合饲料或夹生饭搭配切细的黑麦草或萝卜叶等青绿饲料，放在饲料槽内或抖撒在塑料布上引诱雏鹅自由采食，精饲料与青绿饲料配合比例宜为 1 : 2。

6.3.3　舍饲

6.3.3.1　日喂次数：10 日龄前 5 次～6 次，10 日龄后 4 次～5 次，其中晚间 1 次，保持料槽中有少量新鲜饲料；日喂次数随着日龄的增加逐步减少。

6.3.3.2　日粮配比：10 日龄前精饲料与青绿饲料比例宜为 1 : 2，10 日龄后精饲料与青绿饲料比例宜为 1 : 4。

6.3.3.3 饲喂方法：10 日龄前可先喂精饲料后喂青绿饲料或混合饲喂，10 日龄后可先喂青绿饲料后喂精饲料或混合饲喂。

6.3.4 放牧

6.3.4.1 初放时间：寒冷季节舍饲 10 d 以后，温暖季节舍饲 5 d 以后，天气晴好时放牧；雷雨、大雨、烈日、露水未干、患病时不应放牧。

6.3.4.2 放牧路径：由近及远，由简单到复杂。

6.3.4.3 放牧场地：应选择草比较嫩、无污染、未施过农药的非疫区草地。

6.3.5 放水

6.3.5.1 时间：放牧的同时开始放水。

6.3.5.2 方法：选择水浅、堤岸平坦、水流不急的非疫区河流、湖泊，让其自由下水，不能强行驱赶下水，时间在 10 min 以内，毛干后回舍。

6.3.6 保温

6.3.6.1 育雏室

6.3.6.1.1 育雏室条件

6.3.6.1.1.1 保温通风性能良好，光照充足。

6.3.6.1.1.2 室内应装有防敌害的设施。

6.3.6.1.1.3 舍内干净、干燥，舍内地面高于舍外地面 20 cm～30 cm，且吸湿性好。

6.3.6.1.2 育雏室消毒

6.3.6.1.2.1 消毒时间：在进雏鹅前 24 h～48 h。

6.3.6.1.2.2 墙壁地面：用百毒净或 5％漂白粉混悬液等酚制剂或氯制剂喷洒消毒。

6.3.6.1.2.3 饲养用具：饲料盆（槽）、饮水器（槽）等用 0.1％高锰酸钾溶液浸泡消毒，并用清水冲洗干净。

6.3.6.1.2.4 保温用品：棉絮、毛毯及垫草，用前可在阳光下暴晒 1 d～2 d，或人工消毒。

6.3.6.1.2.5 空间消毒方法：用福尔马林与高锰酸钾混合液进行熏蒸消毒。根据育雏室空间，按表 2 要求消毒。消毒时关好窗户，将高锰酸钾倒入陶瓷钵中，再倒入福尔马林，人迅速离开，然后关好门，消毒完毕后打开门窗换气。

表 2 消毒剂的用量和熏蒸时间

项　　目		方法 1	方法 2	方法 3	方法 4
悬浮液	福尔马林（mL/m³）	42	28	14	7
	高锰酸钾（g/m³）	21	14	7	3.5
熏蒸时间（h）		1	12	24	48

6.3.6.2 育雏室室温：育雏的温度按照表 3 要求。温度计挂在离地面 25 cm～35 cm 高处测室温。

表 3　育雏室温度

日　龄	0～7	8～14	15～20
温度（℃）	26～28	23～26	20～23

6.3.6.3　保温方法：用红外线灯泡或热气管道保温。

6.3.6.3.1　红外线灯泡保温：一只 250 W 红外线灯泡可供育雏鹅 80 只～100 只，7 日龄内灯泡离地面 45 cm～50 cm，随雏鹅日龄增加逐步升高。

6.3.6.3.2　热气管道保温：适宜于网上育雏。采用火炉加热，炉口设在室外，紧连火炉，烟道铺设应均匀，低于网板。

6.3.6.4　育雏密度：育雏时的饲养密度按表 4 要求。

表 4　育雏密度

日　龄	0～5	6～10	11～15	16～20
密度（只/m²）	20～25	15～20	10～15	8～10

6.3.7　防潮

6.3.7.1　育雏室相对湿度为 60％～70％。

6.3.7.2　降湿方法：

6.3.7.2.1　勤换垫草，保持垫草干燥。

6.3.7.2.2　加强通风换气，早上通风宜控制在 3 min～5 min，中午通风宜控制在 10 min～15 min。

6.3.7.2.3　水槽注水不应太满，以防止外溢。

6.3.7.2.4　有条件的可用生石灰吸湿。

6.3.8　分栏

根据雏鹅大小、强弱进行分群、分栏饲养，每栏 20 只～25 只为宜。

6.4　中鹅

6.4.1　放牧

白天放养，晚上圈养，放牧时间根据鹅的体质、季节、天气状况而定，天热时"早晚放牧"，天冷时"迟放早归"。

6.4.2　补饲

晚上应补饲精饲料，每只 100 g～150 g，并添加适量青绿饲料。

6.4.3　管理注意事项

雷雨、大雨、烈日天气、酷暑中午不应放牧；放牧场地要慎重选择；不可惊吓鹅群；应注意观察鹅的采食和健康状况；严禁在施过农药，农药在有效期内的草地放牧。

6.5　育肥鹅

6.5.1　育肥期：7 d～10 d。

6.5.2　育肥方式：宜采用圈养育肥，在光线较暗的鹅舍内，日喂 3 次，夜间 1 次，每天补饲玉米、稻谷、大麦等精饲料，每只 400 g～500 g。

6.5.3 管理

限制活动，控制光照，保持环境安静，减少对鹅的刺激；及时清除粪便，保持圈舍、场地、饲料槽和水槽的清洁卫生，防止发生疾病。

6.6 种蛋孵化

6.6.1 种蛋选择

来自健康鹅群，蛋壳清洁，外形正常，蛋重 150 g 以上。畸形、双黄、沙壳、软壳、钢皮、皱纹蛋不应入孵。

6.6.2 种蛋保存

冬季不宜超过 10 d，春秋季不宜超过 7 d，夏季不宜超过 5 d。天冷时用棉絮保温，天热时放于阴凉处，并覆盖纱罩。

6.6.3 种蛋消毒

种蛋在入孵前，储蛋室每 1 m³ 空间用 21 g 高锰酸钾和 42 mL 福尔马林混合液熏蒸消毒 20 min，采用机械孵化的可入孵后消毒。

6.6.4 自然孵化

6.6.4.1 用稻草或草席制成直径 70 cm，高 30 cm 的孵蛋窝，每窝宜孵蛋 11 枚～13 枚。将"懒抱"的母鹅放入窝中，孵化至第 7 天头照，第 15 天二照，剔除无精蛋、死胚蛋，可视照蛋情况，将同日入孵的种蛋拼窝，减少孵化种鹅。

6.6.4.2 母鹅抱窝孵化后，每天定时将母鹅抱出窝外喂料、喂水、排粪 1 次～2 次，每次活动时间不宜超过 20 min。天冷时，将母鹅抱出窝外活动，应减少母鹅活动时间，并用棉絮盖在种蛋上保温。

6.6.4.3 孵化至第 28 天开始啄壳，第 30 天～31 天出雏，及时取出毛干的雏鹅，对啄壳较久未能出壳的，进行人工助产。

6.6.5 人工孵化

6.6.5.1 用机械孵化＋摊床孵化，即采用孵化箱孵化种蛋至第 18 天～21 天，然后上摊床孵化、出雏。

6.6.5.2 母鹅孵化＋摊床孵化，即由母鹅孵化至第 18 天～21 天，然后上摊床孵化、出雏。

6.7 精饲料要求

精饲料营养成分按表 5 规定。

表 5 精饲料营养成分

项 目	代谢能（MJ/kg）	粗蛋白质（%）	钙（%）	有效磷（%）
后备种鹅	10.6～10.8	14～16	1.6～2.2	0.8
种 鹅	≥10.8	≥16	≥2.2	≥0.8
雏 鹅	≥12.13	≥22	≥1.2	≥0.6
中 鹅	≥11.71	≥18	≥1.4	≥0.7
育肥鹅	≥10.87	≥14	≥1.6	≥0.8

7 疾病防治

7.1 疾病综合防治

7.1.1 防治要求

保持白鹅的正常生长发育，增强机体对疾病的抵抗能力，因地制宜，科学地使用疫（菌）苗、兽药，达到减少抗药性，降低防治成本，提高防治效果，减少药物残留，确保鹅群健康和产品安全。

7.1.2 防治原则

按照预防为主，防重于治的方针，"早、快、严、小"的扑疫原则。根据疾病流行条件。发病规律，准确、合理、经济、安全地使用疫（菌）苗、药物进行预防和治疗，有效地控制疾病的发生与流行。

7.1.3 防治措施

7.1.3.1 科学饲养管理

7.1.3.1.1 不同日龄的白鹅分开饲养。

7.1.3.1.2 根据生产、生长发育的需要，合理配制日粮。

7.1.3.1.3 保证饲料品质，禁喂变质、变味或被污染的饲料。

7.1.3.1.4 创造良好的温度、湿度、卫生等环境条件，消除或减少致病因素。

7.1.3.2 严格卫生消毒制度

7.1.3.2.1 坚持经常性消毒、定期性消毒和突击性消毒相结合的卫生消毒制度。

7.1.3.2.2 物理消毒：勤换垫草，保持水槽、料槽和环境卫生的清洁，多利用日晒和紫外线消毒。

7.1.3.2.3 化学消毒：利用化学药剂进行消毒处理。

7.1.3.2.4 生物消毒：粪便、污物和其他废物堆积发酵处理。

7.1.3.3 接种疫（菌）苗

按照合理的免疫接种程序适时进行免疫接种，增强机体的特异性免疫力，防止传染病发生和流行。

7.1.3.4 传染病的控制与扑灭

发生传染病时按照《中华人民共和国动物防疫法》第三章的规定执行。

7.2 疾病防治

7.2.1 主要传染病

7.2.1.1 预防方法见附录 A。

7.2.1.2 诊断与治疗方法见附录 B。

7.2.2 主要寄生虫病

诊断与防治方法见附录 C。

7.2.3 普通病

诊断与防治方法见附录 D。

7.3 用药要求

7.3.1 各种疫（菌）苗的保存及免疫接种方法，按照使用说明书规定进行。

7.3.2 在使用蛋子瘟和禽霍乱弱毒（菌）苗前后各 5 d，应停止使用抗生素和磺胺类药。

7.3.3 饮水免疫时，配制疫（菌）苗不能用含有氯化物的自来水。

7.3.4 各种药物的使用应按照 NY 5030 的规定执行，并在用药前仔细查询用药剂量和使用方法。

7.3.5 商品鹅上市一周前应停止用药。

7.3.6 不得使用国家明文规定禁止使用的药品或物品。

7.3.7 驱虫应该在隔离鹅舍内进行，投药 3 d 内彻底清除鹅粪并且堆积发酵；驱虫药尽量两种以上药物交替使用，以减少抗药性。

8 商品鹅

8.1 分级

商品鹅分级按表 6 规定执行。

表 6 商品鹅分级

等 级	体 重	外 貌
一级	4.5 kg 以上	肌肉丰满，羽毛光亮，无血管毛
二级	3.5 kg～4.5 kg	肌肉较丰满，羽毛较光亮，允许有绒毛、血管毛
三级	3.0 kg～3.5 kg	肌肉欠丰满，外形欠佳

8.2 检验方法

按 4.6 的规定要求执行。

8.3 检验规则

逐只检验，按 8.1 要求进行分级，不符合要求的作为等外品处理。

9 检疫、包装、运输

9.1 检疫

发运前按 GB 16549 和 GB 16567 中的规定进行检疫，并办理《动物产地检疫合格证明》或《动物及动物产品运载工具消毒证明》《出县境动物检疫合格证明》。

9.2 包装

9.2.1 发往市内的雏鹅宜用纸板箱装。长 60 cm、宽 50 cm、高 30 cm 的纸板箱放 30 只雏鹅，箱底垫稻草或其他垫料。

9.2.2 发往市外的雏鹅宜用长 60 cm、宽 50 cm、高 20 cm 的竹笼或塑料笼装 30 只雏鹅，笼底垫稻草。

9.2.3 商品鹅宜采用长 100 cm、宽 60 cm、高 50 cm 的竹笼装笼，每笼装 10 只以下为宜。

9.3　运输

绒毛干后发运，应安排在出壳后 36 h 内能抵达目的地。天冷时中午起运，热天早晚起运；运输途中应注意保温和通风换气。

附　录　A

（规范性附录）

主要寄生虫病诊断与防治

主要传染病预防方法见表 A.1。

表 A.1　主要传染病预防方法

病名	预　防　措　施
禽流感	1. 疫苗注射：严格按照规定，接种 H5 亚型禽流感疫苗 2. 严格遵守防疫制度，做好检疫监测工作，防止病毒侵入 3. 不应从疫区购买种蛋、种鹅、雏鹅和商品鹅
小鹅瘟	1. 消毒：育雏室和孵坊中的一切用具、设备使用前应清洗消毒，种蛋也应消毒。消毒可用福尔马林熏蒸法 2. 小鹅瘟疫苗注射：母鹅在产蛋前 1 个月左右用种鹅用小鹅瘟疫苗，每只肌内注射 1 mL～2 mL，免疫期 6 个月 3. 免疫血清注射：未经免疫的雏鹅可用小鹅瘟高免血清，每只皮下注射 0.5 mL～1 mL 4. 不应从疫区购买种蛋、种鹅、雏鹅和商品鹅
鹅副黏病毒病	1. 疫苗注射：用鹅副黏病毒油乳剂灭活苗对 7 日龄～10 日龄雏鹅颈部皮下注射，0.3 mL/只，100 日龄～120 日龄的种鹅胸肌注射 0.5 mL/只进行二免 2. 平时预防：必须与鸡群严格分开饲养，鹅群内不应饲养鸡，以避免相互传播
鹅曲霉菌病	1. 不使用发霉的垫草，不喂发霉饲料 2. 育雏室定期用福尔马林熏蒸消毒 3. 经常翻晒垫草，保持舍内干燥 4. 加强雏鹅饲养管理，适当放牧
鹅大肠杆菌性腹膜炎（蛋子瘟）	1. 疫苗注射：在母鹅产蛋前 15 d 左右用蛋子瘟灭活苗，每只肌内注射 1 mL，免疫期 6 个月 2. 鹅舍每周消毒 1 次，产蛋窝保持清洁干燥，定期日晒消毒，加强鹅群的消毒卫生措施，对公鹅要逐只检查，将外生殖器上有病变的公鹅剔除，以防止传播本病
鹅巴氏杆菌病（禽霍乱）	1. 疫苗注射：对 3 月龄以上的鹅用禽出败油佐剂菌苗，每只肌内注射 2 mL，免疫期 6 个月（宜在第 1 次注射后半个月再重复注射 1 次），禽出败亚单位苗，每只肌内注射 0.5 mL，免疫期 1 年 2. 平时注意加强综合性防范措施，对病鹅接触的鹅舍、场地及用具，可用含氯消毒液进行全面消毒，并严格处理死鹅尸体、羽毛等，以防止病菌扩散
小鹅流行性感冒	平时加强对鹅群的饲养管理，特别是对 1 月龄以内的雏鹅要注意防寒保暖，保持鹅舍、场地、垫草清洁卫生干燥，饲养密度适当

附 录 B

（规范性附录）

主要传染病诊断与治疗

主要传染病诊断与治疗方法见表 B.1。

表 B.1 主要传染病诊断与治疗方法

病名	主要症状、病理变化	推荐的治疗方法
禽流感	1. 突然发病，精神沉郁，昏睡，反应迟钝，肉瘤肿大，排白色或淡黄绿色水样稀粪，曲颈斜头，共济失调 2. 皮下和脂肪出血，实质性器官均有不同程度的出血，腺胃与肌胃交界处有出血点、血带 3. 剖检：皮肤毛孔充血、出血，全身皮下、脂肪出血。脾、肝、肾、肺瘀血、充血，心肌有灰白色坏死斑，胰腺有出血斑和坏死灶或液化状，肠黏膜局灶性出血斑或出血块或有出血性溃疡病灶。产蛋母鹅卵泡破裂，卵泡膜充血、出血斑、变形，输卵管浆膜充、出血，腔内有凝固蛋白，雏鹅法氏囊出血	及时报告当地动物防疫监督机构，并由动物防疫监督机构采样、送检，同时做好鹅场控制措施，待国家标准实验室确诊后，启动突发重大动物疫情应急预案
小鹅瘟	1. 7 日龄～10 日龄发病最常见，主要表现为精神沉郁，食欲废绝，严重下痢，排出黄白色水样和混有气泡的稀粪 2. 剖检可见小肠的中下段显著膨大，里面有灰白色"香肠状"假膜性凝固栓子阻塞肠腔 3. 剖检：小肠中段、下段黏膜有带状假膜，肠腔内有质地硬实、形如香肠的栓子状物	用小鹅瘟高免血清皮下注射，15 日龄以下每只 1 mL；15 日龄以上每只 2 mL，隔日再重复注射 1 次
鹅副黏病毒病	1. 病鹅初期排灰白色稀粪，后变成黄绿色稀粪，常蹲地，少数有转圈、仰头等神经症状，10 d 左右有甩头、咳嗽等呼吸症状 2. 剖检可见胰肿大，有灰白色坏死灶，部分肠道有淡黄色或灰白色的纤维素性结痂，剥离后呈出血面或溃疡面，盲肠出血，腺胃、肌胃充血、出血 3. 剖检：脾肿大，表面和实质有大小不等的白色坏死灶。肠道有散在性或弥漫性大小不一、淡黄色或灰白色的结痂病灶。腺胃与肌胃交界处有出血点，泄殖腔时有溃疡灶和出血斑点	1. 对发病鹅用鹅副黏病毒油乳苗进行紧急接种，1 月龄以下的鹅皮下注射或胸肌注射 0.5 mL/只，1 月龄以上鹅胸肌分点注射 1 mL/只，但必须做到每只鹅 1 枚针 2. 适当应用庆大霉素等抗菌药物，减少并发症，促进康复
鹅大肠杆菌性腹膜炎（蛋子瘟）	1. 主要见于产蛋期母鹅，病鹅的肛门周围沾有污秽发臭的排泄物，排泄物中混有蛋清、凝固的蛋白或卵黄小块 2. 剖检可见腹腔中充满淡黄色腥臭的液体和破碎的卵黄，有的已凝固成硬块 3. 公鹅表现为阴茎肿大，表面有大小不等的小节结，严重时脱垂外露，表面有黑色坏死结痂 4. 剖检：腹腔中充满淡黄色腥臭的液体和蛋黄液，卵巢变形萎缩，呈灰色	1. 链霉素，肌内注射，每只 10 万 U～20 万 U，每天 2 次，连用 3 d，效果良好 2. 庆大霉素，肌内注射，每只 4 万 U～8 万 U，每天 2 次，连用 3 d 3. 对于暂时不能淘汰的公鹅，可用 5%碘甘油或 3%的龙胆紫药水涂敷外生殖器，每天 2 次，连用 4 d

（续）

病名	主要症状、病理变化	推荐的治疗方法
鹅巴氏杆菌病（禽霍乱）	1. 最急性型：无明显症状，突然倒地，迅速死亡 急性型：食欲废绝，饮水增加，下痢，排出黄色、灰白色或淡绿色稀粪 慢性型：消瘦贫血，腿关节肿胀化脓、跛行 2. 剖检：急性型肝肿大、质脆，表面有灰白色针尖大小的坏死点等特征性病变	1. 磺胺类药物按 0.1%～0.5% 混于饲料中饲喂，连用 3 d～5 d 2.5% 环丙沙星按每千克体重 0.1 mL～0.2 mL 肌内注射，或每 100 kg 饲料加环丙沙星 5 g，连服 2 d～3 d
小鹅流行性感冒	1. 初期病鹅鼻腔不断流涕，有时还有流泪，呼吸急促，常强力摇头，头向后弯把鼻腔黏液甩出去，体毛潮湿，体温升高，死前出现下痢 2. 剖检：肺充血，肝、脾、肾瘀血肿大，常见灰白色坏小点，气囊有纤维素性炎症	1. 磺胺嘧啶片，每只首次投服 250 mg，以后每隔 4 h 投服 125 mg，连用 2 d 2. 青霉素注射液，每只病鹅肌内注射 2 万 U～3 万 U，1 d 2 次，连用 2 d～3 d

附 录 C

（规范性附录）

主要寄生虫病诊断与防治

主要寄生虫病诊断与防治方法见表 C.1。

表 C.1 主要寄生虫病诊断与防治方法

病名	主要症状、病理变化	推荐的治疗方法
鹅绦虫病	1. 消化机能障碍，粪便稀薄，带有黏液，内有白色绦虫节片 2. 剖检可见病鹅血液稀薄如水，肠黏膜肥厚，并有出血点和卡他性炎症，多处有米粒大结节状溃疡，肠腔内有扁平分节状虫体	1. 预防：成年鹅须在每年秋季放牧结束和春季放牧之前各驱虫 1 次，幼鹅应在放牧后 20 d 内全群驱虫 1 次 2. 驱虫：用硫双三氯酚，每千克体重 150 mg～200 mg，一次投服，或用吡喹酮每千克体重 10 mg～20 mg，一次投服
鹅球虫病	1. 病雏鹅与中鹅初期表现为活动减少，眼无神，喜蹲伏，继而发生下痢，排白色稀粪，常带有血液或血块，沾污肛门周围羽毛 2. 剖检可见出血性肠炎，小肠充血、出血、肿胀，充满稀薄的红褐色液体，黏膜明显脱落，出现大的白色结节或纤维素性坏死肠炎	1. 预防：粪便每天清除，堆积发酵，不同年龄的鹅分开饲养管理，用具、鹅舍经常清洗消毒 2. 驱虫：氯苯胍，每千克饲料加 100 mg，拌匀后饲喂，连用 10 d
鹅裂口线虫病	1. 生长发育受阻，体弱，贫血，下痢 2. 剖检可见肌胃角质层易碎、坏死，呈棕色，除去坏死的角质层，可见溃疡及虫体	1. 预防：大、中、小鹅分开饲养，防止交叉感染；20 日龄～30 日龄，90 日龄～120 日龄各进行 1 次预防驱虫 2. 驱虫：丙硫咪唑，每千克体重 25 mg，一次投服

（续）

病名	主要症状、病理变化	推荐的治疗方法
鹅虱	鹅虱啃食羽毛和皮屑、血液。严重寄生时，奇痒不安、脱毛，食欲不振，母鹅产蛋量下降，抱窝性降低，个别母鹅甚至衰弱消瘦死亡	1. 新引进的种鹅如发现有虱，必须隔离治愈方可混群 2. 驱杀鹅虱，可用 0.03％除虫菊酯冲洗鹅体、圈舍、场地和用具

附　录　D

（规范性附录）

普通病诊断与防治

普通病诊断与防治方法见表 D.1。

表 D.1　普通病诊断与防治方法

病名	主要症状、病理变化	推荐预防、治疗方法
有机磷农药中毒	运动失调，流泪，摇头，甩出食入饲料，泄殖腔急剧收缩，瞳孔明显缩小，呼吸困难，黏膜发绀，足肢麻痹，抽搐、昏迷、死亡	1. 预防：不应到喷洒过农药的地方放牧、放水，不应用含有机磷的饲料、饮水喂鹅 2. 治疗：未成年鹅口服阿托品 1 片，15 min 后再服 1 片，以后每隔 30 min 服 0.5 片；成年鹅肌内注射解磷定，每只 40 mg，辅以阿托品口服
鹅软脚病	病鹅脚软无力，支持不住身体，常卧伏地上，生长缓慢，长骨骨端增大，特别是跗关节骨质疏松	1. 预防：日粮中的钙、磷比例要合理，充足供应维生素 D 2. 治疗：鱼肝油，每只每次 2 滴～4 滴，每天 2 次；维生素 D，每只口服 1.5 万 IU 或肌内注射 4 万 IU
雏鹅"水中毒"	雏鹅暴饮水 30 min 左右，精神不振，四脚无力，共济失调，呈犬坐姿势，口流黏液，两脚急步呈直线后退或做圆周运动，排出水样稀粪，数分钟后倒地死亡	1. 预防：雏鹅要适时"开水"，"开水"后要供给充足饮水 2. 治疗：脱水的雏鹅在饮水中加食盐，浓度 0.9％，同时控制饮水量，不让雏鹅暴饮

三、《浙东白鹅人工孵化技术规程》（DB 3302/T 185—2018）

前　言

本标准按照 GB/T 1.1—2009 给出的规则起草。

本标准由象山县农林局提出。

本标准由宁波市畜牧业标准化技术委员会归口。

本标准起草单位：象山县浙东白鹅研究所、象山县畜牧兽医总站、宁波市畜牧兽医局。

本标准主要起草人：陈维虎、王亚琴、项益峰、陈淑芳、陈景葳、黄仁华、李玲、陈文杰、李曙光、戴卫明、刘荣刚、盛安常、周海平。

1 范围

本标准规定了浙东白鹅人工孵化过程中的种蛋来源、消毒、保存，孵化的温度、湿度、晾蛋、翻蛋、通风换气、照蛋、出雏、雏鹅质量等技术要点。

本标准适用于浙东白鹅人工孵化技术操作规范。

2 规范性引用文件

下列文件对本文件的应用是必不可少的。凡是注日期的引用文件，仅所注日期的版本适用于本文件。凡是不注日期的引用文件，其最新版本（包括所有的修改单）适用于本文件。

GB 18596　畜禽养殖业污染物排放标准

NY 5027　无公害食品　畜禽饮用水水质

NY 5040　无公害食品　蛋鸡饲养兽药使用准则

DB 3302/T 074　象山白鹅

3 种蛋

3.1 来源

种蛋是由按 DB 3302/T 074 方法饲养的浙东白鹅种鹅所产，应符合浙东白鹅种蛋特征。种蛋蛋重 145 g～175 g，蛋形指数 1∶(1.45～1.55)，畸形、双黄、沙皮、薄壳及裂壳蛋等不宜入孵。

3.2 消毒

及时将当日所产的种蛋集中后用高锰酸钾加福尔马林熏蒸消毒 20 min～30 min，剂量为 1 m³ 消毒空间高锰酸钾 7 g、福尔马林 14 mL、水 7 mL。消毒后立即将种蛋放入储蛋室。种蛋放入孵化器后再进行同法熏蒸消毒。消毒操作时，应先将福尔马林倒入消毒容器中，加水搅拌后，将高锰酸钾在消毒容器边缘徐徐倒入，稍作搅拌，迅速关闭消毒室。

3.3 储存

3.3.1 储存温度

种蛋经消毒后按产蛋先后分批储存于储蛋室，种蛋库环境温度控制在 13 ℃～18 ℃。临时储存温度不高于 21 ℃。

3.3.2 储存湿度

种蛋库环境相对湿度为 65%～80%。

3.3.3 储存时间

种蛋保存放时间夏季不超过 5 d，冬季不超过 7 d，1 d 翻蛋 1 次～2 次。储存时，种蛋钝端朝上或横放。

4 孵化技术

4.1 孵化方式

4.1.1　采用鹅蛋孵化机。建议采用全自动鹅蛋蛋盘孵化机。

4.1.2　孵化方式为全程机器孵化。

4.2 种蛋按孵化机操作要求平放于蛋盘上。

4.3 孵化温度

采用变温孵化法，种蛋入箱后温度由 36 ℃升至 38 ℃预热 6 h。孵化温度见表 1。孵化车间温度应保持在 21 ℃～23 ℃，如超过 24 ℃，则应适当调低孵化箱温度。

表 1

孵化时间	孵化温度（℃）
第 1 天～4 天	38.1
第 5 天～7 天	37.9
第 8 天～16 天	37.5
第 17 天～23 天	36.9
第 24 天～31 天	36.5

4.4 孵化湿度

孵化湿度见表 2。为保证孵化机内湿度，入孵第 9 天开始用少量 20 ℃左右的温水进行喷水，每天 1 次，第 16 天～26 天每天 2 次，第 27 天以后每天 3 次。

表 2

孵化时间	相对湿度（％）
第 1 天～9 天	65
第 10 天～26 天	60
第 27 天～31 天	80

4.5 通风换气

孵化通风量见表 3，随着日龄增大而增大。孵化车间空气中 CO_2 浓度应在 0.5％以下，升高超出时进行适当通风。

表 3

孵化时间	通风档（档）	通风量（mm）
第 1 天～9 天	1	5
第 10 天～16 天	2	20
第 17 天～26 天	3	32

4.6 晾蛋

孵化第 16 天后开始晾蛋，第 16 天～22 天，下午晾蛋 1 次，时间为 20 min～30 min；第 23 天～28 天，上午、下午各晾蛋 1 次，每次时间为 40 min～50 min。

4.7 翻蛋

4.7.1 次数

孵化第 0 天～24 天，每小时 1 次。

4.7.2 角度

翻蛋角度为140°~180°，第24天开始水平放置。

4.7.3 调盘

分别在孵化第4天、第10天、第16天、第22天、第26天进行上中下调盘。

4.8 照蛋

在孵化第7天、第23天分别进行1次照蛋，第16天抽检1次，检查记录胚胎发育情况，剔除各期的无精蛋、死精蛋、死胚蛋等，并进行并箱处理。

4.9 出雏

4.9.1 落盘

第28天，把发育正常的种蛋，从孵化机的蛋盘转入出雏机的出雏盘中继续孵化。

4.9.2 操作

出雏时将绒毛已干的雏鹅拣出，弱雏和助产雏留放出雏机，雏鹅拣出放置于雏鹅箱内。注意保持出雏内孵化条件的稳定。至第31天出雏完毕，进行打扫清理和消毒。

4.9.3 人工助产

出雏困难时应人工将种蛋钝端的蛋壳轻轻撬开后，把头轻轻拉出，待头部毛干后，再把鹅体拉出。助产时发现细微出血，要立即停止助产，待血液吸收、血管干缩后再行助产。

4.9.4 雏鹅质量

孵化出的健雏为合格雏鹅。健雏要求无畸形，精神好，叫声清脆，毛色金黄、柔顺光泽，外观丰满、松散、清洁，脐部收缩良好，初生重符合品种要求。

4.10 胚胎发育检查

4.10.1 看胚施温

根据胚胎发育要求对孵化温度进行适当调整，即看胚施温。发育缓慢可适当调高孵化温度0.2℃~0.5℃，发育过快则相应调低。

4.10.2 胚胎发育见表4。

表4

孵化时间	胚胎变化	附 注
第3天~3.5天	可以看到卵黄囊血管区，其形状似樱桃，俗称"樱桃珠"	
第7天	胚胎眼珠内黑色素大量沉积，四肢开始发育，可以看到黑色的眼点，俗称"起珠"	
第8天	胚胎身体增大，可以看到两个小圆团，形似电话筒，一个是头部，另一个是弯曲的躯干部，俗称"双珠"	
第14天~16天	胚胎体躯长出羽毛，尿囊在蛋的锐端合拢，整个蛋布满血管，俗称"合拢"	抽检照蛋时，若合拢不及时，则应适当调高孵化温度，反之则调低
第22天~24天	胚胎蛋白全部输入羊膜囊中，照蛋时锐端看不到发亮的部分，俗称"封门"	二照时，观察到"封门"速度过慢时，应适当调高孵化温度，反之则调低
第25天~26天	胚胎转身，气室倾斜，俗称"斜口"	
第27天~28天	颈部和翅部凸入气室内，看到胚胎黑影在气室内闪动，俗称"闪毛"	

5 孵化记录

5.1 孵化记录

按表5、表6内容进行孵化记录。

表5

| 孵化时间 | 温度（℃） | 相对湿度（%） | 翻蛋次数（次） | 晾蛋时间（min） | 室温（℃） | | | 备注 |
					上午	中午	下午	

表6

入孵时间	入孵蛋数（个）	受精蛋数（个）	受精率（%）	死胚数（个）	出雏数（只）	健雏数（只）	受精蛋出雏率（%）	健雏率（%）	备注

5.2 照蛋记录

头照时记录种蛋受精率、胚胎发育情况，区分死精蛋、无精蛋。第16天抽检时记录胚胎发育情况、死胚情况。二照时抽查胚胎发育情况。出雏时，应记录出雏数、健雏数及健康状况等出雏情况。

6 孵化管理要求

6.1 保证孵化设施设备的正常运行。孵化场内应按动物卫生要求保持清洁、干燥，不得饲养畜禽，严格执行人员进出与消毒等制度。

6.2 孵化用水应符合 NY 5027 要求。场地等消毒及使用消毒药品等应符合 NY 5040 要求。

6.3 孵化废弃物排放应符合 GB 18596 要求，死亡胚胎、死雏应进行无害化处理。

附 录

见附录 A，浙东白鹅人工孵化技术模式图。

附录 A 浙东白鹅人工孵化技术模式图

	种蛋消毒储存	孵化温度	孵化湿度	孵化操作		出雏

种蛋消毒：将当天所产的种蛋集中后用高锰酸钾加福尔马林熏蒸消毒 20 min～30 min，用量在 1 m³ 消毒空间高锰酸钾 7 g，福尔马林 14 mL，水 7 mL。消毒后种蛋立即放入储蛋室。种蛋放入孵化机前再进行同法熏蒸消毒

种蛋储存：
※温度：经消毒后按产蛋先后分批储存。种蛋库环境温度控制在 13 ℃～18 ℃。临时储存温度不高于 21 ℃
※相对湿度：种蛋库环境相对湿度 65%～80%
※时间：冬季不超过 7 d，储存时种蛋钝端朝上或横放。储存 1 d 翻蛋 1 次～2 次

孵化温度：采用变温孵化云，种蛋入孵后，种蛋入孵第 1 天至孵化第 6 h，孵化温度由 36 ℃升至 38 ℃预热。孵化第 1 天～4 天为 37.9 ℃（100.2 °F），第 5 天～7 天为 37.5 ℃（99.5 °F），第 8 天～16 天为 37.5 ℃（99.5 °F），第 17 天为 37.5 ℃（98.4 °F），第 23 天为 36.5 ℃，第 24 天～31 天为 36.5 ℃（97.7 °F）

孵化车间温度应保持在 21 ℃～23 ℃，如超过 24 ℃，则应当适当调低孵化机温度

孵化湿度：第 1 天～9 天将孵化相对湿度控制在 65%左右，第 10 天～26 天为 60%左右，开始出雏时提高到 80%左右为保证雏出壳，入孵第 9 天开始用少量喷水，每天 1 次，第 16 天～26 天每天 2 次，第 27 天以后每天 3 次

孵化操作

通风：通风量第 1 天～9 天为 1 档，第 10 天～16 天为 2 档，第 17 天～26 天为 3 档（1 档通风量为 5 mm，2 档为 20 mm，3 档为 32 mm）。孵化车间应对空气中 CO_2 浓度升高时进行适当通风

翻蛋：孵化第 0 天～24 天，1 次/h。翻蛋角度为 140°～180°，第 24 天开始平行放置

调盘：分批在孵化第 4 天，第 10 天，第 16 天，第 22 天，第 26 天进行上中下调盘

晾蛋：孵化第 16 天后开始晾蛋，第 16 天～22 天，第 23 天～28 天，上午、下午各晾蛋 1 次，每次时间下午晾蛋时间为 20 min～30 min；第 23 天为 40 min～50 min

照蛋：在孵化第 7 天，第 23 天分别进行 1 次照蛋，第 16 天抽检 1 次，检查胚胎发育情况，死胎蛋，剔除各期的无精蛋、死精蛋等，并进行并管处理

出雏：出雏时将绒毛已干的雏鹅出放置于出雏盒。保持出雏机孵化条件的稳定与清洁和扫清理

工人助产：出雏困难时应人工将蛋完大头轻轻撬开，将头部露出，等头部毛干后，再将鹅体拉出，助产时发现细微出血，待血液吸收、血管干缩后再行助产

孵化记录：
※做好孵化值班记录和孵化成绩记录
※照头时记录种蛋受精率，胚胎发育情况，区分死精蛋、无精蛋。出雏时，应记录出雏数，健雏数及健康状况等出雏情况
胚胎发育情况，死胎情况。二照时抽查胚胎发育情况

胚胎发育表：
▲孵化第 3 天～3.5 天，称"樱桃珠"
▲孵化第 7 天，胚胎眼色黑大量沉积，四肢开始发育，可以看到黑色的眼点
▲孵化第 8 天，胚胎身体增大，可以看到两个小圆团，尿囊在蛋的锐端合拢。形似电话筒，一个是头部，另一个是弯曲的

躯干部
▲孵化第 14 天～16 天，胚胎体躯长出羽毛，尿囊蛋白全部输人羊膜囊中，照蛋对锐端看不到发亮的部分
▲孵化第 22 天～24 天，胚胎蛋白全部输入羊膜囊，照蛋时锐端看不到发亮的部分
▲孵化第 25 天～26 天，胚胎转身，气室倾斜，俗称"斜口"
▲孵化第 27 天～28 天，颈部和翅端凸入气室内，看到胚胎黑影在气室内闪动，俗称"闪毛"

四、《无公害浙东白鹅　第1部分：种鹅》(DB 330682/T 23.1—2009)

前　言

浙东白鹅是我国著名的中型肉鹅品种，具有生长快、肉质好、体型较大、适应性较强等特点。近年来，随着人民生活水平的提高，农业产业结构的调整，上虞市积极发展无公害浙东白鹅养殖业。为规范无公害浙东白鹅的生产，大力发展种草养鹅，特制订本系列标准。

DB 330682/T 23《无公害浙东白鹅》系列标准，由6部分组成。

——第1部分：种鹅；

——第2部分：饲料使用准则；

——第3部分：兽医防疫操作规程；

——第4部分：兽药使用准则；

——第5部分：饲养管理操作规程；

——第6部分：商品鹅安全生产要求。

本部分是 DB 330682/T 23 的第1部分。

本部分代替 DB 330682/T 23.1—2003《浙东白鹅　第1部分：种鹅》。

本部分与 DB 330682/T 23.1—2003 相比主要变化如下：

——标准名称改为《无公害浙东白鹅　第1部分：种鹅》；

——对标准内容进行了全面改写。

本部分由上虞市农林渔牧局提出并负责解释。

本部分由上虞市质量技术监督局批准。

本部分由上虞市农林渔牧局归口。

本部分起草单位：上虞市畜牧兽医技术推广中心。

本部分主要起草人：阮春永、孙钢奎、孙勇艇、俞水昌、高剑龙。

本部分所代替标准的历次版本发布情况为：DB 330682/T 23.1—2003。

1　范围

DB 330682/T 23 的本部分规定了无公害浙东白鹅的品种特征、生产性能及选种标准。

本部分适用于无公害浙东白鹅的品种鉴别、选育及种鹅销售。

2　规范性引用文件

下列文件中的条款通过 DB 330682/T 23 的本部分的引用而成为本部分的条款。凡是注日期的引用文件，其随后所有的修改单（不包括勘误内容）或修订版均不适用于本部分，然而，鼓励根据本部分达成协议的各方研究是否可使用这些文件的最新版本。凡是不注日期的引用文件，其最新版本适用于本部分。

GB 16549　畜禽产地检疫规范

GB 16567　种畜禽调运检疫技术规范

《种畜禽管理条例》

《中华人民共和国动物防疫法》

《种畜禽管理条例实施细则》

《种畜禽生产经营许可证管理办法》

《中华人民共和国畜牧法》

3　饲养环境

饲养无公害浙东白鹅，饲养场舍应选择地势高燥、易于组织防疫的地方，场址用地应符合当地土地利用规划要求。鹅场周围 3 km 内无大型化工厂、矿厂、皮革及肉品加工厂、屠宰场或其他畜牧场污染源。距干线公路、铁路、城镇、居民区和公共场所 1 公里以上。鹅场周围建有围墙或防疫沟，四周建有绿化隔离带。

4　品种特征

4.1　体型外貌

浙东白鹅属体型中等的食草性水禽，体型外貌大致可分为头、颈、体躯、腿、胫、尾、羽等部分。体型外貌可以反映出浙东白鹅的品种特征、生长发育和健康状况，是选种的重要依据之一。

浙东白鹅体型中等，结构紧凑，体态匀称，背平直，翅紧贴、尾羽上翘，全身羽毛洁白，喙及肉瘤均呈橘黄色，跖、蹼粗壮、厚实，呈橘黄色。

公鹅头颈强劲粗壮，肉瘤高大，站立时昂首挺胸，体型略呈斜长方形，尾羽短而上翘。鸣声高吭，有较强的自卫能力。

母鹅头颈清秀灵活，肉瘤较小，臀部宽大丰满，尾羽平伸。行动敏捷，鸣声响亮，性情温和。

4.2　生物学特性

鹅与其他畜禽相比，具有食草耐粗、喜水、合群、耐寒、灵敏、就巢、夜间产蛋等生物学特性，而且具有良好的条件反射能力。熟悉和掌握鹅的生物学特性，有利于实施科学养鹅技术和提高养鹅的经济效益。

4.3　生产性能

4.3.1　概述

鹅的生产性能，主要是指产肉性能（活重、屠体重、屠宰率）、产蛋性能（产蛋量、产蛋率、蛋重）、饲料转化率（产蛋期料蛋比、肉用仔鹅料重比）。浙东白鹅具有生长快、耗料省、体型较大、产肉性能良好，每年有 4 个产蛋期，每期产蛋 8 枚～12 枚。

4.3.2　体重

浙东白鹅出壳平均体重 104 g（95 g～113 g），成年平均体重公鹅 5 000 g（4 500 g～5 500 g），母鹅 4 000 g（3 500 g～4 500 g）。

4.3.3 体长

主要测定体斜长，成年种鹅体长公鹅平均 28 cm（25 cm～30 cm），母鹅平均 26 cm（23 cm～28 cm）。

4.3.4 屠宰性能

商品鹅 70 日龄左右出栏，体重 3 500 g～5 000 g，全净膛率 67％～69％，半净膛率 78％～82％。

4.3.5 饲料报酬

全舍饲全精料条件下，料重比（3.5～4.0）∶1；种草养鹅半舍饲条件下精料补充料重比（1.5～2.0）∶1；放牧条件下精料补充料重比（1.0～1.3）∶1。

4.4 繁殖性能

4.4.1 开产日龄

母鹅一般在 120 日龄～135 日龄开产，达到 50％母鹅开产日龄为 140 日龄～150 日龄。

4.4.2 产蛋量

母鹅有就巢性，年产蛋 3 窝～4 窝，第 3 窝后每窝产蛋 8 枚～12 枚，年产蛋量 30 枚～35 枚。

4.4.3 种蛋品质

蛋重 150 g～200 g，蛋形指数 1∶1.55，蛋壳颜色呈铅白色，种蛋受精率水面自由配种 70％～85％，人工授精或人工辅助配种 80％～90％。

4.4.4 配种适龄

公鹅 6 月龄～8 月龄，母鹅 7 月龄～8 月龄开始配种，公鹅种用年限 2 年～3 年，母鹅种用年限 4 年～5 年。公母比例，自然交配 1∶（6～10），人工授精 1∶（15～20）。

5 种鹅评定

5.1 必备条件

种鹅来源清楚，符合本品种特征，外生殖器官发育正常，符合 GB 16549、GB 16567 要求，档案记录齐全。

5.2 评定依据

种鹅评定采用百分制，评定分初生、10 周龄和成年 3 个阶段。

初生、10 周龄种鹅按体重、体长、双亲年产蛋量平均成绩 3 项指标给分，分数分配各为 30 分、30 分、40 分。

成年种鹅按体重、体长、年产蛋量 3 项指标给分，分数分配各为 30 分、30 分、40 分。成年公鹅产蛋成绩按双亲平均成绩评定。

5.3 评定方法

5.3.1 评定时间

初生种鹅在出壳后 24 h 内评定；10 周龄种鹅在达到 10 周龄时按时评定；成年种鹅在每年 9 月—10 月评定。

5.3.2　种鹅分级

经评定，按实际评定分数确定 86 分～100 分为一级，70 分～85 分为二级，60 分～69 分为三级，59 分以下为等外级。

5.3.3　评定记录

种鹅评定、分级记录，可参照表 1 进行。

表 1　浙东白鹅评定分级登记表

鹅号	性别	出壳日期	评定阶段	(1)			(2)		(3)		(4)		总分	等级
				父号及评分	母号及评分	双亲平均分数及等级	体重(g)	评分	体长(cm)	评分	产蛋(枚)	评分		

注：初生、10 周龄及成年种公鹅，登记时填写 (1)、(2)、(3) 项；成年种母鹅填写上表 (2)、(3)、(4) 项

6　选种选配

6.1　目的

选种的目的就是把符合品种特征、高产、优质的公母鹅留作种用，淘汰品质不良或较差的个体；选配就是有意识、有计划地选择优良的公母鹅进行配种繁殖，目的就是为了增加良种鹅群的数量和提高鹅群后代的质量。

6.2　选种适期

种鹅应在 2 岁～3 岁的母鹅群所产后代中选留，季节上最好选留 12 月至翌年 3 月间孵化出壳的雏鹅（俗称年夜鹅或清明鹅）。

6.3　选种方法

6.3.1　蛋选

种蛋应来源于饲养环境优良、生产性能较高的高产群体，蛋重 150 g～200 g，蛋形指数 1∶1.55。

6.3.2　苗选

出壳后的雏鹅应先进行公母鉴别，然后选择体型较大、健康活泼的个体留作种用，留种雏鹅评分应在 60 分以上（三级以上）。

6.3.3　初选

70 日龄～80 日龄选留后备种鹅时进行，要求体型外貌符合本品种特征，生长发育和健康状况良好。公鹅要求体型高大，眼凸有神，叫声洪亮，腿高粗，胸深广，腹扁平，生殖器官发育正常；母鹅要求体型大小适中，性情温和，颈部细长，胸腹宽深，后躯发达，两胫间距较宽。初选后备种鹅评分应在 60 分以上（三级以上）。

6.3.4　复选

一般在接近性成熟的后备种鹅群中进行，淘汰体型外貌、生物学特性不符合品种要求的留种个体。剔除生殖器官发育异常的不良公鹅。

6.3.5 成年鹅选种

成年种鹅主要根据本身的生产性能和后代的生长速度等生产记录进行选种。所选种鹅要求评分在 60 分以上（三级以上）。

6.4 选配技术

为了获得优良的种鹅后代，有计划地选取公母鹅使之交配繁殖。一般可采用同质选配或异质选配等方法。同质选配是指经济性状相同的公母鹅交配，以巩固和加强双亲的优良性能。异质选配是选择具有不同生产性能的优良公母鹅交配，其目的是为了使后代能够获得具有亲代双方优点的优良特性，提高鹅群的生产性能。

五、《无公害浙东白鹅 第 2 部分：饲料使用准则》(DB 330682/T 23.2—2009)

前　言

饲料是发展无公害浙东白鹅养殖业的重要物质基础。无公害浙东白鹅养殖成本的 70% 来自饲料，饲料品质的优劣直接影响无公害浙东白鹅的生产水平和产品质量。为了科学、合理地利用各种饲料，提高无公害浙东白鹅的养殖效益和产品质量，特制定本系列标准。

DB 330682/T 23《无公害浙东白鹅》系列标准，由 6 部分组成。

——第 1 部分：种鹅；

——第 2 部分：饲料使用准则；

——第 3 部分：兽医防疫操作规程；

——第 4 部分：兽药使用准则；

——第 5 部分：饲养管理操作规程；

——第 6 部分：商品鹅安全生产要求。

本部分是 DB 330682/T 23 的第 2 部分。

本部分由上虞市农林渔牧局提出并负责解释。

本部分由上虞市质量技术监督局批准。

本部分由上虞市农林渔牧局归口。

本部分起草单位：上虞市畜牧兽医技术推广中心。

本部分主要起草人：阮春永、孙钢奎、孙勇艇、俞水昌、高剑龙。

1　范围

DB 330682/T 23 的本部分规定了生产无公害浙东白鹅所需的饲料原料、配合饲料、饲料添加剂的加工要求和使用准则。

本部分适用于生产无公害浙东白鹅所需的饲料原料、配合饲料和养殖场自配饲料及其使用。

2　规范性引用文件

下列文件中的条款通过 DB 330682/T 23 的本部分的引用而成为本部分的条款。凡是注日期的引用文件，其随后所有的修改单（不包括勘误内容）或修订版均不适用于本部分，然而，鼓励根据本部分达成协议的各方研究是否可使用这些文件的最新版本。凡是不注日期的引用文件，其最新版本适用于本部分。

　　GB 4285　农药安全使用标准

　　GB/T 10647　饲料工业术语

　　GB 10648　饲料标签

　　GB 13078（所有部分）　饲料卫生标准

　　GB/T 14699.1　饲料　采样

　　GB/T 16764　配合饲料企业卫生规范

　　GB/T 16765　颗粒饲料通用技术条件

　　GB/T 18823　饲料检测结果判定的允许误差

　　《饲料和饲料添加剂管理条例》

　　《饲料药物添加剂使用规范》

3　术语和定义

GB/T 106478 确立的以及下列术语和定义适用于 DB 330682/T 23 的本部分。

3.1　饲料

饲料原料经工业化加工、制作，饲喂无公害浙东白鹅的饲料，包括青绿饲料、能量饲料、蛋白质饲料、饲料添加剂、配合饲料、浓缩饲料。

注：改写 GB/T 10647，定义 2.1。

3.1.1　青绿饲料

天然水分含量在 60％以上的野青草、栽培牧草、叶菜类、水生饲料等。

青绿饲料是养鹅生产的主要饲料来源，可节省精饲料，提高饲料利用率。

3.1.2　能量饲料

干物质中粗蛋白质含量低于 20％，粗纤维含量低于 18％，每千克饲料干物质含消化能在 1.05MJ 以上的饲料原料。

（GB/T 10647，定义 3.3）

注：在养鹅生产中常用的能量饲料主要有玉米、大小麦、稻谷、碎米及副产品等，是养鹅生产中的主要精饲料。

3.1.3　蛋白质饲料

干物质中粗蛋白质含量等于或高于 20％以上，粗纤维含量低于 18％的饲料原料。

（GB/T 10647，定义 3.4）

注：在养鹅生产中常用的蛋白质饲料主要有豆饼（粕）、菜籽饼（粕）、鱼粉、肉骨粉等，因价格较高，故日粮中应用量较少。

3.1.4　饲料添加剂

为动物特殊需要而在饲料加工、制作、使用过程中添加的少量或者微量物质，包括营养性饲料添加剂和非营养性饲料添加剂。

（GB/T 10647，定义 4.1）

3.1.5 配合饲料

根据无公害浙东白鹅的营养需要、饲养标准，将多种饲料原料和饲料添加剂按饲料配方，经工业化加工的饲料。

注：改写 GB/T 10647，定义 6.1。

3.1.6 浓缩饲料

主要由蛋白质饲料、矿物质饲料和添加剂按一定比例配制的均匀混合物，与能量饲料按规定比例配合即可制成浓缩饲料。

（GB/T 10647，定义 6.2）

3.2 营养需要

无公害浙东白鹅每只每天对能量、蛋白质、矿物质等营养物质的需要量，一般以每千克日粮中的含量来表示。

3.3 饲养标准

指对不同性别、年龄、体重的无公害浙东白鹅，科学地规定每只每天所需供给的能量和各种营养物质的数量。

4 要求

4.1 饲料原料

4.1.1 感官指标

具有该品种应有的色、嗅、味和形态特征，无发霉、变质、结块及异味、异嗅。符合 GB 13078、GB/T 16764 要求。

4.1.2 青绿饲料

要求新鲜、清洁，无发霉、结块、结冰、变质。鲜喂青绿饲料应洗净、晾干。农药安全使用符合 GB 4285 要求。

4.1.3 有毒有害物质

饲料原料中的有毒有害物质及微生物允许量应符合 GB 13078 要求。无公害浙东白鹅饲料中禁用各种抗生素滤渣及制药工业副产品。

4.2 饲料添加剂

4.2.1 感官指标

具有该品种应有的色、嗅、味和形态特征，无发霉、变质、结块及异味、异嗅。符合 GB 13078 要求。

4.2.2 添加剂品种

饲料使用的营养性添加剂和一般饲料添加剂品种应符合《饲料和饲料添加剂管理条例》《饲料药物添加剂使用规范》规定要求。

4.2.3 有毒有害物质

饲料添加剂中的有毒有害物质的允许量应符合 GB 13078 规定要求。

4.3　配合饲料

4.3.1　感官指标

应色泽一致、混合均匀，无霉变、结块、异味、异嗅。颗粒饲料应符合 GB/T 16765 规定要求。

4.3.2　产品成分

配合饲料的产品成分分析保证值应符合标签中规定的含量，严禁使用违禁药物，生产企业应符合 GB/T 16764 的相关要求。

4.3.3　有毒有害物质

配合饲料中有毒有害物质的允许量应符合 GB 13078 规定要求。

5　饲料加工过程

5.1　饲料加工厂

工艺流程设计合理，生产过程中的环境卫生应符合 GB 13078、GB/T 16764 要求。

5.2　配料

应有专人负责，计量设备应定期检验和维修保养，以确保其精确性和稳定性。配料应在专门配料室内进行，配料室应卫生整洁。

5.3　原料混合

混合工序投料应按先大量、后小量的原则进行。微量组分应先预稀释至配料秤最大称量的 5% 以上方可投入。

5.4　留样

新接收的饲料原料和各批次生产的产品均应保留样品。采样方法应符合 GB/T 14699.1 要求。样品保留期为该批产品保质期满后 3 个月。

6　检验规则

6.1　检验项目

感官要求、粗蛋白质、钙和总磷含量为出厂检验项目，其余为型式检验项目。

6.2　检验批量

在保证产品质量的前提下，生产企业可根据工艺、设备、配方、原料等的变化情况，自行确定出厂检验批量。

6.3　允许误差

试验测定值的双试验相对偏差按相应标准规定执行。检测结果判定应按 GB/T 18823 执行，应考虑允许误差。

6.4　判定规则

卫生指标、限用药物和违禁药物等为判定合格标准。符合 GB 10648、《动物源性饲料产品安全卫生管理办法》等有关规定。如检验中有一项指标不符合标准，应重新采样进行复检，复检结果中有一项不合格即判定为不合格。

六、《无公害浙东白鹅　第 3 部分：兽医防疫准则》(DB 330682/T 23. 3—2009)

前　言

疫病是无公害浙东白鹅养殖业的大敌，预防和控制鹅病是养鹅业成功的重要保障。为规范无公害浙东白鹅的兽医防疫工作，保证浙东白鹅的健康养殖，确保白鹅产品的优质安全，特制定本系列标准。

DB 330682/T 23《无公害浙东白鹅》系列标准，由 6 部分组成。

——第 1 部分：种鹅；

——第 2 部分：饲料使用准则；

——第 3 部分：兽医防疫操作规程；

——第 4 部分：兽药使用准则；

——第 5 部分：饲养管理操作规程；

——第 6 部分：商品鹅安全生产要求。

本部分是 DB 330682/T 23 的第 3 部分。

本部分由上虞市农林渔牧局提出并负责解释。

本部分由上虞市质量技术监督局批准。

本部分由上虞市农林渔牧局归口。

本部分起草单位：上虞市畜牧兽医技术推广中心。

本部分主要起草人：阮春永、孙钢奎、孙勇艇、俞水昌、高剑龙．

1　范围

DB 330682/T 23 的本部分规定了无公害浙东白鹅饲养场在疫病预防、监测、控制和扑灭方面的兽医防疫准则。

本部分适用于无公害浙东白鹅饲养场的兽医防疫操作。

2　规范性引用文件

下列文件中的条款通过 DB 330682/T 23 的本部分的引用而成为本部分的条款。凡是注日期的引用文件，其随后所有的修改单（不包括勘误内容）或修订版均不适用于本部分，然而，鼓励根据本部分达成协议的各方研究是否可使用这些文件的最新版本。凡是不注日期的引用文件，其最新版本适用于本部分。

GB 16548　病害动物和病害动物产品生物安全处理规程

GB 16549　畜禽产地检疫规范

GB/T 16569　畜禽产品消毒规范

GB 18596　畜禽养殖业污染物排放标准

NY/T 388　畜禽场环境质量标准

NY 5027 无公害食品 畜禽饮用水水质

《中华人民共和国畜牧法》

《中华人民共和国动物防疫法》

《中华人民共和国兽药典》

《兽药管理条例》

3 术语和定义

下列术语和定义适用于 DB 330682/T 23 的本部分。

3.1 动物疫病

动物的传染病和寄生虫病。

3.2 病原体

能引起动物疫病的生物体，包括致病微生物和寄生虫。

3.3 动物防疫

动物疫病的预防、控制、扑灭和动物、动物产品的检疫。

4 疫病预防

4.1 环境卫生

无公害浙东白鹅养殖场的环境卫生质量应符合 NY/T 388 规定要求，场内污水、污物处理应符合 GB 18596 规定要求。

4.2 场址选择

养鹅场场址应距离交通要道、公共场所、居民区、城镇、学校 1 000 m 以上；远离医院、畜产品加工厂、垃圾及污水处理场 2000 m 以上。周围应用围墙或其他有效屏障隔离。

4.3 建筑布局

无公害浙东白鹅养殖场应严格执行生产区、管理区、生活区相隔离的原则，场内应净道和污道分开，防止疫病传播和交叉感染。符合 NY/T 388 要求。

4.4 防疫设施

生产区入口处设有消毒室、更衣室，供进入生产区人员更衣、消毒。场内病害肉尸、产品及污染物排放应符合 GB 16548、GB 18596 规定要求。

4.5 防疫管理

凡饲养场引进种鹅，应从具有《种畜禽生产经营许可证》的种畜禽场引进，并持有动物检疫合格证明，引进后应及时报告防疫监督机构进行检疫，隔离饲养 15 d，确诊健康无病后方可进场混养。养鹅场内严禁饲养其他畜禽及犬、猫，做好灭鼠、灭蚊工作。

4.6 消毒制度

养鹅场、舍地面、粪沟、食槽、水槽应每天清理、打扫，定期消毒。消毒药应符合《中华人民共和国动物防疫法》《兽药管理条例》规定要求。

4.7 免疫程序

养鹅场的兽医管理人员应根据《中华人民共和国动物防疫法》及配套法律要求，结合当地实际情况，做好小鹅瘟、禽流感等疫病的预防接种工作，定期进行寄生虫的药物预防，驱虫药物应符合《中华人民共和国动物防疫法》《兽药管理条例》规定要求。

5 疫病监测

5.1 监测方案

养鹅场应根据《中华人民共和国动物防疫法》及配套法规，结合当地实际情况，制订疫病监测方案。

5.2 监测疫病

养鹅场常规监测疫病至少应包括：小鹅瘟、禽流感、禽霍乱、鹅鸭瘟、鹅球虫病。

5.3 监测管理

根据当地实际情况，由动物疫病监测机构定期或不定期进行疫病监督抽查，并将抽查结果报告当地畜牧兽医行政管理部门。

6 疫病控制和扑灭

6.1 疫病报告

养鹅场发生疫病或怀疑发生疫病时，应根据《中华人民共和国动物防疫法》及时向当地畜牧兽医行政管理部门报告。

6.2 疫病处理

养鹅场一旦发生高致病性禽流感，应对鹅群实施严格隔离、扑杀，全场产品按 GB 16548、GB/T 16569 规定做无害化处理。

6.3 鹅群净化

养鹅场发生小鹅瘟、禽流感、禽霍乱、鹅鸭瘟等疫病时，全场应彻底清洗消毒，对鹅群应及时清群和净化。

7 防疫记录

鹅群应有详细的防疫记录，内容包括种鹅来源、引种时间、饲料消耗、消毒情况、免疫接种、发病死亡原因、发病率、死亡率、实验室检查结果、治疗用药情况、无害化处理情况等。

所有记录必须妥善保存 5 年以上。

七、《无公害浙东白鹅 第 4 部分：兽药使用准则》(DB 330682/T 23. 4—2009)

前 言

兽药是用于预防、诊断和治疗畜禽疾病的重要物质。兽药的主要作用是抑制病原微生物以利于鹅体本身发挥的抗病能力，达到防病、治病、保健的目的。为保证无公害浙东白鹅的健康养殖，科学、合理地使用兽药，特制定本系列标准。

DB 330682/T 23《无公害浙东白鹅》系列标准，由 6 部分组成。

——第 1 部分：种鹅；

——第 2 部分：饲料使用准则；

——第 3 部分：兽医防疫操作规程；

——第 4 部分：兽药使用准则；

——第 5 部分：饲养管理操作规程；

——第 6 部分：商品鹅安全生产要求。

本部分是 DB 330682/T 23 的第 4 部分。

本部分的附录 A、附录 B 为规范性附录。

本部分由上虞市农林渔牧局提出并负责解释。

本部分由上虞市质量技术监督局批准。

本部分由上虞市农林渔牧局归口。

本部分起草单位：上虞市畜牧兽医技术推广中心。

本部分主要起草人：阮春永、孙钢奎、孙勇艇、俞水昌、高剑龙。

1　范围

DB 330682/T 23 的本部分规定了无公害浙东白鹅饲养过程中允许使用的兽药名称、作用与用途、用法与用量、休药期及使用准则。

本部分适用于无公害浙东白鹅饲养过程中的生产、管理和认证。

2　规范性引用文件

下列文件中的条款通过 DB 330682/T 23 的本部分的引用而成为本部分的条款。凡是注日期的引用文件，其随后所有的修改单（不包括勘误内容）或修订版均不适用于本部分，然而，鼓励根据本部分达成协议的各方研究是否可使用这些文件的最新版本。凡是不注日期的引用文件，其最新版本适用于本部分。

GB/T 16569　畜禽产品消毒规范

NY/T 388　畜禽场环境质量标准

NY 5027　无公害食品　畜禽饮用水水质

《中华人民共和国动物防疫法》

《中华人民共和国兽药典》

《中华人民共和国兽用生物制品质量标准》

《中华人民共和国兽药规范》

《兽药管理条例》

《兽药质量标准》

《进口兽药质量标准》

《饲料和饲料添加剂管理条例》

《饲料药物添加剂使用规范》

《食品动物禁用的兽药及其他化合物清单》

3 术语和定义

下列术语和定义适用于 DB 330682/T 23 的本部分。

3.1 兽药

用于预防、治疗和诊断动物疾病，有目的地调节其生理机能，并规定作用、用途、用法、用量的物质（含饲料药物添加剂），包括血清、菌（疫）苗、诊断液等生物制品；兽用中草药、中成药、化学药品及制剂，抗生素、生化药品。

3.1.1 抗菌药

能够抑制、杀灭病原菌的药物，包括中草药、化学药品、抗生素及制剂。

3.1.2 抗寄生虫药

能驱除或杀灭动物体内外寄生虫的药物，包括中草药、化学药品、抗生素及制剂。

3.1.3 疫苗

由特定细菌、病毒等微生物或寄生虫制成的主动免疫制品。

3.1.4 消毒防腐剂

用于杀灭环境中的病原微生物，防止疾病发生和传染的药物。

3.1.5 药物饲料添加剂

为预防、治疗动物疾病而掺入载体或稀释剂的兽药预混物，包括抗球虫类药、驱虫剂类、抑菌促生长素。

3.2 免疫程序

根据《中华人民共和国动物防疫法》及配套法规要求，确定适宜时间和使用适宜疫苗进行免疫注射。

3.3 休药期

无公害肉用浙东白鹅从停止给药到许可出售或屠宰上市的间隔时间。

3.4 兽药残留限量

对无公害肉用浙东白鹅用药后产生的允许残留在产品中的该兽药残留的最高含量，以鲜重计，用毫克每千克（mg/kg）或微克每千克（μg/kg）表示。

4 使用准则

4.1 用药原则

严格按照《中华人民共和国动物防疫法》的有关规定建立严格的生物安全体系，预防动物疫病，及时隔离和淘汰病鹅，最大限度地减少化学药品和抗生素的使用。必须使用兽药进行动物疾病的预防和治疗时，应在兽医技术人员指导下，并经诊断确诊疾病和致病原因后，选用对症兽药，避免滥用药物。

4.2 兽药采购

无公害浙东白鹅饲养过程中所用兽药应符合《中华人民共和国兽药规范》《兽用生物制品管理办法》《进口兽药质量标准》《兽药质量标准》《中华人民共和国兽药典》《饲料添加剂

使用规范》《兽药管理条例》《兽药产品批准文号管理办法》的有关规定。所用兽药应产自具有《兽药生产许可证》和产品批准文号的生产企业，来自具有《兽药经营许可证》和《进口兽药经营许可证》的兽药供应商。所用兽药标签应符合《兽药管理条例》的有关规定。

4.3　预防免疫

无公害浙东白鹅饲养应优先使用疫苗预防疫病，所用疫苗应符合《兽用生物制品管理办法》《中华人民共和国兽用生物制品质量标准》的有关规定。

4.4　环境消毒

无公害浙东白鹅饲养允许使用消毒防腐剂对饲养环境、场舍、器具进行消毒。消毒防腐剂应符合 GB/T 16569 的规定。饲养环境应符合 NY/T 388 的规定。

4.5　兽药使用注意事项

4.5.1　允许使用兽药

允许使用兽药应符合《中华人民共和国兽药典》《中华人民共和国兽药规范》《兽药质量标准》《进口兽药质量标准》规定，详见附录 A。

4.5.2　禁止使用药物

无公害浙东白鹅饲养禁止使用未经国家畜牧兽医行政管理部门批准的兽药或已经淘汰的兽药；禁止使用《食品动物禁用的兽药及其他化合物清单》中所列药物及其他化合物。

4.5.3　休药期

无公害浙东白鹅饲养应严格遵守附录 A 和附录 B 的休药期规定。

八、《无公害浙东白鹅　第 5 部分：饲养管理操作规程》（DB 330682/T 23.5—2009）

前　言

饲养管理是养好无公害浙东白鹅的关键，为规范无公害浙东白鹅的科学养殖，创造适宜环境，充分发挥浙东白鹅的生产潜力，确保浙东白鹅生产的优质安全，特制定本系列标准。

DB 330682/T 23《无公害浙东白鹅》系列标准，由 6 部分组成。

——第 1 部分：种鹅；

——第 2 部分：饲料使用准则；

——第 3 部分：兽医防疫操作规程；

——第 4 部分：兽药使用准则；

——第 5 部分：饲养管理操作规程；

——第 6 部分：商品鹅安全生产要求。

本部分是 DB 330682/T 23 的第 5 部分。

本部分代替 DB 330682/T 23.4—2003《浙东白鹅　第 4 部分：饲养管理》。

本部分与 DB 330682/T 23.4—2003 相比主要变化如下：

——标准名称改为《无公害浙东白鹅　第 5 部分：饲养管理操作规程》；

——对标准内容进行了全面改写。

本部分由上虞市农林渔牧局提出并负责解释。

本部分由上虞市质量技术监督局批准。

本部分由上虞市农林渔牧局归口。

本部分起草单位：上虞市畜牧兽医技术推广中心。

本部分主要起草人：阮春永、孙钢奎、孙勇艇、俞水昌、高剑龙。

本部分所代替标准的历次版本发布情况为：DB 330682/T 23.4—2003。

1 范围

DB 330682/T 23 的本部分规定了无公害浙东白鹅的饲养环境、饲养设施、饲养管理、消毒免疫、废弃物处理、生产记录等涉及无公害浙东白鹅饲养管理应遵循的操作规程。

本部分适用于无公害浙东白鹅种鹅场和商品鹅场的饲养与管理。

2 规范性引用文件

下列文件中的条款通过 DB 330682/T 23 的本部分的引用而成为本部分的条款。凡是注日期的引用文件，其随后所有的修改单（不包括勘误内容）或修订版均不适用于本部分，然而，鼓励根据本部分达成协议的各方研究是否可使用这些文件的最新版本。凡是不注日期的引用文件，其最新版本适用于本部分。

GB 3095 环境空气质量标准

GB 13078（所有部分） 饲料卫生标准

GB 16548 病害动物和病害动物产品生物安全处理规程

GB 16549 畜禽产地检疫规范

GB 16567 种畜禽调运检疫技术规范

GB/T 18407.3 农产品安全质量 无公害畜禽肉产地环境要求

GB 18596 畜禽养殖业污染物排放标准

NY/T 388 畜禽场环境质量标准

NY 5027 无公害食品 畜禽饮用水水质

《种畜禽管理条例》

《种畜禽管理条例实施细则》

《中华人民共和国动物防疫法》

《中华人民共和国兽药典》

《中华人民共和国畜牧法》

3 术语和定义

下列术语和定义适用于 DB 330682/T 23 的本部分。

3.1 全进全出制

同一鹅舍或同一鹅场只饲养同一批次的浙东白鹅，同批进场、同批出场的饲养管理制度。

3.2 净道

鹅场或鹅舍内鹅群周转、饲养员行走及运送饲料的专用道路。

3.3 污道

鹅场内运送粪便等废弃物、外销商品鹅出场的专用道路。

3.4 鹅场废弃物

主要包括鹅粪、污水、病死鹅、过期兽药、残余疫苗和疫苗瓶。

3.5 开饮

雏鹅开食前的首次饮水，俗称"开饮"或"潮口"。

先饮水后开食是饲养雏鹅的一个特点，一般在雏鹅出壳后 24 h～32 h 开饮。

3.6 开食

第一次给雏鸭喂食，俗称"开食"。

一般在开水后 0.5 h～1.0 h 开食。

4 饲养环境

4.1 饲养场地

鹅场应建在地势高燥，排水良好，易于组织防疫的地方。场址用地应符合当地土地利用规划要求。符合 NY/T 388 规定要求。

4.2 大气环境

鹅场大气环境质量应符合 GB 3095、GB/T 18407.3、NY/T 388 的规定要求。

4.3 饮水质量

鹅场应经常保持有充足的饮水和日常用水，水质符合 NY 5027 的规定要求。

4.4 饲料质量

饲料原料和添加剂应符合 GB 13078 的规定要求。严禁使用变质、霉败、虫蛀或污染饲料，商品鹅出栏前应严格执行休药期规定。

4.5 兽药使用

饲养过程中使用兽药应符合《中华人民共和国动物防疫法》《中华人民共和国兽药典》的规定要求。

4.6 卫生消毒

鹅舍及周围环境应建立严格的卫生消毒制度。鹅舍内的环境质量应符合 NY/T 388 的规定要求。

4.7 废弃物处理

养鹅场的废弃物应实行减量化、无害化、资源化的原则处理，符合 GB 16548、GB 18596 的规定要求。

5 饲养管理

5.1 饲养方式

饲养无公害浙东白鹅可采用舍饲、放牧、地面散养或半舍饲半放牧方式。

5.2 营养需要

根据鹅的不同生长时期和生理阶段的营养需要，配制不同的配合饲料。不同生长时期鹅的配合饲料营养成分推荐值见表1。

表1 不同生长时期鹅的配合饲料营养成分

日龄	代谢能（MJ/kg）	粗蛋白质（%）	钙（%）	磷（%）
1～21	11.7	18.0	0.80	0.40
22～56	11.7	14.5	0.80	0.40
>57	10.8	12.5	0.80	0.40
种鹅	10.5	15.0	2.20	0.40

5.3 育雏期饲养管理（出壳至28日龄）

5.3.1 引种

雏鹅应从具有种鹅经营许可证的种鹅场引种。只进行商品鹅生产的养鹅场，应首先从达到无公害标准的鹅场引进雏鹅，符合 GB 16549、GB 16567、《种畜禽管理条例》《种畜禽管理条例实施细则》规定要求。引进的雏鹅应隔离观察 15 d～30 d，经兽医检查确定健康合格后，方可混群饲养。

5.3.2 育雏条件

引进雏鹅前 2 d～3 d，应清扫、消毒育雏室。育雏室应清洁、干燥，保温性能良好，温度、相对湿度、密度符合表2规定。

表2 育雏室温度、相对湿度、密度要求

日龄	舍温（℃）	相对湿度（%）	密度（只/m²）
1～5	27～28	60～65	25～20
5～10	25～26	60～65	20～15
11～15	22～24	65～70	20～15
16～20	20～24	65～70	12～8

5.3.3 饮水管理

雏鹅出壳后 24 h～32 h 即可开饮，饮水温度冬季和早春宜用 25 ℃ 左右的温水，其他季节宜用常温清洁饮水。饮水器应每天清洗、消毒，消毒剂应符合《中华人民共和国兽药典》规定要求，饮水中可添加 0.05% 高锰酸钾水或 5% 葡萄糖水，以提高育雏期成活率。

5.3.4 喂料管理

雏鹅开饮后 0.5 h～1.0 h 即可开食。开食饲料可选用配合饲料或碎米及新鲜菜叶或黑麦草。3 日龄前日喂 5 次～6 次，4 日龄～10 日龄日喂 7 次～8 次，11 日龄～20 日龄日喂 4 次～5 次。10 日龄前精饲料与青绿饲料比例为 1∶2，先喂精饲料后喂青绿饲料；10 日龄后精饲料与青绿饲料比例为 1∶4，先喂青绿饲料后喂精饲料。

5.3.5 放牧管理

雏鹅出壳后，夏、秋季 3 日龄～7 日龄、冬、春季 10 日龄～20 日龄即可开始初次放牧。雏鹅的放牧场地，要求"近"（离育雏室距离近）、"平"（放牧场地平坦）、"嫩"（放牧草场青草鲜嫩）、"水"（放牧场地附近水源充足）、"净"（水、草洁净，无有害物质污染、无疫情）。放牧前应喂少量饲料，然后将雏鹅慢慢赶至附近草地放牧。只要天气适宜，应坚持每天放牧，并随日龄增长逐渐延长放牧时间。

5.3.6 放水管理

雏鹅开始放牧后即可开始放水调教，赶鹅下水要慢，下水次数为每天 1 次～2 次，每次 5 min～10 min，1 周后增加到每天 3 次～4 次，每次 10 min～15 min。每次放水结束后应赶至运动场避风处任其休息，梳理羽毛，待羽毛干后赶回鹅舍饲养。

5.4 中鹅期饲养管理（29 日龄～70 日龄）

5.4.1 饲养方式

中鹅又称青年鹅或育成鹅。雏鹅经舍饲育雏和放牧锻炼后，适应性和抗病力明显增强，宜采用以放牧为主，补饲为辅的饲养方式。一般可采取上、下午各放牧 1 次，中午回鹅舍休息。夏、秋季做到上午早放早归，下午晚放晚归；冬、春季做到上午晚放晚归，下午早放早归。夜间补饲 1 次青绿饲料或配合饲料。

5.4.2 管理要求

中鹅期的管理，一是做好放牧和补饲工作。放牧时要让鹅群多吃草，夜间补料可用新鲜青绿饲料或配合饲料。二是做好游泳和饮水工作。放水游泳有助于增强鹅群体质，提高羽毛防水防湿能力，晴暖天气鹅群应每天放水 3 次～4 次。饮水应清洁、无污染。三是做好卫生、防疫工作。放牧鹅群，放牧前应做好小鹅瘟、禽霍乱、禽流感疫苗的免疫接种工作。四是做好转群、出栏工作。及时选留合格种鹅转入种鹅群培育；不符合种用要求的仔鹅转入育肥群育肥，达到出栏标准后即可出栏上市。

5.5 种鹅期饲养管理（70 日龄至产蛋期）

5.5.1 后备种鹅

100 日龄～150 日龄的后备种鹅应实行限制饲养，以控制体重，防止早熟。一般只供给维持饲料，采取放牧为主的饲养方式，控制母鹅在换羽结束后开始产蛋。

5.5.2 产蛋前期

种鹅进入产蛋期应加强饲养和管理，要求饲料多样化。饲喂时应先喂青绿饲料，后喂精饲料，供给充足、清洁饮水，每天补喂 2 次～3 次，保证产蛋期的营养需要。精饲料中宜适当添加沙砾、贝壳粉，以提高饲料消化率和蛋壳质量。

5.5.3 产蛋期

产蛋期母鹅宜采用半舍饲半放牧的饲养方式，放牧有益于种鹅得到充足的阳光、水浴和配种。产蛋鹅的放牧场地，应选择水源充足的清洁池塘或流动水面，水深 1 m 左右，以利种鹅交配和洗浴；牧地应地势平坦、牧草丰盛，以利种鹅活动和采食，适当放牧和放水有利于提高产蛋量和种蛋受精率。每日定时补喂精饲料 3 次～4 次，每 100 只种鹅要求有水面 45 m² ～60 m²。

6 生产记录

6.1 日常记录

养鹅场应认真做好日常生产记录，记录内容包括进雏日期、进雏数量、雏鹅来源、饲养人员、转群数量、饲料种类、饲料消耗。

6.2 兽医记录

养鹅场的兽医技术人员应负责记录鹅群免疫、疫病、治疗、用药情况、消毒记录、兽药采购和使用记录。

6.3 资料保存

养鹅场的所有生产记录应由鸭场行政管理部门负责保管，保存期至少5年以上。

第五章 浙东白鹅产品及生产技术标准

一、《浙东白鹅肉品等级规格》（T/ZNZ 089—2021）

前 言

本文件按照 GB/T 1.1—2020《标准化工作导则 第 1 部分：标准化文件的结构和起草规则》的规定起草。

本文件的某些内容可能涉及专利。本文件发布机构不承担识别专利的责任。

本文件由浙江省农产品质量安全学会提出并归口。

本文件起草单位：浙江省农业科学院、象山县浙东白鹅研究所、象山文杰大白鹅有限公司。

本文件主要起草人：王小骊、杨华、陈维虎、吉小凤、卢立志、肖英平、王伟、汪雯、陈文杰、王冬蕾、唐标、吕文涛、曾涛。

1 范围

本文件规定了浙东白鹅肉品等级规格的术语和定义、技术要求和评定方法。

本文件适用于浙东白鹅胴体和鹅脖（连头）、鹅胸肉、鹅翅、鹅腿、鹅掌等分割产品的分等分级。

2 规范性引用文件

下列文件中的内容通过文中的规范性引用而构成本文件必不可少的条款。其中，注日期的引用文件，仅该日期对应的版本适用于本文件；不注日期的引用文件，其最新版本（包括所有的修改单）适用于本文件。

GB 2707 食品安全国家标准 鲜（冻）畜、禽产品

GB 12694 食品安全国家标准 畜禽屠宰加工卫生规范

GB/T 36178 浙东白鹅

NY 467 畜禽屠宰卫生检疫规范

NY/T 3742 畜禽屠宰操作规程 鹅

3 术语和定义

下列术语和定义适用于本文件。

3.1 鹅胴体 goose carcass

浙东白鹅经过宰前检疫、放血、去毛、去内脏（可保留肺和肾）、去气管和食管、清洗、

检验等一系列工序后的整个鹅体。

3.2 鹅分割产品 goose carcass cut

胴体经过分割、修整等工序后的鹅肉产品，包括鹅脖（连头）、鹅胸肉、鹅翅、鹅腿、鹅掌。

3.3 胴体完整程度 carcass integrity degree

鹅胴体各部位的完整情况，包括有无缺损、破损、断骨、脱臼等。

3.4 硬杆毛 hard feather

长度超过 12 mm 的羽毛或羽毛根直径超过 2 mm 的羽毛。

4 技术要求

4.1 基本要求

4.1.1 用于屠宰加工的浙东白鹅应为 70 日龄～120 日龄肉鹅，并具有 GB/T 36178 规定的品种特性。

4.1.2 屠宰加工、检疫检验应符合 GB 12694、NY/T 3742、NY 467 的规定。

4.1.3 胴体和分割产品应符合 GB 2707 的要求，肉质新鲜、色泽、气味正常，体表洁净，无溃疡，不得有粪便、胆汁等污染。

4.2 胴体质量等级

在符合 4.1 要求的前提下，按胴体完整程度、表皮状态、羽毛残留状态、鹅掌心修剪状态将鹅胴体质量等级分为一级（Ⅰ）、二级（Ⅱ）、三级（Ⅲ）3 级，具体要求应符合表 1 的规定。若其中有一项指标不符合要求，应将其评为下一级别。

表 1 胴体质量等级

指标	一级（Ⅰ）	二级（Ⅱ）	三级（Ⅲ）
胴体完整程度	胴体完整，脖颈放血口及开膛口整齐；脖颈放血口长度不超过 2.5 cm；开膛口长度不超过 10 cm；无断骨；无脱臼	胴体完整，脖颈放血口长度 2.5 cm～3.5 cm；开膛口不超过 12 cm；无断骨；无脱臼	胴体完整，脖颈放血口长度超过 3.5 cm；开膛口长度不超过 15 cm；断骨和脱臼不超过 1 处
表皮状态	表皮完好；颜色洁白，无红头，无红翅；毛孔细平，无破皮；无瘀血、伤斑、炎症等异常色斑	表皮较完好；颜色较白，无红头，无红翅；整个胴体破损不超过 1 处，面积不超过 1 cm²；瘀血、伤斑等异常色斑不超过 2 处，每处面积不超过 1 cm²	表皮颜色微黄；整个胴体破损每处面积不超过 1 cm²，总面积超过 2 cm²；瘀血、伤斑等异常色斑每处面积不超过 1 cm²，总面积不超过 3 cm²
羽毛残留状态	无硬杆毛；皮下残留毛根数不超过 10 根；无残留长度≥1 cm 的绒毛	无硬杆毛；皮下残留毛根数 10 根～30 根；长度≥1 cm 的绒毛残留不超过 5 根	硬杆毛不超过 2 根；皮下残留毛根数超过 30 根；长度≥1 cm 的绒毛残留超过 5 根
鹅掌心修剪状态	无明显结痂物	结痂物不大于 1 cm²，经修剪	结痂物经修剪

4.3 胴体规格

根据胴体重量将胴体分为大（L）、中（M）、小（S）3个规格，应符合表2的规定。

表2 胴体规格

胴体重量	规格		
	大（L）	中（M）	小（S）
胴体重量（g/个）	＞3 000	2 400～3 000	＜2 400

4.4 分割产品质量等级

分割产品质量等级按其胴体质量等级确定。

4.5 分割产品规格

4.5.1 分割方式

4.5.1.1 鹅脖（连头）：在鹅颈椎与胸椎、锁骨连接处分割。

4.5.1.2 鹅胸肉：于胸骨两侧，沿锁骨下，至肋骨边缘分割，修剪瘀血、边缘多余的皮及脂肪。

4.5.1.3 鹅翅：鹅胸肉切下后，将两侧翅膀向外侧拉开，在肩关节处分割。

4.5.1.4 鹅腿：沿腿内侧与体躯连接处中线向后，绕过坐骨端避开尾脂腺部，沿腰荐中线向前，直至最后胸椎处切开皮肤，把腿部向外掰开，分离髋关节和部分肌腱，分割整个腿部，修剪瘀血、多余的皮和脂肪。

4.5.1.5 鹅掌：从踝骨缝处分割，对脚垫进行修剪。

4.5.2 规格

分割产品按照表3要求执行。

表3 分割产品规格

分割产品重量	规格		
	大（L）	中（M）	小（S）
鹅脖（连头）（g/个）	＞480	400～480	＜400
鹅胸肉（g/块）	＞460	380～460	＜380
鹅翅（g/对）	＞480	400～480	＜400
鹅腿（g/对）	＞680	560～680	＜560
鹅掌（g/对）	＞135	110～135	＜110

注：鹅分割产品重量可根据修剪的程度变化。

4.5.3 等级规格允差

按分割产品个数计，允许各等级规格有5％的产品不符合该等级规格要求，但应符合其下一级别等级规格要求。

5 评定方法

5.1 外观完整程度

用目测法判定胴体放血口和开膛口是否整齐，胴体有无缺损、断骨、脱臼等，用刻度尺测量放血口和开膛口长度。

5.2 表皮状态

在自然光线下用目测法判定胴体表皮的颜色，有无破损，有无瘀血、伤斑、炎症等异常色斑，如有异常色斑，用刻度尺进行测量并计算。

二、《鹅肉感官评价方法》（T/ZNZ 090—2021）

前　言

本文件按照 GB/T 1.1—2020《标准化工作导则　第1部分：标准化文件的结构和起草规则》的规定起草。

请注意本文件的某些内容可能涉及专利。本文件的发布机构不承担识别专利的责任。

本文件由浙江省农产品质量安全学会提出并归口。

本文件起草单位：浙江省农业科学院、象山县农业农村局、石河子大学食品学院。

本文件主要起草人：孙素玲、王伟、杨华、陈维虎、董娟、张玉、李雪、朱作艺、卢立志、王小骊、曾涛、王君虹。

1　范围

本文件规定了鹅肉感官评价的术语和定义、样品制备、品评基本要求和样品品评。

本文件适用于鹅肉的感官评价。

2　规范性引用文件

下列文件中的内容通过文中的规范性引用而构成本文件必不可少的条款。其中，注日期的引用文件，仅该日期对应的版本适用于本文件；不注日期的引用文件，其最新版本（包括所有的修改单）适用于本文件。

GB/T 10220　感官分析　方法学　总论

GB/T 13868　感官分析　建立感官分析实验室的一般导则

GB/T 16291.1　感官分析　选拔、培训与管理评价员一般导则　第1部分：优选评价员

GB/T 22210　肉与肉制品感官评定规范

NY/T 5344.6　无公害食品　产品抽样规范　第6部分：畜禽产品

SB/T 10359　肉品品质检验人员岗位技能要求

3　术语和定义

下列术语和定义适用于本文件。

3.1　鹅胴体 goose carcass

屠宰后去除内脏（可保留肺和肾），去除或不去除头、掌、翅的鹅体。

3.2　鲜鹅 fresh goose

经屠宰、预冷处理的鹅胴体。

3.3　冷冻鹅 frozen goose

屠宰后，在－18 ℃以下贮藏的鹅胴体。

4　样品制备

4.1　样品

包括鲜鹅和冷冻鹅胴体。

4.2　抽样方法

按 NY/T 5344.6 的要求执行。

4.3　冷冻鹅解冻

根据 GB/T 22210，将冷冻鹅在室温下自然解冻，待鹅肉中心温度达到 2 ℃～4 ℃时解冻结束。

4.4　鹅肉样品制备

把鲜鹅肉或者解冻后的鹅肉放入家用高压锅中，加入去离子水，完全浸没鹅胴体，煮熟后取出样品，将样品切片后，置于洁净的白色盘（瓷盘或同类容器）中并编号。

4.5　鹅肉汤汁制备

称取 20 g 绞碎的试样，置于 200 mL 烧杯中，加 100 mL 水，加热。

5　品评基本要求

5.1　品评环境

鹅肉品评环境应符合 GB/T 10220 和 GB/T 13868 的规定。

5.2　感官评定人员

鹅肉感官评定人员的选择应符合 GB/T 22210、GB/T 16291.1 和 SB/T 10395 的规定。

5.3　品评容器

鹅肉感官评价中盛装鹅肉的容器应采用同一规格、白色的无味容器（瓷盘或同类容器）。

5.4　样品编号

供评定的鹅肉采用随机的三位数编码，避免使用喜爱、忌讳或容易记忆的数字。

5.5　样品温度

鹅肉感官评价的样品温度保持在 40 ℃～50 ℃。

6　样品品评

6.1　品评前准备

感官评定人员在每次品评前应先用优质干红葡萄酒、后用清茶漱口，再用温开水漱口。

6.2　色泽评价

观察鹅肉样品表面色泽感观，按照表1的规定评分。

6.3　汤汁评价

煮沸 20 min～30 min 后，趁热取适量混合均匀的汤汁于洁净的样品杯中，把汤汁置于鼻腔下方，适当用力吸气，仔细辨别汤汁风味，并观察其透明度、汤汁表面的油滴，最后品尝汤汁的滋味，按照表1的规定评分。

6.4 气味和滋味评价

分别取鹅肉样品少许，先置于鼻腔下方，适当用力吸气，仔细辨别鹅肉的气味，再细嚼3 s～5 s，边嚼边用舌头仔细品尝鹅肉的滋味，按照表1的规定评分。

6.5 饱汁力评价

咀嚼时用牙齿、舌头等感官品尝鹅肉的润滑度、组织的致密性和肉汁的多少，按照表1的规定评分。

6.6 质地评价

咀嚼时用牙齿感受肉质的细腻度，按照表1的规定评分。

表1 鹅肉感官品质评分标准

项　　目	特　征	得　分
色泽（10分）	鹅瘦肉黄棕色，皮下脂肪泛白，有光泽，肉色均匀	9～10
	鹅瘦肉淡棕色，皮下脂肪偏黄，光泽较弱，肉色均匀	7～8
	鹅瘦肉棕色，皮下脂肪黄色，略有光泽，肉色基本均匀	5～6
	鹅瘦肉棕褐色，皮下脂肪蜡黄，无光泽，肉色不匀	0～4
汤汁（20分）	汤汁透明、芳香，油滴团聚于汤汁表面，具有鹅肉特有的鲜香味	16～20
	汤汁透明，油滴团聚于汤汁表面，具有一定的鲜香味	11～15
	汤汁较透明，脂肪呈小滴状浮于汤汁表面，稍有腥味	6～10
	汤汁混浊，异腥味较浓	0～5
气味和滋味（30分）	味道鲜美，香气诱人，具有鹅肉独特的香味	24～30
	味道适中，鲜味和香气协调性较好	17～23
	味道一般，鲜味和香气协调性不好，稍有鹅肉腥味	10～16
	鲜味和香气欠佳，具有鹅肉腥味和哈喇味	0～9
饱汁力（20分）	肥瘦适宜，咀嚼有肉汁，组织致密完整，润滑度好	16～20
	不肥不瘦，肉汁偏少，组织紧密，润滑度较低	11～15
	不肥不瘦，肉汁少，组织松散，润滑度偏低	6～10
	偏肥或者偏瘦，无肉汁，组织干燥，润滑度低	0～5
质地（20分）	肉质细腻，烂而不散，韧而不老	16～20
	肉质略偏老，有一定的纤维感或烂而较散	11～15
	肉质较老，有纤维感或烂而散	6～10
	咀嚼困难或烂而碎	0～5

6.7 综合评分

综合评分为表1各项得分之和，评分记录表见附录A。

6.8 计算方法

在全部评价总分中去掉一个最高分和一个最低分，然后根据剩余感官评定人员的综合评分结果计算平均值。最后以综合评分的平均值作为鹅肉感官评价的结果，计算保留整数。计算公式如下：

$$感官评定分数＝\frac{剩余的总得分数之和}{全部感官评定人员数－2}$$

附　录　A

（规范性附录）

鹅肉感官品质评分记录表

鹅肉感官品质评分记录表见表 A.1。

表 A.1　肉感官品质评分记录表

项目	特　征	评分标准（分）	得分（分）	得分（分）	得分（分）
			胸肉	腿肉	平均分
色泽	鹅瘦肉黄棕色，皮下脂肪泛白，有光泽，肉色均匀	9～10			
	鹅瘦肉淡棕色，皮下脂肪偏黄，光泽较弱，肉色均匀	7～8			
	鹅瘦肉棕色，皮下脂肪黄色，略有光泽，肉色基本均匀	5～6			
	鹅瘦肉棕褐色，皮下脂肪蜡黄，无光泽，肉色不匀	0～4			
汤汁	汤汁透明、芳香，油滴团聚于汤汁表面，具有鹅肉特有的鲜香味	16～20			
	汤汁透明，油滴团聚于汤汁表面，具有一定的鲜香味	11～15			
	汤汁较透明，脂肪呈小滴状浮于汤汁表面，稍有腥味	6～10			
	汤汁混浊，异腥味较浓	0～5			
气味和滋味	味道鲜美，香气诱人，具有鹅肉独特的香味	24～30			
	味道适中，鲜味和香气协调性较好	17～23			
	味道一般，鲜味和香气协调性不好，稍有鹅肉腥味	10～16			
	鲜味和香气欠佳，具有鹅肉腥味和哈喇味	0～9			
饱汁力	肥瘦适宜，咀嚼有肉汁，组织致密完整，润滑度好	16～20			
	不肥不瘦，肉汁偏少，组织紧密，润滑度较低	11～15			
	不肥不瘦，肉汁少，组织松散，润滑度偏低	6～10			
	偏肥或者偏瘦，无肉汁，组织干燥，润滑度低	0～5			
质地	肉质细腻，爽口润滑，烂而不散，韧而不老	16～20			
	肉质略偏老，有一定的纤维感或烂而较散	11～15			
	肉质较老，有纤维感或烂而散	6～10			
	咀嚼困难或烂而碎	0～5			
总分					

三、《食品安全国家标准　畜禽屠宰加工卫生规范》(GB 12694—2016)

前　言

本标准替代 GB 12694—1990《肉类加工厂卫生规范》、GB/T 20094—2006《屠宰和肉类加工企业卫生管理规范》、GB/T 22289—2008《冷却猪肉加工技术要求》。

本标准和替代标准相比，主要变化如下：

——标准名称修改为《食品安全国家标准　畜禽屠宰加工卫生规范》；

——整合修改了标准结构；

——整合修改了部分术语和定义；

——整合修改并补充了对选择及厂区环境、厂房和车间、设施与设备的要求和卫生控制操作的管理要求；

——增加了产品追溯与召回管理的要求；

——增加了记录和文件管理的要求。

1　范围

本标准规定了畜禽屠宰加工过程中畜禽验收、屠宰、分割、包装、储存和运输等环节的场所、设施设备、人员的基本要求和卫生控制操作的管理准则。

本标准适用于规模以上畜禽屠宰加工企业。

2　术语与定义

GB 14881—2013 中的术语和定义适用于本标准。

2.1　规模以上畜禽屠宰加工企业

实际年屠宰生猪在 2 万头、牛在 0.3 万头、鸡在 200 万羽、鸭鹅在 100 万羽以上的加工企业。

2.2　畜禽

供人类食用的家畜和家禽。

2.3　肉类

供人类食用的，或已被判定为安全的、适合人类食用的畜禽的所有部分，包括畜禽胴体、分割肉和食用副产品。

2.4　胴体

放血、脱毛、剥皮或带皮、去头蹄（或爪）、去内脏后的动物躯体。

2.5　食用副产品

畜禽屠宰、加工后，所得内脏、脂、血液、骨、皮、头、蹄（或爪）、尾等可食用的产品。

2.6　非食用副产品

畜禽屠宰、加工后，所得毛皮、毛、角等不可食用的产品。

2.7　宰前检查

在畜禽屠宰前，综合评定畜禽是否健康和适合人类食用，对畜禽群体和个体进行的检查。

2.8　宰后检查

在畜禽屠宰后，综合评定畜禽是否健康和适合人类食用，对其头、胴体、内脏和其他部分进行的检查。

2.9　非清洁区

待宰、致昏、放血、烫毛、脱毛、剥皮等处理的区域。

2.10　清洁区

胴体加工、修整、冷却、分割、暂存、包装等处理的区域。

3　选址及厂区环境

3.1　一般要求

应符合 GB 14481—2013 中第 3 章的相关规定。

3.2　选址

3.2.1　卫生防护距离应符合 GB 18078.1 及动物防疫要求。

3.2.2　厂址周围应有良好的环境卫生条件。厂区应远离受污染的水体，并应避开产生有害气体、烟雾、粉尘等污染源的工业企业或其他产生污染源的地区或场所。

3.2.3　厂址必须具备符合要求的水源和电源，应结合工艺要求因地制宜确定，并应符合屠宰企业设置规划的要求。

3.3　厂区环境

3.3.1　厂区主要道路应硬化（如混凝土或沥青路面等），路面平整、易冲洗，不积水。

3.3.2　厂区应设有废弃物、垃圾暂存或处理设施，废弃物应及时处理，避免对厂区环境造成污染。厂区内不应该堆放废弃设备和其他杂物。

3.3.3　废弃物存放和处理排放应符合国家环保要求。

3.3.4　厂区内禁止饲养与屠宰加工无关的动物。

4　厂房和车间

4.1　设计和布局

4.1.1　厂区应划分为生产区和非生产区。活畜禽和废弃物运输与成品出厂不得共用一个大门，场内不得共用一个通道。

4.1.2　生产区各车间的布局与设施应满足生产工艺流程和卫生要求。车间清洁区与非清洁区应分隔。

4.1.3　屠宰车间、分割车间的建筑面积和建筑设施应与生产规模相适应。车间内各加工区应按生产工艺流程明确划分，人流、物流互不干扰，并符合工艺、卫生及检验要求。

4.1.4　屠宰企业应设有待宰圈（区）、隔离间、待宰间、实验（化验）室、官方兽医室、化学品存放间和无害化处理间。屠宰企业的厂区应设有畜禽和产品运输车辆及工具清洗、消毒的专门区域。

4.1.5 对于没有设立无害化处理间的屠宰企业,应委托具有资质的专业无害化处理场实施无害化处理。

4.1.6 应分别设立专门的可食用和非食用副产品加工处理间。食用副产品加工车间的面积应与屠宰加工能力相适应,设施设备应符合卫生要求,工艺布局应做到不同加工处理区分隔,避免交叉污染。

4.2 建筑内部结构与材料

应符合 GB 14881—2013 中 4.2 的规定。

4.3 车间温度控制

4.3.1 应按照产品工艺要求将车间温度控制在规定范围内。预冷设施温度应控制在 0 ℃～4 ℃;分割车间温度控制在 12 ℃以下;冻结间温度控制在 -28 ℃以下;冷藏储存库温度控制在 -18 ℃以下。

4.3.2 有温度要求的工序或场所应安装温度显示装置,并对温度进行监控,必要时配备湿度计。温度计和湿度计应定期校准。

5 设施与设备

5.1 供水要求

5.1.1 屠宰与分割车间生产用水应符合 GB 5749 的要求,企业应对用水质量进行控制。

5.1.2 屠宰与分割车间根据生产工艺流程的需要,应在用水位置分别设置冷、热水管。清洗用热水温度不宜低于 40 ℃,消毒用水温度不宜低于 82 ℃。

5.1.3 急宰间及无害化处理间应设有冷、热水管。

5.1.4 加工用水的管道应有防虹吸或防回流装置,供水管网上的出水口不应直接插入污水液面。

5.2 排水要求

5.2.1 屠宰与分割车间地面不应积水,车间内排水流向应是从清洁区流向非清洁区。

5.2.2 应在明沟排水沟处设置由不易腐蚀材质制作的格栅,并有防鼠、防臭的设施。

5.2.3 生产废水应集中处理,排放应符合国家有关规定。

5.3 清洁消毒设施

5.3.1 更衣室、洗手和卫生间清洁消毒设施

5.3.1.1 应在车间入口处、卫生间和车间内适当的地点设置与生产能力相适应的,配有适宜温度的洗手设施及消毒、干手设施。洗手设施应采用非手动式开关,排水应直接接入下水管道。

5.3.1.2 应设有与生产能力相适应并与车间相接的更衣室、卫生间、淋浴间,其设施和布局不应对产品造成潜在的污染风险。

5.3.1.3 不同清洁程度要求的区域应设有单独的更衣室,个人衣物与工作服应分开存放。

5.3.1.4 淋浴间、卫生间的结构、设施与内部材质应易于保持清洁消毒。卫生间内应设置排气通风设施和防蝇防虫设施,保持清洁卫生。

5.3.2　厂区、车间清洁消毒设施

5.3.2.1　厂区运输畜禽车辆出入口处应设置与门同宽，长 4 m，深 0.3 m 以上的消毒池；生产车间入口及车间内必要处，应设置换鞋（穿戴鞋套）设施或工作鞋靴消毒设施，其规格尺寸应能满足消毒需要。

5.3.2.2　隔离间、无害化处理车间的门口应设车轮、鞋靴消毒设施。

5.4　设备和器具

5.4.1　应配备与生产能力相适应的生产设备，并按工艺流程有序排列，避免引起交叉污染。

5.4.2　接触肉类的设备、器具和容器，应使用无毒、无味、不吸水、耐腐蚀、不易变形、不易脱落、可反复清洗与消毒的材料制作。在正常生产条件下不会与肉类、清洁剂和消毒剂发生反应，并应保持完好无损。不应使用竹木工（器）具和容器。

5.4.3　加工设备的安装位置应便于维护和清洗消毒，防止加工过程中交叉污染。

5.4.4　废弃物容器应选用金属或其他不渗水的材料制作。盛装废弃物的容器与盛装肉类的容器不得混用。不同用途的容器应有明显的标识或颜色差异。

5.4.5　在畜禽屠宰、检验过程使用的某些器具、设备，如宰杀、去角设备、检验刀具、开胸和开片刀锯、检验检疫盛放内脏的托盘等，每次使用后，应使用 82 ℃以上的热水进行清洗消毒。

5.4.6　根据生产需要，应对车间设施、设备及时进行清洗消毒。生产过程中，应对器具、操作台和接触食品的加工表面定期进行清洗消毒，定期消毒时应采取适当措施防止对产品造成污染。

5.5　通风设备

5.5.1　车间内应有良好的通风、排气装置，及时排出污染的空气和水蒸气。空气流动的方向应是从清洁区流向非清洁区。

5.5.2　通风口应装有纱网或其他保护性的耐腐蚀材料制作的网罩，防止虫害侵入。纱网或网罩应便于装卸、清洗、维修或更换。

5.6　照明设施

5.6.1　车间内应有适宜的自然光线或人工照明。照明灯具的光泽不应改变加工物的本色，亮度应能满足检疫检验人员和生产操作人员的工作需要。

5.6.2　在暴露肉类的上方安装的灯具，应使用安全型照明设施或采取防护设施，以防灯具破碎而污染肉类。

5.7　仓储设施

5.7.1　储存库的温度应符合被储存产品的特定要求。

5.7.2　储存库内应保持清洁、整齐、通风。有防霉、防鼠、防虫设施。

5.7.3　应对冷藏储存库的温度进行监控，必要时配备湿度计；温度计和湿度计应定期校准。

5.8　废弃物存放于无害化处理设施

5.8.1　应在远离车间的适当地点设置废弃物临时存放设施，其设施应采用便于清洗、消毒的材料制作；结构应严密，能防止虫害进入，并能避免废弃物污染厂区和道路或感染操作人员。车间内存放废弃物的设施和容器应有清晰、明显的标识。

5.8.2 无害化处理的设施配置应符合国家相关法律法规、标准和规程的要求，满足无害化处理的需要。

6 检疫检验

6.1 基本要求

6.1.1 企业应具有与生产能力相适应的检验部门。应具备检验所需要的检测方法和相关标准资料，并建立完整的内部管理制度，以确保检验结果的准确性；检验要有原始记录。实验（化验）室应配备满足检验需要的设施设备。委托社会检验机构承担检测工作的，该检验机构应具有相应的资质。委托检测应满足企业日常检验工作的需要。

6.1.2 产品加工、检验和维护食品安全控制体系运行所需要的计量仪器、设施设备应按规定进行计量检定，使用前应进行校准。

6.2 宰前检查

6.2.1 供宰畜禽应附有动物检疫合格证明，并佩戴符合要求的畜禽标识。

6.2.2 供宰畜禽应按国家相关的法律法规、标准和规程进行宰前检查。应按照有关程序，对入场畜禽进行临床健康检查，观察活畜禽的外表，如畜禽的行为、体态、身体状况、体表、排泄物及气味等。对有异常情况的畜禽要隔离观察，测量体温，并做进一步检查。必要时，按照要求抽样进行实验室检测。

6.2.3 对判定为不适宜正常屠宰的畜禽，应按照有关规定处理。

6.2.4 畜禽临宰前应停食静养。

6.2.5 应将宰前检查的信息及时反馈给饲养场和宰后检查人员，并做好宰前检查记录。

6.3 宰后检查

6.3.1 宰后对畜禽头部、蹄（爪）、胴体和内脏（体腔）的检查应按照国家相关法律法规、标准和规程执行。

6.3.2 在畜类屠宰车间的适当位置设有专门的可疑病害胴体留置轨道，用于对可疑病害胴体进一步检验和判断。应设立独立低温空间或区域，用于暂存可疑病害胴体或组织。

6.3.3 车间内应留有足够的空间以便于实施宰后检查。

6.3.4 猪的屠宰车间应设有旋毛虫检验室，并备有检验设施。

6.3.5 按照国家规定需进行实验室检测的，应进行实验室抽样检测。

6.3.6 应利用宰前和宰后检查信息，综合判定检疫检验结果。

6.3.7 判定废弃的应做明晰标记并处理，防止与其他肉类混淆，造成交叉污染。

6.3.8 为确保能充分完成宰后检查或应对其他紧急情况，官方兽医有权减慢或停止加工。

6.4 无害化处理

6.4.1 经检疫检验发现的患有传染性疾病、寄生虫病、中毒性疾病或有害物质残留的畜禽及其组织，应使用专门的封闭不漏水的容器并用专用车辆及时运送，并在官方兽医监督下进行无害化处理。对于患有可疑疫病的应按照有关检疫检验规程操作，确认后应进行无害化处理。

6.4.2　其他经判定需无害化处理的畜禽及其组织应在官方兽医监督下进行无害化处理。

6.4.3　企业应制订相应的防护措施，防止无害化处理过程中造成人员危害，以及产品交叉污染和环境污染。

7　屠宰和加工的卫生控制

7.1　企业应执行政府主管部门制定的残留物质监控、非法添加物和病原微生物监控规定，并在此基础上制订本企业的所有肉类的残留物质监控计划、非法添加物和病原微生物监控计划。

7.2　应在适当位置设置检查岗位，检查胴体及产品情况。

7.3　应采取适当措施，避免可疑病害畜禽胴体、组织、体液（如胆汁、尿液、奶汁等）、肠胃内容物污染其他肉类、设备和场地。已经污染的设备和场地应进行清洗和消毒后，方可重新屠宰加工正常畜禽。

7.4　被脓液、渗出物、病理组织、体液、肠胃内容物等污染物污染的胴体或产品，应按有关规定修整、剔除或废弃。

7.5　加工过程中使用的器具（如盛放产品的容器清洗用的水管等）不应落地或与不清洁的表面接触，避免对产品造成交叉污染；当产品落地时，应采取适当措施消除污染。

7.6　按照工艺要求，屠宰后胴体和食用副产品需要进行预冷的，应立即预冷。冷却后，畜肉的中心温度应保持在 7 ℃以下，禽肉中心温度应保持在 4 ℃以下，内脏产品中心温度应保持在 3 ℃以下。加工、分割、去骨等操作应尽可能迅速。生产冷冻产品时，应在 48 h 内使肉的中心温度达到 −15 ℃以下后方可进入冷藏储存库。

7.7　屠宰间面积充足，应保证操作符合要求。不应在同一屠宰间同时宰杀不同种类的畜禽。

7.8　对有毒有害物品的储存和使用应严格管理，确保厂区、车间和化验室使用的洗涤剂、消毒剂、杀虫剂、燃油、润滑油、化学试剂以及其他在加工过程中必须使用的有毒有害物品得到有效控制，避免对肉类造成污染。

8　包装、储存和运输

8.1　包装

8.1.1　应符合 GB 14881—2013 中 8.5 的规定。

8.1.2　包装材料应符合相关标准，不应含有有毒有害物质，不应改变肉的感官特性。

8.1.3　肉类的包装材料不应重复使用，除非是用易清洗、耐腐蚀的材料制成，并且在使用前经过清洗和消毒。

8.1.4　内、外包装材料应分别存放，包装材料库应保持干燥、通风和清洁卫生。

8.1.5　产品包装间的温度应符合产品特定的要求。

8.2　储存和运输

8.2.1　应符合 GB 14881—2013 中第 10 章的相关规定。

8.2.2 储存库内成品与墙壁应有适宜的距离，不应直接接触地面，与天花板保持一定的距离，应按不同种类、批次分垛存放，并加以标识。

8.2.3 储存库内不应存放有碍卫生的物品，同一库内不应存放可能造成相互污染或者串味的产品。储存库应定期消毒。

8.2.4 冷藏储存库应定期除霜。

8.2.5 肉类运输应使用专用的运输工具，不应运输应无害化处理的畜禽产品或其他可能污染肉类的物品。

8.2.6 包装肉和裸装肉避免同车运输，如无法避免，应采取物理性隔离防护措施。

8.2.7 运输工具应根据产品特点配备制冷、保温等设施，运输过程中应保持适宜的温度。

8.2.8 运输工具应及时清洗消毒，保持清洁卫生。

9 产品追溯与召回管理

9.1 产品追溯

应建立完善的可追溯体系，确保肉类及其产品存在不可接受的食品安全风险时，能进行追溯。

9.2 产品召回

9.2.1 畜禽屠宰加工企业应根据相关法律法规建立产品召回制度，当发现出厂产品属于不安全食品时，应进行召回，并报告官方兽医。

9.2.2 对召回后产品的处理，应符合 GB 14881—2013 中第 11 章的相关规定。

10 人员要求

10.1 应符合国家相关法规要求。

10.2 从事肉类直接接触包装或未包装的肉类、肉类设备和器具、肉类接触面的操作人员，应经体检合格，取得所在区域医疗机构出具的健康证后方可上岗，每年应进行一次健康检查。凡患有影响食品安全的疾病者，应调离食品生产岗位。

10.3 从事肉类生产加工、检疫检验和管理的人员应保持个人清洁，不应将与生产无关的物品带入车间；工作时不应戴首饰、手表，不应化妆；进入车间时应洗手、消毒并穿着工作服、帽、鞋，离开车间时应将其换下。

10.4 不同卫生要求的区域或岗位的人员应穿戴不同颜色或标识的工作服、帽。不同加工区域的人员不应串岗。

10.5 企业应配备相应数量的检疫检验人员。从事屠宰、分割、加工、检验和卫生控制的人员应经过专业培训并经考核合格后方可上岗。

11 卫生管理

11.1 管理体系

11.1.1 企业应当建立并实施以危害分析和预防控制措施为核心的食品安全控制体系。

11.1.2　鼓励企业建立并实施危害分析与关键控制点（HACCP）体系。

11.1.3　企业最高管理者应明确企业的卫生质量方针和目标，配备相应的组织机构，提供足够的资源，确保食品安全控制体系的有效实施。

11.2　卫生管理要求

11.2.1　企业应制订书面的卫生管理要求，明确执行人的职责，确定执行频率，实施有效的监控和相应的纠正预防措施。

11.2.2　直接或间接接触肉类（包括原料、半成品、成品）的水和冰应符合卫生要求。

11.2.3　接触肉类的器具、手套和内外包装材料等应保持清洁、卫生和安全。

11.2.4　人员卫生、人工操作和设施的设计应确保肉类免受交叉污染。

11.2.5　供操作人员洗手消毒的设施和卫生间设施应保持清洁并定期维护。

11.2.6　应防止化学、物理和生物等污染物对肉类、肉类包装材料和肉类接触面造成污染。

11.2.7　应正确标注、存放和使用各类有毒化学物质。

11.2.8　应防止因员工健康状况不佳对肉类、肉类包装材料和肉类接触面造成污染。

11.2.9　应预防和消除鼠害、虫害和鸟类危害。

12　记录和文件管理

12.1　应建立记录制度并有效实施，包括畜禽入场验收、宰前检查、宰后检查、无害化处理、消毒、储存等环节，以及屠宰加工设备、设施、运输车辆和器具的维护记录。记录内容应完整、真实，确保对产品从畜禽进厂到产品出厂的所有环节都可进行有效追溯。

12.2　企业应记录召回的产品的名称、批次、规格、数量、召回的原因、后续整改方案及召回处理情况等内容。

12.3　企业应做好人员入职、培训等记录。

12.4　对反映产品卫生质量情况的有关记录，企业应制订并执行质量记录管理程序，对质量记录的标记、收集、编目、归档、存储、保管和处理做出相应规定。

12.5　所有记录应准确、规范并有可追溯性，保存期限不得少于肉类保质期满后 6 个月，没有明确保质期的，保存期限不得少于 2 年。

12.6　企业应建立食品安全控制体系所要求的程序文件。

四、《食品安全国家标准　肉和肉制品经营卫生规范》（GB 20799—2016）

前　言

本标准替代 GB/T 20799—2014《鲜、冻肉运输条件》、GB/T 21735—2008《肉与肉制品物流规范》、SB/T 10395—2005《畜禽产品流通卫生操作技术规范》。

本标准和 GB/T 20799—2014、GB/T 21735—2008、SB/T 10395—2005 相比，主要变化如下：

——标准名称修改为"食品安全国家标准　肉和肉制品经营卫生规范"；

——修改了术语和定义。

1 范围

本标准规定了肉和肉制品采购、运输、验收、储存、销售等经营过程中的食品安全要求。本标准适用于肉和肉制品经营活动。本标准的肉包括鲜肉、冷却肉、冻肉和食用副产品等。

本标准不适用于网络食品交易、餐饮服务、现制现售的肉或肉制品经营活动。

2 术语和定义

2.1 鲜肉

畜禽屠宰后，经过自然冷却，但不经过人工制冷冷却的肉。

2.2 冷却肉（冷鲜肉）

畜禽屠宰后经过冷却工艺处理，并在经营过程中环境温度始终保持 0 ℃～4 ℃的肉。

2.3 冻肉

经过冻结工艺过程的肉，其中心温度不高于－15 ℃。

2.4 食用副产品

畜禽屠宰、加工后，所得内脏、脂、血液、骨、皮、头（蹄）、尾等可食用的产品。

2.5 肉制品

以畜禽肉或其食用副产品等为主要原料，添加或者不添加辅料，经腌、卤、酱、蒸、煮、熏、烤、烘焙、干燥、油炸、成型、发酵、调制等有关生产工艺加工而成的生或熟的肉类制品。

3 采购

3.1 应符合 GB 31621—2014 中第 2 章的相关规定。

3.2 采购鲜肉、冷却肉、冻肉、食用副产品时应查验供货者的《动物防疫条件合格证》等资质证件。

3.3 鲜肉、冷却肉、冻肉、食用副产品应有动物检疫合格证明和动物检疫标识。

3.4 不得采购病死、毒死或者死因不明的畜禽肉及其制品，不得采购未按规定进行检疫检验或者检疫检验不合格的肉，或者未经检验或者检验不合格的肉制品。

4 运输

4.1 应符合 GB 31621—2014 中第 3 章的相关规定。

4.2 鲜肉及新鲜食用副产品装运前应冷却至室温。在常温条件下运输时间不应超过 2 h。

4.3 冷却肉及冷藏食用副产品装运前应将产品中心温度降低至 0 ℃～4 ℃，运输过程中箱体内温度应保持在 0 ℃～4 ℃，并做好温度记录。

4.4 冻肉及冷冻食用副产品装运前应将产品中心温度降低至－15 ℃及其以下的温度，运输过程中箱体内温度应保持在－15 ℃及其以下的温度，并做好温度记录。

4.5 需冷藏运输的肉制品应符合 4.3 的相关规定。需冷冻运输的肉制品应符合 4.4 的相关规定。

4.6 冷藏或冷冻运输条件下，运输工具应具有温度监控装置，并做好温度记录。

4.7 运输工具内壁应完整、光滑、安全、无毒、防吸收、耐腐蚀、易于清洁。

4.8 运输工具应配备必要的放置和防尘设施。运输鲜片肉时应有吊挂设施。采用吊挂方式运输的，产品间应保持适当距离，产品不能接触运输工具的底部。

4.9 鲜肉、冷却肉、冻肉、食用副产品不得与活体畜禽同车运输。

4.10 头、蹄（爪）、内脏等应使用不渗水的容器装运。未经密封包装的胃、肠与心脏、肝、肺、肾不应盛装在同一容器内。

4.11 鲜肉、冷却肉、冻肉、食用副产品应采取适当的分隔措施。

4.12 不能使用运送活体畜禽的运输工具运输肉和肉制品。

4.13 装卸肉应严禁脚踏和产品落地。

5　验收

5.1 应符合 GB 31621—2014 中第 5 章的相关规定。

5.2 验收鲜肉、冷却肉、冻肉、食用副产品时，应检查动物检疫合格证明、动物检疫标识等，应开展冷却肉、冻肉的中心温度检查。

5.3 验收肉和肉制品时，应检查肉和肉制品运输工具的卫生条件及维护情况，有温度要求的肉和肉制品应检查运输工具的温度记录。

6　储存

6.1 应符合 GB 31621—2014 中第 5 章的相关规定。

6.2 储存冷却肉、冷藏食用副产品以及需冷藏储存的肉制品的设施和设备的温度应能保持0 ℃～4 ℃，并做好温度记录。

6.3 储存冻肉、冷冻食用副产品以及需冷冻储存的肉制品的设施和设备应能保持－18 ℃及其以下的温度，并做好温度记录。

6.4 不得同库存放可能造成串味的产品。

6.5 肉和肉制品的储存时间应按照相关规定执行。

7　销售

7.1 应符合 GB 31621—2014 中第 6 章的相关规定。

7.2 鲜肉、冷却肉、冻肉、食用副产品与肉制品应分区或分柜销售。

7.3 冷却肉、冷藏食用副产品以及需要冷藏销售的肉制品应在 0 ℃～4 ℃冷藏柜内销售，冻肉、冷冻食用副产品以及需要冷冻销售的肉制品应在－15 ℃及其以下的温度的冷冻柜销售，并做好温度记录。

7.4 对所销售的产品应检查并核对其保质期和卫生情况，及时发现问题。发现有异味、有酸败味、色泽不正常、有黏液、有霉点和其他异常的，应停止销售。

7.5 销售未经密封包装的直接入口产品时，应佩戴符合相关标准的口罩和一次性手套。

7.6 销售未经密封包装的肉和肉制品时，为避免产品在选购过程中受到污染，应配备必要的卫生防护措施，如一次性手套等。

8 产品追溯与召回

应符合 GB 31621—2014 中第 7 章的相关规定。

9 卫生管理

9.1 应符合 GB 31621—2014 中第 8 章的相关规定。

9.2 运输、储存、销售人员在工作期间应遵循生熟分开的原则。

9.3 对储存、销售过程中所使用的刀具、容器、操作台、案板等，应使用 82 ℃以上的热水或符合相关标准的洗涤剂、消毒剂进行清洗消毒。

9.4 运输工具应保持清洁卫生，使用前后应进行彻底清洗消毒。

10 培训

应符合 GB 31621—2014 中第 9 章的相关规定。

11 管理制度和人员

应符合 GB 31621—2014 中第 10 章的相关规定。

12 记录和文件管理

应符合 GB 31621—2014 中第 11 章的相关规定。

五、《家禽屠宰检疫规程》（农医发〔2010〕27 号）

1 适用范围

本规程规定了家禽的屠宰检疫申报、进入屠宰场（厂、点）监督查验、宰前检查、同步检疫、检疫结果处理以及检疫记录等操作程序。

本规程适用于中华人民共和国境内鸡、鸭、鹅的屠宰检疫。鹌鹑、鸽子等禽类的屠宰检疫可参照本规程执行。

2 检疫对象

高致病性禽流感、新城疫、禽白血病、鸭瘟、禽痘、小鹅瘟、马立克氏病、鸡球虫病、禽结核病。

3 检疫合格标准

3.1 入场（厂、点）时，具备有效的动物检疫合格证明。

3.2 无规定的传染病和寄生虫病。

3.3 需要进行实验室疫病检测的，检测结果合格。

3.4 履行本规程规定的检疫程序，检疫结果符合规定。

4 检疫申报

4.1 申报受理 货主应在屠宰前 6 h 申报检疫，填写检疫申报单。官方兽医接到检疫申报后，根据相关情况决定是否予以受理。受理的，应当及时实施宰前检查；不予受理的，应说明理由。

4.2 申报方式 现场申报。

5 入场（厂、点）监督查验和宰前检查

5.1 查证验物 查验入场（厂、点）家禽的动物检疫合格证明。

5.2 询问 了解家禽运输途中有关情况。

5.3 临床检查 官方兽医应按照《家禽产地检疫规程》中"临床检查"部分实施检查。其中，个体检查的对象包括群体检查时发现的异常禽只和随机抽取的禽只（每车抽 60 只～100 只）。

5.4 结果处理

5.4.1 合格的，准予屠宰，并回收动物检疫合格证明。

5.4.2 不合格的，按以下规定处理。

5.4.2.1 发现有高致病性禽流感、新城疫等疫病症状的，限制移动，并按照《动物防疫法》《重大动物疫情应急条例》《动物疫情报告管理办法》和《病害动物和病害动物产品生物安全处理规程》（GB 16548）等有关规定处理。

5.4.2.2 发现有鸭瘟、小鹅瘟、禽白血病、禽痘、马立克氏病、禽结核病等疫病症状的，患病家禽按国家有关规定处理。

5.4.2.3 怀疑患有本规程规定疫病及临床检查发现其他异常情况的，按相应疫病防治技术规范进行实验室检测，并出具检测报告。实验室检测须由省级动物卫生监督机构指定的具有资质的实验室承担。

5.4.2.4 发现患有本规程规定以外疫病的，隔离观察，确认无异常的，准予屠宰；隔离期间出现异常的，按《病害动物和病害动物产品生物安全处理规程》（GB 16548）等有关规定处理。

5.5 消毒 监督场（厂、点）方对患病家禽的处理场所等进行消毒。监督货主在卸载后对运输工具及相关物品等进行消毒。

6 同步检疫

6.1 屠体检查

6.1.1 体表 检查色泽、气味、光洁度、完整性及有无水肿、痘疮、化脓、外伤、溃疡、坏死灶、肿物等。

6.1.2 冠和髯 检查有无出血、水肿、结痂、溃疡及形态有无异常等。

6.1.3　眼　检查眼睑有无出血、水肿、结痂，眼球是否下陷等。

6.1.4　爪　检查有无出血、瘀血、增生、肿物、溃疡及结痂等。

6.1.5　肛门　检查有无紧缩、瘀血、出血等。

6.2　抽检　日屠宰量在1万只以上（含1万只）的，按照1‰的比例抽样检查，日屠宰量在1万只以下的抽检60只。抽检发现异常情况的，应适当扩大抽检比例和数量。

6.2.1　皮下　检查有无出血点、炎性渗出物等。

6.2.2　肌肉　检查颜色是否正常，有无出血、瘀血、结节等。

6.2.3　鼻腔　检查有无瘀血、肿胀和异常分泌物等。

6.2.4　口腔　检查有无瘀血、出血、溃疡及炎性渗出物等。

6.2.5　喉头和气管　检查有无水肿、瘀血、出血、糜烂、溃疡和异常分泌物等。

6.2.6　气囊　检查囊壁有无增厚混浊、纤维素性渗出物、结节等。

6.2.7　肺　检查有无颜色异常、结节等。

6.2.8　肾　检查有无肿大、出血、苍白、尿酸盐沉积、结节等。

6.2.9　腺胃和肌胃　检查浆膜面有无异常。剖开腺胃，检查腺胃黏膜和乳头有无肿大、瘀血、出血、坏死灶和溃疡等；切开肌胃，剥离角质膜，检查肌层内表面有无出血、溃疡等。

6.2.10　肠道　检查浆膜有无异常。剖开肠道，检查小肠黏膜有无瘀血、出血等，检查盲肠黏膜有无枣核状坏死灶、溃疡等。

6.2.11　肝和胆囊　检查肝形状、大小、色泽及有无出血、坏死灶、结节、肿物等。检查胆囊有无肿大等。

6.2.12　脾　检查形状、大小、色泽及有无出血和坏死灶、灰白色或灰黄色结节等。

6.2.13　心脏　检查心包和心外膜有无炎症变化等，心冠状沟脂肪、心外膜有无出血点、坏死灶、结节等。

6.2.14　法氏囊（腔上囊）　检查有无出血、肿大等。剖检有无出血、干酪样坏死等。

6.2.15　体腔　检查内部清洁程度和完整度，有无赘生物、寄生虫等。检查体腔内壁有无凝血块、粪便、胆汁污染和其他异常等。

6.3　复检　官方兽医对上述检疫情况进行复查，综合判定检疫结果。

6.4　结果处理

6.4.1　合格的，由官方兽医出具动物检疫合格证明，加施检疫标识。

6.4.2　不合格的，由官方兽医出具《动物检疫处理通知单》，并按以下规定处理。

6.4.2.1　发现患有本规程规定疫病的，按5.4.2.1、5.4.2.2和有关规定处理。

6.4.2.2　发现患有本规程规定以外其他疫病的，患病家禽屠体及副产品按《病害动物和病害动物产品生物安全处理规程》（GB 16548）的规定处理，污染的场所、器具等按规定实施消毒，并做好《生物安全处理记录》。

6.4.3　监督场（厂、点）方做好检疫病害动物及废弃物无害化处理。

6.5　官方兽医在同步检疫过程中应做好卫生安全防护。

7 检疫记录

7.1 官方兽医应监督指导屠宰场方做好相关记录。

7.2 官方兽医应做好入场监督查验、检疫申报、宰前检查、同步检疫等环节记录。

7.3 检疫记录应保存 12 个月以上。

六、《畜禽产品消毒规范》（GB/T 36195—2018）

前 言

本标准按照 GB/T 1.1—2009 给出的规则起草。

本标准由中华人民共和国农业农村部提出。

本标准由全国畜牧业标准化技术委员会（SAC/TC 274）归口。

本标准起草单位：全国畜牧总站、农业农村部畜牧环境设施设备质量监督检验测试中心（北京）。

本标准主要起草人：沙玉圣、董红敏、赵小丽、陶秀萍、于福清、刘彬、陈永杏、王荃、黄宏坤、尚斌。

1 范围

本标准规定了畜禽粪便无害化处理的基本要求、粪便处理场选址及布局、粪便收集、储存和运输、粪便处理及粪便处理后利用等内容。

本标准适用于畜禽养殖场所的粪便无害化处理。

2 规范性引用文件

下列文件对于本文件的应用是必不可少的。凡是注日期的引用文件，仅注日期的版本适用于本文件。凡是不注日期的引用文件，其最新版本（包括所有的修改单）适用于本文件。

GB 7959 粪便无害化卫生要求

GB 18596 畜禽养殖业污染物排放标准

GB/T 18877 有机-无机复混肥料

GB/T 19524.1 肥料中粪大肠菌群的测定

GB/T 19524.2 肥料中蛔虫卵死亡率的测定

GB/T 25246 畜禽粪便还田技术规范

GB/T 26624 畜禽养殖污水贮存设施设计要求

GB/T 27622 畜禽粪便贮存设施设计要求

NY 525 有机肥料

NY/T 682 畜禽场场区设计技术规范

NY/T 1220.1 沼气工程技术规范 第1部分：工艺设计

NY/T 1222 规模化畜禽养殖场沼气工程设计规范

3　术语和定义

下列术语和定义适用于本文本。

3.1　无害化处理 sanitation treatment

利用高温、好养、厌氧发酵或消毒等技术使畜禽粪便达到卫生学要求的过程。

4　基本要求

4.1　新建、扩建和改建畜禽养殖场小区应设置粪污处理区，建设畜禽粪便处理设施；没有粪污处理设施的应补建。

4.2　畜禽养殖场、养殖小区的粪污处理区布局应按照 NY/T 682 的规定执行。

4.3　畜禽粪便处理应坚持减量化、资源化和无害化的原则。

4.4　畜禽粪便处理过程应满足安全和卫生要求，避免二次污染发生。

4.5　发生重大疫情时应按照国家兽医防疫有关规定处置。

5　粪便处理场选址及布局

5.1　不应在下列区域内建设畜禽粪便处理场：

a）生活饮用水水源保护区、风景名胜区、自然保护区的核心区及缓冲区；

b）城市和城镇居民区，包括文教科研、医疗、商业和工业等人口集中地区；

c）县级及县级以上人民政府依法划定的禁养区域；

d）国家或地方法律、法规规定需特殊保护的其他区域。

5.2　在禁建区域附近建设畜禽粪便处理场，应设在 5.1 规定的禁建区域常年主导风向的下风向或侧下风向处，场界与禁建区域边界的最小距离不应小于 3 km。

5.3　集中建立的畜禽粪便处理场与畜禽养殖区域的最小距离应大于 2 km。

5.4　畜禽粪便处理场地应距离功能地表水体 400 m 以上。

5.5　畜禽粪便处理场地应采取地面硬化、防渗漏、防径流和雨污分流等措施。

6　粪便收集、储存和运输

6.1　畜禽生产过程宜采用干清粪工艺，实施雨污分流，减少污染物排放量。

6.2　畜禽粪便储存设施应符合 GB/T 27622 的规定。

6.3　畜禽养殖污水储存设施应符合 GB/T 26624 的规定。

6.4　畜禽粪便收集、运输过程中，应采取防遗洒、防渗漏等措施。

7　粪便处理

7.1　固态

7.1.1　宜采用反应器、静态垛式等好氧堆肥技术进行无害化处理，其堆体温度维持 50 ℃以上的时间不少于 7 d，或 45 ℃以上不少于 14 d。

7.1.2　固体畜禽粪便经过堆肥处理后应符合表1的卫生学要求。

表 1　固体畜禽粪便堆肥处理卫生学要求

项　　目	卫生学要求
蛔虫卵死亡率	≥95％
粪大肠菌群数	≤10^5 个/kg
苍蝇	堆体周围不应该有活的蛆、蛹或羽化的成蝇

7.2　液态

7.2.1　液态畜禽粪便宜采用氧化塘储存后进行农田利用，或采用固液分离、厌氧发酵、好氧或其他生物处理等单一或组合技术进行无害化处理。

7.2.2　厌氧发酵可采用常温、中温或高温处理工艺，常温厌氧发酵处理时在水中停留时间不应少于 30 d，中温厌氧发酵不应少于 7 d，高温厌氧发酵温度维持（53±2）℃时间应不少于 2 d。厌氧发酵工艺设计应符合 NY/T 1220.1 的规定，工程设计应符合 NY/T 1222 的规定。

7.2.3　经过处理后需要排放的液态部分应符合 GB 18596 的规定。

7.2.4　处理后的液体畜禽粪便，其卫生学指标应符合表 2 的卫生学要求。

表 2　液体畜禽粪便厌氧处理卫生学要求

项　　目	卫生学要求
蛔虫卵	死亡率≥95％
钩虫卵	在使用粪液中不应检出活的钩虫卵
粪大肠菌群数	常温沼气发酵≤10^5 个/L，高温沼气发酵≤100 个/L
蚊子、苍蝇	粪液中不应有蚊蝇幼虫，池的周围不应有活的蛆、蛹或新羽化的成蝇
沼气池粪渣	达到表 1 要求后方可用作农肥

7.3　卫生学指标检验方法

7.3.1　粪大肠菌群按 GB/T 19524.1 的规定执行。

7.3.2　蛔虫卵按 GB/T 19524.2 的规定执行。

7.3.3　钩虫卵按 GB 7959 的规定执行。

8　粪便处理后利用

畜禽粪便经无害化处理后直接还田利用的，应符合 GB/T 25246 的规定。生产有机肥料的，应符合 NY 525 的规定。生产有机-无机复混肥的，应符合 GB/T 18877 的规定。

七、《病死及病害动物无害化处理技术规范》（农医发〔2017〕25 号）

为贯彻落实《中华人民共和国动物防疫法》《生猪屠宰管理条例》《畜禽规模养殖污染防治条例》等有关法律法规，防止动物疫病传播扩散，保障动物产品质量安全，规范病死及病害动物和相关动物产品无害化处理操作技术，制定本规范。

1　适用范围

本规范适用于国家规定的染疫动物及其产品、病死或者死因不明的动物尸体、屠宰前确认的病害动物、屠宰过程中经检疫或肉品品质检验确认为不可食用的动物产品，以及其他应当进行无害化处理的动物及动物产品。

本规范规定了病死及病害动物和相关动物产品无害化处理的技术工艺和操作注意事项，处理过程中病死及病害动物和相关动物产品的包装、暂存、转运、人员防护和记录等要求。

2　引用规范和标准

GB 19217　医疗废物转运车技术要求（试行）

GB 18484　危险废物焚烧污染控制标准

GB 18597　危险废物贮存污染控制标准

GB 16297　大气污染物综合排放标准

GB 14554　恶臭污染物排放标准

GB 8978　污水综合排放标准

GB 5085.3　危险废物鉴别标准

GB/T 16569　畜禽产品消毒规范

GB 19218　医疗废物焚烧炉技术要求（试行）

GB/T 19923　城市污水再生利用　工业用水水质

当上述标准和文件被修订时，应使用其最新版本。

3　术语和定义

3.1　无害化处理

本规范所称无害化处理，是指用物理、化学等方法处理病死及病害动物和相关动物产品，消灭其所携带的病原体，消除危害的过程。

3.2　焚烧法

焚烧法是指在焚烧容器内，使病死及病害动物和相关动物产品在富氧或无氧条件下进行氧化反应或热解反应的方法。

3.3　化制法

化制法是指在密闭的高压容器内，通过向容器夹层或容器内通入高温饱和蒸汽，在干热、压力或蒸汽、压力的作用下，处理病死及病害动物和相关动物产品的方法。

3.4　高温法

高温法是指常压状态下，在封闭系统内利用高温处理病死及病害动物和相关动物产品的方法。

3.5　深埋法

深埋法是指按照相关规定，将病死及病害动物和相关动物产品投入深埋坑中并覆盖、消毒，处理病死及病害动物和相关动物产品的方法。

3.6 硫酸分解法

硫酸分解法是指在密闭的容器内，将病死及病害动物和相关动物产品用硫酸在一定条件下进行分解的方法。

4 病死及病害动物和相关动物产品的处理

4.1 焚烧法

4.1.1 适用对象

国家规定的染疫动物及其产品、病死或者死因不明的动物尸体，屠宰前确认的病害动物、屠宰过程中经检疫或肉品品质检验确认为不可食用的动物产品，以及其他应当进行无害化处理的动物及动物产品。

4.1.2 直接焚烧法

4.1.2.1 技术工艺

4.1.2.1.1 可视情况对病死及病害动物和相关动物产品进行破碎等预处理。

4.1.2.1.2 将病死及病害动物和相关动物产品或破碎产物，投至焚烧炉本体燃烧室，经充分氧化、热解，产生的高温烟气进入二次燃烧室继续燃烧，产生的炉渣经出渣机排出。

4.1.2.1.3 燃烧室温度应≥850℃。燃烧所产生的烟气从最后的助燃空气喷射口或燃烧器出口到换热面或烟道冷风引射口之间的停留时间应≥2 s。焚烧炉出口烟气中氧含量应为6%～10%（干气）。

4.1.2.1.4 二次燃烧室出口烟气经余热利用系统、烟气净化系统处理，达到GB 16297要求后排放。

4.1.2.1.5 焚烧炉渣与除尘设备收集的焚烧飞灰应分别收集、贮存和运输。焚烧炉渣按一般固体废物处理或作资源化利用；焚烧飞灰和其他尾气净化装置收集的固体废物需按GB 5085.3要求作危险废物鉴定，如属于危险废物，则按GB 18484和GB 18597要求处理。

4.1.2.2 操作注意事项

4.1.2.2.1 严格控制焚烧进料频率和重量，使病死及病害动物和相关动物产品能够充分与空气接触，保证完全燃烧。

4.1.2.2.2 燃烧室内应保持负压状态，避免焚烧过程中发生烟气泄露。

4.1.2.2.3 二次燃烧室顶部设紧急排放烟囱，应急时开启。

4.1.2.2.4 烟气净化系统，包括急冷塔、引风机等设施。

4.1.3 炭化焚烧法

4.1.3.1 技术工艺

4.1.3.1.1 病死及病害动物和相关动物产品投至热解炭化室，在无氧情况下经充分热解，产生的热解烟气进入二次燃烧室继续燃烧，产生的固体炭化物残渣经热解炭化室排出。

4.1.3.1.2　热解温度应≥600 ℃，二次燃烧室温度≥850 ℃，焚烧后烟气在 850 ℃以上停留时间≥2 s。

4.1.3.1.3　烟气经过热解炭化室热能回收后，降至 600 ℃左右，经烟气净化系统处理，达到 GB 16297 要求后排放。

4.1.3.2　操作注意事项

4.1.3.2.1　应检查热解炭化系统的炉门密封性，以保证热解炭化室的隔氧状态。

4.1.3.2.2　应定期检查和清理热解气输出管道，以免发生阻塞。

4.1.3.2.3　热解炭化室顶部需设置与大气相连的防爆口，热解炭化室内压力过大时可自动开启泄压。

4.1.3.2.4　应根据处理物种类、体积等严格控制热解的温度、升温速度及物料在热解炭化室里的停留时间。

4.2　化制法

4.2.1　适用对象

不得用于患有炭疽等芽孢杆菌类疫病，以及牛海绵状脑病、痒病的染疫动物及产品、组织的处理。其他适用对象同 4.1.1。

4.2.2　干化法

4.2.2.1　技术工艺

4.2.2.1.1　可视情况对病死及病害动物和相关动物产品进行破碎等预处理。

4.2.2.1.2　病死及病害动物和相关动物产品或破碎产物输送入高温高压灭菌容器。

4.2.2.1.3　处理物中心温度≥140 ℃，压力≥0.5 MPa（绝对压力），时间≥4 h（具体处理时间随处理物种类和体积大小而设定）。

4.2.2.1.4　加热烘干产生的热蒸汽经废气处理系统后排出。

4.2.2.1.5　加热烘干产生的动物尸体残渣传输至压榨系统处理。

4.2.2.2　操作注意事项

4.2.2.2.1　搅拌系统的工作时间应以烘干剩余物基本不含水分为宜，根据处理物量的多少，适当延长或缩短搅拌时间。

4.2.2.2.2　应使用合理的污水处理系统，有效去除有机物、氨氮，达到 GB 8978 要求。

4.2.2.2.3　应使用合理的废气处理系统，有效吸收处理过程中动物尸体腐败产生的恶臭气体，达到 GB 16297 要求后排放。

4.2.2.2.4　高温高压灭菌容器操作人员应符合相关专业要求，持证上岗。

4.2.2.2.5　处理结束后，需对墙面、地面及其相关工具进行彻底清洗消毒。

4.2.3　湿化法

4.2.3.1　技术工艺

4.2.3.1.1　可视情况对病死及病害动物和相关动物产品进行破碎预处理。

4.2.3.1.2　将病死及病害动物和相关动物产品或破碎产物送入高温高压容器，总重量不得超过容器总承受力的 4/5。

4.2.3.1.3　处理物中心温度≥135 ℃，压力≥0.3 MPa（绝对压力），处理时间≥30 min

（具体处理时间根据处理物种类和体积大小设定）。

4.2.3.1.4　高温高压结束后，对处理产物进行初次固液分离。

4.2.3.1.5　固体物经破碎处理后，送入烘干系统；液体部分送入油水分离系统处理。

4.2.3.2　操作注意事项

4.2.3.2.1　高温高压容器操作人员应符合相关专业要求，持证上岗。

4.2.3.2.2　处理结束后，需对墙面、地面及其相关工具进行彻底清洗消毒。

4.2.3.2.3　冷凝排放水应冷却后排放，产生的废水应经污水处理系统处理，达到 GB 8978 要求。

4.2.3.2.4　处理车间废气应通过安装自动喷淋消毒系统、排风系统和高效微粒空气过滤器（HEPA 过滤器）等进行处理，达到 GB 16297 要求后排放。

4.3　高温法

4.3.1　适用对象

同 4.2.1。

4.3.2　技术工艺

4.3.2.1　可视情况对病死及病害动物和相关动物产品进行破碎等预处理。处理物或破碎产物体积（长×宽×高）≤125 cm³（5 cm×5 cm×5 cm）。

4.3.2.2　向容器内输入油脂，容器夹层经导热油或其他介质加热。

4.3.2.3　将病死及病害动物和相关动物产品或破碎产物输送入容器内，与油脂混合。常压状态下，维持容器内部温度≥180 ℃，持续时间≥2.5 h（具体处理时间根据处理物种类和体积大小设定）。

4.3.2.4　加热产生的热蒸汽经废气处理系统处理后排出。

4.3.2.5　加热产生的动物尸体残渣传输至压榨系统处理。

4.3.3　操作注意事项

同 4.2.2.2。

4.4　深埋法

4.4.1　适用对象

发生动物疫情或自然灾害等突发事件时病死及病害动物的应急处理，以及边远和交通不便地区零星病死畜禽的处理。不得用于患有炭疽等芽孢杆菌类疫病，以及牛海绵状脑病、痒病的染疫动物及产品、组织的处理。

4.4.2　选址要求

4.4.2.1　应选择地势高燥，处于下风向的地点。

4.4.2.2　应远离学校、公共场所、居民住宅区、村庄、动物饲养和屠宰场所、饮用水源地、河流等地区。

4.4.3　技术工艺

4.4.3.1　深埋坑体容积以实际处理动物尸体及相关动物产品数量确定。

4.4.3.2　深埋坑底应高出地下水位 1.5 m 以上，要防渗、防漏。

4.4.3.3　坑底撒一层厚度为 2 cm～5 cm 的生石灰或漂白粉等消毒药。

4.4.3.4 将动物尸体及相关动物产品投入坑内，最上层距离地表 1.5 m 以上。

4.4.3.5 生石灰或漂白粉等消毒药消毒。

4.4.3.6 覆盖距地表 20 cm～30 cm，厚度不少于 1 m～1.2 m 的覆土。

4.4.4 操作注意事项

4.4.4.1 深埋覆土不要太实，以免腐败产气造成气泡冒出和液体渗漏。

4.4.4.2 深埋后，在深埋处设置警示标识。

4.4.4.3 深埋后，第一周内应每日巡查 1 次，第二周起应每周巡查 1 次，连续巡查 3 个月，深埋坑塌陷处应及时加盖覆土。

4.4.4.4 深埋后，立即用氯制剂、漂白粉或生石灰等消毒药对深埋场所进行 1 次彻底消毒。第一周内应每天消毒 1 次，第二周起应每周消毒 1 次，连续消毒三周以上。

4.5 化学处理法

4.5.1 硫酸分解法

4.5.1.1 适用对象

同 4.2.1。

4.5.1.2 技术工艺

4.5.1.2.1 可视情况对病死及病害动物和相关动物产品进行破碎等预处理。

4.5.1.2.2 将病死及病害动物和相关动物产品或破碎产物，投至耐酸的水解罐中，按每吨处理物加入水 150 kg～300 kg，后加入 98% 的浓硫酸 300 kg～400 kg（具体加入水和浓硫酸量根据处理物的含水量设定）。

4.5.1.2.3 密闭水解罐，加热使水解罐内温度升至 100 ℃～108 ℃，维持压力 ≥ 0.15 MPa，反应时间 ≥ 4 h，至罐体内的病死及病害动物和相关动物产品完全分解为液态。

4.5.1.3 操作注意事项

4.5.1.3.1 处理中使用的强酸应按国家危险化学品安全管理、易制毒化学品管理有关规定执行，操作人员应做好个人防护。

4.5.1.3.2 水解过程中要先将水加入耐酸的水解罐中，然后加入浓硫酸。

4.5.1.3.3 控制处理物总体积不得超过容器容量的 70%。

4.5.1.3.4 酸解反应的容器及储存酸解液的容器均要求耐强酸。

4.5.2 化学消毒法

4.5.2.1 适用对象

适用于被病原微生物污染或可疑被污染的动物皮毛消毒。

4.5.2.2 盐酸食盐溶液消毒法

4.5.2.2.1 用 2.5% 盐酸溶液和 15% 食盐水溶液等量混合，将皮张浸泡在此溶液中，并使溶液温度保持在 30 ℃ 左右，浸泡 40 h，1 m² 的皮张用 10 L 消毒液（或按 100 mL 25% 食盐水溶液中加入盐酸 1 mL 配制消毒液，在室温 15 ℃ 条件下浸泡 48 h，皮张与消毒液之比为 1:4）。

4.5.2.2.2 浸泡后捞出沥干，放入 2%（或 1%）氢氧化钠溶液中，以中和皮张上的酸，再用水冲洗后晾干。

4.5.2.3　过氧乙酸消毒法

4.5.2.3.1　将皮毛放入新鲜配制的2％过氧乙酸溶液中浸泡30 min。

4.5.2.3.2　将皮毛捞出，用水冲洗后晾干。

4.5.2.4　碱盐液浸泡消毒法

4.5.2.4.1　将皮毛浸入5％碱盐液（饱和盐水内加5％氢氧化钠）中，室温（18 ℃～25 ℃）浸泡24 h，并随时加以搅拌。

4.5.2.4.2　取出皮毛挂起，待碱盐液流净，放入5％盐酸液内浸泡，使皮上的酸碱中和。

4.5.2.4.3　将皮毛捞出，用水冲洗后晾干。

5　收集转运要求

5.1　包装

5.1.1　包装材料应符合密闭、防水、防渗、防破损、耐腐蚀等要求。

5.1.2　包装材料的容积、尺寸和数量应与需处理病死及病害动物和相关动物产品的体积、数量相匹配。

5.1.3　包装后应进行密封。

5.1.4　使用后，一次性包装材料应作销毁处理，可循环使用的包装材料应进行清洗消毒。

5.2　暂存

5.2.1　采用冷冻或冷藏方式进行暂存，防止无害化处理前病死及病害动物和相关动物产品腐败。

5.2.2　暂存场所应能防水、防渗、防鼠、防盗，易于清洗和消毒。

5.2.3　暂存场所应设置明显警示标识。

5.2.4　应定期对暂存场所及周边环境进行清洗消毒。

5.3　转运

5.3.1　可选择符合GB 19217条件的车辆或专用封闭厢式运载车辆。车厢四壁及底部应使用耐腐蚀材料，并采取防渗措施。

5.3.2　专用转运车辆应加施明显标识，并加装车载定位系统，记录转运时间和路径等信息。

5.3.3　车辆驶离暂存、养殖等场所前，应对车轮及车厢外部进行消毒。

5.3.4　转运车辆应尽量避免进入人口密集区。

5.3.5　若转运途中发生渗漏，应重新包装、消毒后运输。

5.3.6　卸载后，应对转运车辆及相关工具等进行彻底清洗、消毒。

6　其他要求

6.1　人员防护

6.1.1　病死及病害动物和相关动物产品的收集、暂存、转运、无害化处理操作的工作人员应经过专门培训，掌握相应的动物防疫知识。

6.1.2　工作人员在操作过程中应穿戴防护服、口罩、护目镜、胶鞋及手套等防护用具。

6.1.3 工作人员应使用专用的收集工具、包装用品、转运工具、清洗工具、消毒器材等。

6.1.4 工作完毕后，应对一次性防护用品作销毁处理，对循环使用的防护用品进行消毒处理。

6.2 记录要求

6.2.1 病死及病害动物和相关动物产品的收集、暂存、转运、无害化处理等环节应有台账和记录。有条件的地方应保存转运车辆行车信息和相关环节视频记录。

6.2.2 台账和记录

6.2.2.1 暂存环节

6.2.2.1.1 接收台账和记录应包括病死及病害动物和相关动物产品来源场（户）、种类、数量、动物标识号、死亡原因、消毒方法、收集时间、经办人员等。

6.2.2.1.2 运出台账和记录应包括运输人员、联系方式、转运时间、车牌号、病死及病害动物和相关动物产品种类、数量、动物标识号、消毒方法、转运目的地以及经办人员等。

6.2.2.2 处理环节

6.2.2.2.1 接收台账和记录应包括病死及病害动物和相关动物产品来源、种类、数量、动物标识号、转运人员、联系方式、车牌号、接收时间及经手人员等。

6.2.2.2.2 处理台账和记录应包括处理时间、处理方式、处理数量及操作人员等。

6.2.3 涉及病死及病害动物和相关动物产品无害化处理的台账和记录至少要保存两年。

八、《畜禽屠宰操作规程 鹅》(NY/T 3742—2020)

前　言

本标准按照 GB/T 1.1—2009 给出的规则起草。

本标准由农业农村部畜牧兽医局提出。

本标准由全国屠宰加工标准化技术委员会（SAC/TC 516）归口。

本标准主要起草单位：青岛农业大学、南京农业大学、高密市雁王食品有限公司、山东牧族生态农业科技有限公司、山东尊润食品有限公司、临朐浩裕食品有限公司、山东宝星机械有限公司、南京黄教授食品科技有限公司、中国农业科学院农业质量标准与检测技术研究所、山东畜牧兽医职业学院、山东省农业科学院家禽研究所、合肥工业大学、中国动物疫病预防控制中心（农业农村部屠宰技术中心）。

本标准主要起草人：孙京新、王宝维、徐幸莲、黄明、苗春伟、郭海港、王术军、高世峰、董宝庆、邱少东、汤晓艳、王鹏、李舫、宋敏训、郭丽萍、杨建明、李岩、李鹏、韩敏义、徐宝才、高胜普、张朝明。

1 范围

本标准规定了鹅屠宰的术语和定义、宰前要求、屠宰操作程序及要求、包装、标签、标志和贮存以及其他要求。

本标准适用于鹅屠宰企业的屠宰操作。

2　规范性引用文件

下列文件对于本文件的应用是必不可少的，凡是注日期的引用文件，仅注日期的版本适用于本文件，凡是不注日期的引用文件，其最新版本（包括所有的修改单）适用于本文件。

GB/T 191　包装储运图示标志

GB 1886.26　食品安全国家标准　食品添加剂　石蜡

GB 2760　食品安全国家标准　食品添加剂使用标准

GB 12694　食品安全国家标准　畜禽屠宰加工卫生规范

GB/T 19480　肉与肉制品术语

NY/T 467　畜禽屠宰卫生检疫规范

NY/T 3224　畜禽屠宰术语

农医发〔2010〕27 号　附件 2 畜禽屠宰检疫规程

农医发〔2017〕25 号　病死及病害动物无害化处理技术规范

3　术语和定义

GB 12694、GB/T 19480、NY/T 3224 界定的以及下列术语和定义适用于本文件。

3.1　鹅屠体 goose body

宰杀沥血后的鹅体。

3.2　鹅胴体 goose carcass

宰杀、沥血、脱毛后，去除内脏，去除或不去除头、掌、翅的鹅体。

4　宰前要求

4.1　待宰鹅应健康良好，并附有产地动物卫生监督机构出具的动物检疫合格证明。

4.2　宰前检查应符合 NY/T 467 和农医发〔2010〕27 号附件 2 的要求。

4.3　鹅宰前禁食时间应控制在 6 h～12 h。静养时间应不少于 2 h，保证饮水。

5　体重操作程序及要求

5.1　挂鹅

5.1.1　将符合要求的鹅的双掌吊挂在挂钩上。

5.1.2　死鹅不用上挂，应放于专用密封容器中。

5.1.3　从上挂后至致昏前宜设置使鹅安静的设施。

5.2　致昏

5.2.1　应采用水浴电致昏或气体致昏方式，使鹅从宰杀、沥血直到死亡处于无意识状态。

5.2.2 水浴电致昏时，应根据鹅品种和体型适当调整水面高度，保持良好的电接触。

5.2.3 气体致昏时，应合理设置气体种类、浓度和致昏时间。

5.2.4 致昏设备的控制参数应适时监控。

5.2.5 致昏区域的光照度应弱化，保持鹅的安静。

5.3 宰杀、沥血

5.3.1 致昏后应立即宰杀，时间不宜超过 15 s。

5.3.2 在颈部咽喉处横切割断颈动脉、颈静脉或采用同步食管、气管方式放血。

5.3.3 沥血应充分，时间不应少于 5 min。

5.4 烫毛、脱毛

5.4.1 应避免活鹅进入烫毛设备。

5.4.2 烫毛、脱毛设备应与生产能力相适应，根据季节和鹅品种的不同，调整工艺和设备参数。

5.4.3 烫毛水温宜为 60 ℃～65 ℃，时间宜为 6 min～7 min。浸烫时水量应充足，应设有温度和时间指示装置。

5.4.4 烫毛后采用人工或机械方式脱毛，脱毛后应将鹅屠体冲洗干净。

5.5 浸蜡、脱蜡

5.5.1 按照浸蜡、冷蜡、脱蜡工序进行操作，除去鹅屠体上的小毛，所用石蜡的质量应符合 GB 1886.26 的要求，使用时间应符合 GB 2760 及国家相关规定。

5.5.2 浸蜡设备应与生产能力相适应，根据蜡的不同，调整工艺和设备参数。应根据生产情况调整浸蜡池的液位、温度。蜡液不应浸入宰杀刀口。

5.5.3 浸蜡后及时将鹅屠体置入冷蜡池冷却，应将冷蜡池内水温和冷却时间控制在适宜范围，并根据冷却效果适度补水、换水。

5.5.4 可采用人工或机械方式脱蜡，脱蜡后鹅屠体不应残留蜡的碎片。

5.5.5 根据工艺要求，可进行多次浸蜡、冷蜡、脱蜡操作，必要时，人工修净鹅屠体上的小毛。

5.6 去头、去舌、去掌

5.6.1 需要时可采用人工或机械方式去头、去舌、去掌。

5.6.2 宜从颈部咽喉横切处割断去头；从口腔捏住鹅舌中间部位下拉去舌，使舌保持完整；从跗关节去掌，应避免损伤跗关节的骨节。

5.7 去内脏

5.7.1 开膛

采用人工或机械方式，用刀具沿腹线或腋下处开口 5 cm～9 cm，不应划破内脏。热取肥肝时，用刀具沿腹线处开口 13 cm～20 cm；冷取肥肝时，待风冷（5.11.1.3）后再用刀具沿腹线处开口 13 cm～20 cm。

5.7.2 掏膛

采用人工或机械方式，从开口处伸入体腔，将心、肝、肠、肫、食管等拉出，避免脏器或肠破损污染胴体。肥肝鹅取出的肥肝应与其他内脏分开。

5.8　冲洗

鹅胴体内外要冲洗干净。

5.9　检验检疫

检验按照 NY/T 467 的规定执行，检疫按照农医发〔2010〕27 号附件 2 的规定执行。

5.10　副产品整理

5.10.1　副产品应去除污物，冲洗干净。

5.10.2　副产品清理过程中，不应落地加工。

5.10.3　副产品应分可食副产品和不可食副产品。

5.10.4　血、肠应与其他脏器副产品分开处理。

5.11　冷却

5.11.1　冷却方法

5.11.1.1　采用水冷或风冷方式对鹅胴体和可食副产品进行冷却；未开膛的肥肝鹅体宜采用风冷方式。

5.11.1.2　水冷却应符合如下要求：

a）冷却水进水水温应控制在 4 ℃ 以下，终温应控制在 0 ℃～2 ℃,；应补充足量的冷却水，及时更换并保持清洁；

b）鹅胴体在冷却槽中应逆水流方向移动，出冷却槽后应将水沥干；

c）采用螺旋预冷设备冷却时，鹅胴体水冷却间附近宜设快速制冰、储冰设施。

5.11.1.3　风冷却应符合如下要求：

a）冷却间风温宜为 −2 ℃～2 ℃，应合理调整风速和湿度，以达到冷却要求；

b）鹅胴体采用多层吊挂时，应避免上层水滴滴落至下层胴体。

5.11.2　冷却要求

5.11.2.1　冷却后的鹅胴体或未开膛的肥肝鹅体中心温度应达到 4 ℃ 以下，内脏产品中心温度应达到 3 ℃ 以下。

5.11.2.2　副产品冷却应采用专用的冷却实施或设备，并与其他加工区分开，以防交叉污染。

5.12　修整

5.12.1　摘取胸腺、甲状腺、甲状旁腺及残留气管。

5.12.2　修割整齐，冲洗干净；胴体无可见出血点，无溃疡，无排泄物残留；骨折鹅胴体应另作分割或他用。

5.13　分级

对鹅胴体、可食副产品或鹅肥肝等按照重量和质量进行分级。

5.14　分割

可分割为鹅胸肉、鹅小胸肉、鹅腿肉、鹅小腿肉、鹅脖、鹅翅等。

5.15　冻结

将需要冻结的产品转入冻结间，冻结间的温度应为 −28 ℃ 以下，冻结时间不宜超过24 h，冻结后产品的中心温度应不高于 −15 ℃，冻结后转入 −18 ℃ 以下的冻藏库储存。

6　包装、标签、标志和储存

6.1　产品包装、标签、标志应符合 GB/T 191、GB/T 12694 等相关标准的要求。

6.2　储存环境、设施和库温应符合 GB/T 12694 的要求。

7　其他要求

7.1　屠宰过程中宰杀、掏膛等工具及与胴体接触的机械应按相关规定进行清洗、消毒。

7.2　冷取肥肝时，应在冷却间实施相关检验检疫。

7.3　屠宰过程中落地或被胃肠内容物、胆汁污染的肉品及副产品应另行处理。

7.4　经检验检疫不合格的肉品及副产品，应按 GB/T 12694 的要求和农医发〔2017〕25 号的规定执行。

7.5　产品追溯与召回应符合 GB/T 12694 的要求。

7.6　记录和文件应符合 GB/T 12694 的要求。

第六章　养鹅主要牧草生产技术标准

一、《紫花苜蓿生产技术规程》（DB 3302/T 086—2018）

前　言

本标准按照 GB/T 1.1—2009 给出的规则编制。

本标准由浙江省宁波市农业局提出。

本标准由浙江省宁波市农业局归口。

本标准修订单位：宁波市畜牧兽医局。

本标准主要修订人：王亚琴、徐震宇、孙泽祥、陈维虎、俞照正、项益峰、麻觉文。

本标准于 2009 年 12 月首次发布，2014 年 12 月第一次修订，2018 年 6 月第二次修订。

1　范围

本标准规定了紫花苜蓿生产的产地环境要求，紫花苜蓿定义、栽培技术、杂草防治、病虫害防除、刈割、运输、储存，紫花苜蓿产品质量标准和利用等。

本标准适用于宁波地区紫花苜蓿的生产、利用、运输与储存。

2　规范性引用文件

下列文件对于本文件的应用是必不可少的。凡是注日期的引用文件，仅所注日期的版本适用于本文件。凡是不注日期的引用文件，其最新版本（包括所有的修改单）适用于本文件。

GB 15618　土壤环境质量标准

GB 4285　农药安全使用标准

GB/T 8321　（所有部分）农药合理使用准则

GB/T 8855　新鲜水果和蔬菜取样方法

GB/T 5009.11　食品中总砷及无机砷的测定

GB/T 5009.12　食品中铅的测定方法

GB/T 5009.15　食品中镉的测定方法

GB/T 5009.17　食品中总汞及有机汞的测定

GB/T 5009.18　食品中氟的测定

GB/T 5009.19　食品中有机氯农药多组分残留量的测定

GB/T 5009.20　食品中有机磷农药残留量的测定

GB/T 5009.33　食品中亚硝酸盐与硝酸盐的测定

GB/T 191　包装储运图示标志

NY/T 391　绿色食品　产地环境技术条件

NY/T 393　绿色食品　农药使用准则

NY/T 394　绿色食品　肥料使用准则

NY/T 395　农田土壤环境质量监测技术规范

NY/T 396　农用水源环境质量监测技术规范

NY/T 397　农区环境空气质量监测技术规范 3 环境要求

3　产地环境要求

3.1　产地环境指标

产地环境按照 NY/T 391 规定执行。

3.2　生产基地选择

紫花苜蓿基地选择建立在远离污染源、生态条件良好、具有可持续生产能力的地区。

3.3　土壤环境指标

紫花苜蓿产地土壤环境指标按照 NY/T 395 规定执行，见表 1。

表 1　土壤环境质量标准

序 号	项 目	指 标		
		pH<6.5	pH6.5~7.5	pH>7.5
1	汞（mg/kg）	≤0.3	≤0.5	≤1.0
2	铅（mg/kg）	≤35	≤50	≤50
3	镉（mg/kg）	≤0.30	≤0.30	≤0.60
4	砷（mg/kg）			
	水田	≤30	≤25	≤20
	旱田	≤40	≤30	≤25
5	铬（mg/kg）			
	水田	≤125	≤150	≤200
	旱田	≤85	≤125	≤150
6	六六六（mg/kg）	≤0.10	≤0.30	≤0.30
7	滴滴涕（mg/kg）	≤0.10	≤0.30	≤0.50

注 1：水旱轮作地的土壤环境质量标准砷采用水田值，铬采用旱地值。

注 2：六六六为 4 种异构体总量，滴滴涕为 4 种衍生物总量。

3.4　农田灌溉水指标

农田灌溉水指标，见表 2。

表 2　农田灌溉水质量标准

序　　号	项　　目	指　　标
1	氯化物（mg/L）	≤250
2	氰化物（mg/L）	≤0.2
3	氟化物（mg/L）	≤1.5
4	总汞（mg/L）	≤0.001
5	总铅（mg/L）	≤0.1
6	总砷（mg/L）	≤0.05
7	总镉（mg/L）	≤0.005
8	总铬（mg/L）	≤0.1
9	石油类（mg/L）	≤1.0
10	pH	5.5～8.5

3.5　空气环境指标

空气环境指标，见表3。

表 3　空气环境指标

序号	污染物名称	浓度单位	取值时间	浓度限值
1	总悬浮物颗粒	mg/m^3（标准状态）	日平均	0.12
2	二氧化硫	mg/m^3（标准状态）	季平均	0.05
3	氮氧化物	mg/m^3（标准状态）	日平均	0.12
			1 h平均	0.24
4	铅	μg/m^3	季平均	1.50
5	氟化物	μg/(dm^2·d)	季平均	1.0

4　定义

4.1　紫花苜蓿

紫花苜蓿属豆科多年生牧草，生长期为5年～7年。

4.2　主要特征

4.2.1　植物学特性

苜蓿营养期主根长度约20 cm，主根长势明显优于侧根，但随着生长期增长，侧根的长度慢慢接近主根，部分植株甚至超过主根，且根系生长与植株密度呈负相关。根部着生很多根瘤，根茎膨大，长出许多茎枝，多者可达100条～200条，茎直立或斜上，光滑，圆形或具角棱，中空，有白色的木质髓。株高达1 m以上易倒伏。茎上多分枝，自叶腋生出。羽状三出复叶，小叶具短柄、有毛，卵圆形或椭圆形，上部叶缘有锯齿；托叶较大，披针形。叶多，总状花序，自叶腋生出，由20朵～30朵小花组成；蝶形花冠，紫色，属严格的异花受精植物，以虫媒为主。种子产量很低且不饱满，不宜制种。

4.2.2　生物学特性

紫花苜蓿喜温暖、半干燥气候，多雨湿热天气不利生长，在日平均气温 15 ℃～21 ℃，昼暖夜冷最适于生长。能耐寒，幼苗能耐－7 ℃～－6 ℃低温，成株的根在－25 ℃不会被冻死。在生长过程中要求有充足的水分，但因其根系强大，能深入土中吸收水分，又是一种耐干旱的牧草。紫花苜蓿喜光，充足的光照能促进干物质的积累。对土壤要求不严，除重黏土、低湿地、排水不良与酸性强的土壤外，各种类型的土壤均能生长。在高燥疏松、排水良好和土层深厚的微酸碱性或富含钙质的土壤中生长最佳。pH 以 6～8 为宜。

4.2.3　紫花苜蓿生长规律

一年中有两个生长高峰和一个夏季休眠期，其中春季高峰期产草量高、产草期长。大部分紫花苜蓿品种在春季 2 月底至 3 月初返青，在 4 月下旬至 6 月中旬期间产量达到高峰。在营养期刈割间隔 20 d 可割一茬，现蕾期或初花期间隔 30 d 割一茬，共可割 3 茬～4 茬，产草量占全年的 70% 以上；此后产量下降，至 7 月夏季气温达 30 ℃以上生长基本停滞，一直到 9 月降至 30 ℃以下开始恢复，10 月中旬达到第 2 个生长高峰，产量是春季高峰的一半左右，维持时间较短，至 12 月生长缓慢，并持续到第 2 年初。

4.3　肥料

4.3.1　有机肥料

就地取材，就地使用的各种含有大量生物物质、动植物残体、排泄物、生物废物等经微生物分解或发酵而成的一类肥料。

4.3.2　无机肥料

用化学和（或）物理方法制成的含有一种或几种农作物生长需要的营养元素的肥料，简称化肥。

4.3.3　单元肥

只含有一种可标明含量的营养元素的化肥称为单元肥料，如氮肥、磷肥、钾肥以及其他常量元素肥料和微量元素肥料。

4.3.4　复合肥

由化学方法加工而成，含有氮、磷、钾 3 种营养元素中的 2 种或 3 种且可标明其含量的化肥。

4.4　农药

用于预防、消灭或控制危害作物的病、虫、草和其他有害生物以及有目的地调节植物昆虫生长的化学合成或来源于生物、其他天然物质的一种或几种物质的混合物及其制剂。

4.4.1　安全间隔期

在紫花苜蓿最后一次施用农药（2 种或 2 种以上农药则单独计）至采收可安全饲用所需要的间隔天数，间隔天数按照该农药停药期执行。

4.4.2　农药残留

农药施用后残留在牧草中的微量农药原体及其有毒的代谢物、降解物和杂质的总称。残留的数量一般以每千克样品中含多少毫克（mg/kg）表示。

4.5　平衡施肥

指根据紫花苜蓿的需肥规律和当地土壤的供肥水平及肥料的利用率，在施用有机肥的基础上，施用一定量的配有适宜氮、磷、钾和钙、硼等微量元素肥料。并用养分平衡法确定各种肥料的用量。

5　栽培技术

5.1　播期和播种方式

5.1.1　播期

可采用春秋两季播种，初夏、初冬期也可播种，适宜播期为 3 月—5 月上旬和 9 月—11 月，4 月和 10 月为最佳播期。

5.1.2　播种方式

散播、条播、穴播皆可，以散播、条播为宜。

5.2　种子选择与播种量

5.2.1　种子椭圆形、褐色、颖壳坚硬，千粒重为 75 g～80 g。

5.2.2　品种秋眠级别 5 级～8 级，如 WL‑525HQ、盛世、WL‑414HQ 等，其中 WL‑525HQ、WL‑414HQ 比较适宜在低盐碱地上种植，盛世适宜在红黄壤种植。

5.2.3　播种量为每 667 m² 2 kg，播前在太阳下晒 2 h～3 h。

5.3　种子接种根瘤菌方法

5.3.1　取苜蓿地表土以下的湿土与紫花苜蓿种子按照 3∶2 均衡混合后，播入土壤。

5.3.2　取苜蓿的根瘤菌捣碎加水稀释，以浸透种子为度，在早晨或黄昏后播种。

5.3.3　用苜蓿根瘤菌剂溶于水中，与苜蓿种子拌湿混种，苜蓿根瘤菌占 10%，水以浸湿种子为宜。

5.4　整地

播前应深耕细耙，上虚下实，畦面平整、土碎，四周开深排水沟，沟深 30 cm、宽 30 cm，畦间井浅沟，深 15 cm～20 cm，田间无积水，土壤保持湿润。

5.5　化学除草

5.5.1　播前土壤处理和芽前处理

可采用草甘膦等喷洒，也可用普施特除草剂每 667 m² 14 mL～30 mL 在播前混土或芽前喷洒处理。

5.5.2　苗期处理

出苗后杂草以双枝叶为主的，在杂草三叶期前或植株小于 5 cm 时用普施特每 667 m² 14 mL～30 mL 施药，以单枝叶杂草为主的，用 10% 噻吩磺隆可湿性粉剂每 667 m² 215 g、精禾草克每 667 m² 80 g～100 g 等单枝叶除草剂处理。

5.6　播种

条播行距 30 cm，条播和散播播深 2 cm～4 cm，湿土浅播，干土稍深，适度镇压。

5.7　播后管理

播种 30 d～50 d 内，幼苗生长慢，需中耕除草，苗高 40 cm～60 cm 时进行中耕除草，并每 667 m² 施尿素 5 kg～10 kg，遇干旱时应灌水。

5.8 灌溉

喜水适中，播种后遇天气干燥、土壤干燥时要及时浇水，经常保持土壤湿润，特别是出苗时土壤一定要保持湿润，以提高出苗率。但忌积水，多雨时应及时做好排水工作。灌溉用水按照 NY/T 396 规定执行。

5.9 越夏越冬管理

每年 6 月底至 9 月初，紫花苜蓿处于生长基本停滞阶段，此时重点做好病虫害和杂草管理。杂草防治可采用不刈割并根据杂草长势用普施特每 667 m² 120 mL、苜蓿草除每 667 m² 100 mL 处理，也可刈割后 7 d 左右用普施特每 667 m² 14 mL～30 mL 处理。一枝黄花可用杀草宝每 667 m² 150 g～300 g 等处理。待 9 月下旬天气转凉，刈割越夏杂草，同时做好施肥和灌溉等工作，以利于下茬苜蓿生长。刈割后越夏植株死亡较严重的可采用补播。1 月—2 月越冬时加强栽培管理，提倡混播，施足肥料，提高土壤肥力，合理安排刈割计划。

5.10 施肥

5.10.1 施肥方法

翻耕前每 667 m² 施有机肥 2 000 kg，或过磷酸钙 25 kg～30 kg 作底肥。红黄壤施用 25 kg 为宜。出苗后每 667 m² 施尿素 5 kg～10 kg。播种当年，前 3 茬每茬刈割后施尿素每 667 m² 15 kg～20 kg，以后每茬施用钾肥每 667 m² 10 kg 和磷肥每 667 m² 25 kg。

5.10.2 施肥要求

施肥要求按 NY/T 394 的规定执行。

6 病虫害及防治

6.1 病虫害防治方法

病虫害为条纹夜蛾和蚜虫，发生期在 5 月—7 月，采用直接刈割，或用新农宝（毒死蜱）＋蛀螟明用水按 15 mL＋15 mL＋40 L 水的比例防治。

6.2 农药使用

农药使用按 GB 4285、GB 8321、NY/T 393 的规定执行。

7 收获

7.1 刈割

根据不同畜禽的需要，以营养期和现蕾期为最佳，刈割间隔时间 20 d～30 d，在营养期年可刈割 8 茬，现蕾期或初花期可刈割 6 茬，刈割留茬高度为 4 cm～5 cm。每次刈割后，结合中耕除草每 667 m² 施钾肥 10 kg 和磷肥 25 kg。土壤干燥时需及时灌溉。

7.2 制种

在宁波制种，种子质量差，不适宜制种。

7.3 产量

每 667 m² 年鲜草生物学产量为 6 000 kg～8 000 kg。

8　质量标准

本质量标准按照绿色食品产品标准。

8.1　感官品质

植株的叶片、茎是可饲用部分，株高 80 cm～100 cm，叶片锯齿、茎叶脆嫩，叶面有毛，为鲜绿色或深绿色，无黄斑、发霉、腐烂或焦头。植株表面无污泥、灰尘或其他污物附着。

8.2　有害物质残留指标

有害物质残留量指标，见表 4。

表 4　有害物质残留指标

序　号	项　　目	指　标
1	砷（以 As 计）（mg/kg）	≤0.5
2	汞（以 Hg 计）（mg/kg）	≤0.01
3	铅（以 Pb 计）（mg/kg）	≤0.2
4	镉（以 Gd 计）（mg/kg）	≤0.05
5	铬（以 Cr 计）（mg/kg）	≤0.5
6	氟（以 F 计）（mg/kg）	≤0.5
7	硝酸盐（以 $NaNO_3$ 计）（mg/kg）	≤600
8	亚硝酸盐（以 $NaNO_2$ 计）（mg/kg）	≤3.0
9	六六六及滴滴涕（mg/kg）	≤0.01
10	毒死蜱（乐斯本）（mg/kg）	≤0.01

8.3　检验方法

8.3.1　感官检验

感官质量采用目测或手摸检验，株高和产量采用直尺、电子秤测定。

8.3.2　有害物质残留量检验

8.3.2.1　砷的测定

按 GB/T 5009.11 规定执行。

8.3.2.2　汞的测定

按 GB/T 5009.17 规定执行。

8.3.2.3　铅的测定

按 GB/T 5009.12 规定执行。

8.3.2.4　镉的测定

按 GB/T 5009.15 规定执行。

8.3.2.5　氟的测定

按 GB/T 5009.18 规定执行。

8.3.2.6　亚硝酸盐和硝酸盐的测定

按 GB/T 5009.33 规定执行。

8.3.2.7　有机氯残留量的测定

按 GB/T 5009.19 规定执行。

8.3.2.8　有机磷残留量的测定

按 GB/T 5009.20 规定执行。

8.4　检验规则

8.4.1　检验分类

8.4.1.1　型式检验

申请参照使用安全卫生优质蔬菜标志或产品评选、国家质量监督机构行业主管部门提出型式检验要求或人为、自然因素使生产基地环境发生较大变化时进行型式检验。

8.4.1.2　产地检验

以同一地块、同次检验的牧草作为一个检验批次，以 1 hm^2 为一抽样批次，不足 1 hm^2 也视为一个检验批次。

8.4.2　抽样方法

按 GB/T 8855 规定抽样，样品分成 3 份，1 份做感官品质检验，1 份做有害物质残留量检验，1 份作为备样。

8.4.3　判断规则

经检验其感官品质有明显缺陷或有害物质限量指标有一项不符合本标准，则判定该批次不合格。

9　运输、储存

9.1　紫花苜蓿包装按照 GB/T 191 规定执行。

9.2　鲜紫花苜蓿采用普通货车运输，不得与有害、有污染的物质混运。

9.3　紫花苜蓿运输到牧场后，要及时饲喂，如需储存时，应摊放在阴凉、通风处，并不得与有毒、有害物质混存。

10　利用

刈割后直接饲喂牛、羊、兔、鹅、鱼等动物。也能青贮、调制干草、提取苜蓿叶蛋白、提取苜蓿黄酮等。

附录 A（规范性附录）《紫花苜蓿生产技术规程》标准化模式图（略）。

二、《墨西哥饲用玉米生产技术规程》（DB 3302/T 100—2018）

前　言

本标准按照 GB/T 1.1—2009 给出的规则编制。

本标准代替 DB 2202/T 100—2010（2014）《墨西哥饲用玉米规模生产技术规程》，与

DB 2202/T 100—2010（2014）相比，除文字性编辑外，主要技术变化如下：

——删除了质量标准中 7.2、7.3、7.4 等章节，将第 7.1 部分内容调整至 9.3 利用（见 2010 年版 7）。

——增加定义内容，将 5.3 农药安全间隔期调整至定义章节；对标准名称、规范性引用文件、环境要求、范围做了修改。

——删除引言，相关内容调整至第 5 章节特征。

——将原第 4 章节栽培技术调整至第 6 章节，并按照播种前后顺序做了调整。

——将杂草防除和病虫害防治措施分别作为附录 B 和附录 C，并将所有农药的商品名改为化学名。

本标准由宁波市农业局提出。

本标准由宁波市畜牧业标准化技术委员会归口。

本标准修订单位：象山县文杰大白鹅养殖有限公司、宁波市畜牧兽医局。

本标准主要修订人：王亚琴、黄国锋、陆传国、吴银丽、虞耀土、樊莉、王海霞、麻觉文。

本标准于 2010 年 2 月首次发布，2014 年 12 月第一次修订，2018 年 6 月第二次修订。

1　范围

本标准规定了墨西哥饲用玉米生产的环境要求、定义、特征、栽培技术、病虫害及防治、收获与利用、运输与储存。

本标准适用于宁波地区墨西哥饲用玉米的生产。

2　规范性引用文件

下列文件对于本文件的应用是必不可少的。凡是注日期的引用文件，仅所注日期的版本适用于本文件。凡是不注日期的引用文件，其最新版本（包括所有的修改单）适用于本文件。

GB 4285　农药安全使用标准

GB 15618　土壤环境质量标准

GB/T 8321　（所有部分）农药合理使用准则

GB/T 191　包装储运图示标志

NY/T 393　绿色食品　农药使用准则

NY/T 394　绿色食品　肥料使用准则

NY 5010　无公害食品　蔬菜产地环境技术条件

3　环境要求

3.1　产地环境指标

墨西哥饲用玉米产地环境中的土壤环境指标应符合 GB 15618 的规定、农田灌溉水指标和空气环境指标应符合 NY 5010 的规定。

3.2　肥料

肥料的使用按 NY/T 394 的规定执行。

3.3 农药

农药的使用按 NY/T 393 的规定执行。

4 定义

4.1 留茬高度

墨西哥饲用玉米收割时留地表至刈割位置的茎秆高度。

4.2 再生

牧草刈割后，残茬上未受伤的生长点继续生长，或休眠芽和不定芽萌动生长，重建植株形态的过程。

4.3 安全间隔期

在墨西哥饲用玉米最后一次施用农药（2 种或 2 种以上的农药则单独计）至采收可安全饲用所需要间隔的天数，间隔天数按照该农药停药期执行。

4.4 农药残留

农药施用后残留在牧草中的微量农药原体及其有毒的代谢物、降解物等的总称。残留的数量，一般以每千克样品中含多少毫克表示。

4.5 土壤肥力

土壤为植物生长发育所提供和协调营养与环境条件的能力，有机质含量是反映土壤肥力的主要指标。本规程仅以 0 cm～20 cm 土层有机质含量为依据，对土壤肥力进行分级，有机质含量低于 12 g/kg 为低肥力土壤；12 g/kg～17 g/kg 为中肥力土壤；高于 17 g/kg 以上的为高肥力土壤。

5 特征

5.1 植物学特性

植株形似玉米，须根发达，分蘖多，茎直立，直径 1.5 cm～2 cm，叶片剑状，中肋明显，叶面光滑，花单性，雌雄同株异花，雄花顶生、圆锥状花序，雌花生于叶腋中，由苞叶包被，穗轴扁平，有 4 节～8 节，每节生一小穗，互生，呈穗状花序，柱头丝状，延伸至苞叶外，每小穗长一小花，受粉后发育颖果，4 个～8 个颖果呈串珠状排列。

5.2 生物学特性

具有适应性强、鲜草产量高、结籽性能良好等优良特征。喜高温、高湿、高肥环境，耐肥。最适发芽温度 15 ℃，最适生长温度 25 ℃～35 ℃，抗炎热，能耐受 40 ℃ 高温，不耐霜冻，气温降至 10 ℃ 以下时，停止生长，0 ℃～1 ℃ 时，植株开始变黄死亡。需水量大，要经常保持湿润，不耐水淹。对土壤要求不严，pH5.5～8.0 地区均可生长，最适宜在水肥条件好的土壤上栽培。

6 栽培技术

6.1 整地

播前应深耕细耙，上虚下实，畦面平整、土碎，四周开深排水沟，沟深 30 cm、宽 30 cm，畦间开浅沟，深 15 cm～20 cm，宽 20 cm，田间无积水，土壤保持湿润。

6.2　苗床准备

采用育苗移栽方式的，在播前应制作苗床。苗床选择在地势高、不受涝、排灌方便、土壤肥沃的田块。每 667 m² 大田净苗床面积 20 m²～25 m²，翻耕前施有机肥每 667 m² 2 000 kg 或高效复合肥每 667 m² 20 kg，做成畦净宽 1.2 m～1.4 m，沟深 0.25 m 以上，畦面松、碎、平的苗床。

6.3　播种

6.3.1　种子特征

应选择椭圆形、褐色、颖壳坚硬，千粒重为 75 g～80 g。

6.3.2　播期

适宜播期为 3 月初至 5 月上旬，4 月上旬为最佳播期。

6.3.3　播种方式

有穴播、条播和育苗移栽，以条播为宜。穴播穴距 20 cm×30 cm，每穴下籽 2 粒～3 粒，条播的行距 20 cm～30 cm，播种量每 667 m² 为 0.5 kg，播前在太阳下晒 2 h～3 h，播深均为 2 cm，播后适度镇压，在 3 月上旬播种，遇气温较低，播后用地膜覆盖。

6.3.4　苗床管理

待 50% 左右出秧苗后，揭去地表覆盖物，改用小拱棚薄膜，齐苗后，在晴天要掀开部分薄膜，以壮苗。

6.3.5　移栽

采用育苗移栽的，待苗长至 20 cm～30 cm 时，移入大田，每穴 1 苗，植后浇水。

6.4　施肥

6.4.1　施肥要求

按 NY/T 394 规定执行。

6.4.2　施肥方法

翻耕前施有机肥每 667 m² 2 000 kg，或过磷酸钙每 667 m² 30 kg。出苗后施尿素每 667 m² 5 kg～10 kg，每茬刈割后结合中耕除草施尿素每 667 m² 10 kg～15 kg。或喷施沼渣液，土壤干燥时应灌水或喷施沼液。在植物整个生育期，应尽可能使用沼渣液替代无机肥，并结合气候条件，不定期喷施沼渣液。

6.5　灌溉

墨西哥饲用玉米喜水适中，播种后遇天气干燥、土壤水分不足时要及时浇水或喷施沼液，经常保持土壤湿润，特别是出苗时土壤一定要保持湿润，以提高出苗率。但忌积水，多雨时应及时做好排水工作。

7　除草

杂草防除见附录 B。

8　病虫害防治

8.1　农药使用

农药使用按 GB 4285、GB 8321.1、NY/T 393 的规定执行。

8.2 病虫害防治措施

病虫害防治措施见附录 C。

9 收获与利用

9.1 刈割

穴播和条播的利用期限为 6 月上旬至 10 月底，育苗移栽的利用期限可提早至 5 月下旬。饲喂牛、羊、猪等大家畜的刈割株高为 1 m～1.5 m，用于兔、鹅、鸡、鸭、鱼等小家畜（禽）的刈割株高为 0.8 m～1.0 m。第 1 茬刈割时株高应为 50 cm 左右，以利于分蘖再生。刈割后留茬高度 5 cm～10 cm。刈割间隔时间 20 d～30 d，整个生育期内可刈割 5 次～7 次，年产鲜草量为每 667 m² 8 000 kg～10 000 kg。

9.2 制种

留种用的墨西哥饲用玉米，刈割 1 次～2 次后留种，至 11 月种子变褐色后可收获，年产种子量为每 667 m² 50 kg 左右，种子晒干后应储存于干燥阴凉处。

9.3 利用

在农药使用安全间隔期内刈割后将无黄斑、发霉、腐烂或焦头，表面无污泥、灰尘或其他污物附着的茎叶，可直接饲喂牛、羊、猪、兔、鹅、鸡、鸭、鱼等，也可青贮后利用。鲜喂一时利用不了，应摊放在阴凉、通风处，并不得与有毒、有害物品混存。

10 模式图

《墨西哥饲用玉米规模生产技术规程》标准化模式图见附录 A。

附　录　A

（规范性附录）

《墨西哥饲用玉米生产技术规程》标准化模式图

条播土地整理	人工播种	种子	人工除草	苗期	刈割期
整地与杂草防除	播种	种子处理	苗床制作与管理	苗期管理	刈割管理
播前应深耕细肥，上虚下实，四周开深排水沟，沟深30 cm，畦面平整，土碎。深15 cm～20 cm，宽20 cm。畦间开浅沟，深30 cm，畦面保持湿润。播前1 d～2 d，田间无积水，用10%草甘膦均匀喷洒大田畦面杂草，或播种后出苗前用10%草甘膦喷洒畦面	采用穴播、条播或育苗移栽，以条播为宜。穴播穴距20 cm×30 cm，每穴下籽2粒～3粒，条播的行距20 cm～30 cm，播深2 cm。播后适度镇压，在3月上旬播种，遇气温较低时，播后用地膜覆盖。采用育苗移栽的，待育苗移栽苗长至20 cm～30 cm时，移入大田，每穴1苗，植后浇水	播种前在太阳下晒2 h～3 h。播种量为每667 m² 0.5 kg	苗床应选择在地势高、不受涝、排灌方便、土壤肥沃的田块。每667 m²大田需净苗床面积20 m²～25 m²。翻耕前每667 m²施有机肥2 000 kg或高效复合肥20 kg，做成畦净宽1.2 m～1.4 m，沟深0.25 m以上，畦面松、碎、平的苗床。待秧苗有50%左右出土后，揭去地表覆盖物，改用小拱棚薄膜覆盖，齐苗后，在晴天要揭开部分薄膜，以利壮苗	播种30 d～50 d，幼苗生长慢，应中耕除草，进行中耕40 cm～60 cm时，每667 m²施尿素5 kg～10 kg，或喷施沼渣液。干旱时应浇水或喷施沼液	株高达到1 m左右可进行刈割，其中第一茬株高达到50 cm时刈割，刈割后留茬5 cm～10 cm。每次刈割后，结合中耕除草每667 m²施尿素15 kg，或喷施沼渣液。土壤干燥时应灌水或喷施沼液

附 录 B

（资料性附录）

墨西哥饲用玉米杂草防除方法

杂草防除时间	推荐除草方法
播前1 d～2 d或芽前除草	草甘膦［化学名：N-（膦酸甲基）甘氨酸］喷施，按说明书使用
苗期或刈割后除草	1. 人工除草 2.75％烟嘧磺隆［化学名：2-(4,6-二甲氧基嘧啶-2-嘧啶基氨基甲酰氨基磺酰)-N,N-二甲基烟酰胺］于墨西哥饲用玉米3叶～5叶期进行茎叶处理，大风天或预计1 h内有雨请勿施药，施药6 h后若下雨则必须重喷
中耕除草（苗高40 cm～60 cm）	将杂草与墨西哥饲用玉米一并刈割

附 录 C

（资料性附录）

墨西哥饲用玉米病虫害防治措施

病虫害名称	建议防治措施
蝗虫	1. 直接刈割 2. 在蝗蝻3龄以前及时防治：可用菊酯类农药，如4.5％高效氯氰菊酯微乳剂［化学名：（±）α-氰基-3-苯氧苄基（±）-顺式，反式3-(2,2-二氯乙烯基)-2,2-二甲基环丙烷羧酸酯］1 500倍～4 500倍液；或者2.5％溴氰菊酯乳油［化学名：α-氰基-3-苯氧苄基（1R，3R）3-(2,2-二溴乙烯基)-2,2-二甲基环丙烷羧酸酯］1 200倍～1 500倍液防治
螟虫	1. 直接刈割 2. 在卵孵化盛期至幼虫2龄之间可采用苏云杆菌、颗粒体病毒、多角体病毒等生物农药进行防治。还可采用昆虫生长调节剂等安全杀虫剂 3. 卵孵化盛期至幼虫3龄前，可采用下列杀虫剂进行防治：10％溴氰虫酰胺分散油悬浮剂，化学名为3-溴-1-(3-氯-2-吡啶基)-N-{4-氰基-2-甲基-6-［（甲基氨基）羰基］苯基}-1H-吡唑-5-甲酰胺，4 000倍～6 000倍施药；或2％高氯·甲维盐微乳剂1 000倍～1 500倍液施药；或10.5％甲维·氟铃脲水分散粒剂1 500倍～3 000倍液施药
大小叶斑病	1. 直接刈割 2. 增施有机肥料，增施磷钾肥、锌肥和生物菌肥，追施足量氮肥，保障玉米植株健壮，提高抗病性能 3. 用50％多菌灵可湿性粉剂［化学名：N-(2-苯并咪唑基)-氨基甲酸甲酯］500倍液施药；或80％代森锰锌可湿性粉剂［化学名：1,2-亚乙基双二硫代氨基甲酸锰和锌离子的配位化合物］500倍液施药；或75％百菌清可湿性粉剂［化学名：四氯间苯二腈(2,4,5,6-四氯-1,3-苯二腈)］500倍～800倍液施药

三、《多花黑麦草生产技术规程》（DB 3302/T 202—2021）

前 言

本文件按照GB/T 1.1—2020《标准化工作导则 第1部分：标准化文件的结构和起草规则》的规定起草。

本文件由宁波市农业农村局提出。

本文件由宁波市畜牧业标准化技术委员会归口。

本文件起草单位：象山县浙东白鹅研究所、象山县农业技术推广中心、宁波市农机畜牧中心。

本文件主要起草人：陈维虎、王亚琴、张欢、陈景葳、罗锦标、应小龙、李曙光、盛安常。

本文件于2021年4月19日首次发布。

引　言

本文件所指的多花黑麦草为禾本科黑麦草属一年生草本植物。

多花黑麦草具细弱根状茎，丛生，全株光滑无毛。秆丛生，株高约130 cm，具3节～4节，质软，基部节上生根。叶舌膜状，长约2 mm；叶片淡绿色，长而狭，呈线形，叶面平展，叶脉明显，背面有光泽，柔软，具微毛，有时具叶耳，叶长5 cm～20 cm，宽3 mm～6 mm。顶生穗状花序直立或稍弯，长10 cm～20 cm，宽5 mm～8 mm；小穗单生，无柄，两侧压扁，轴节间长约1 mm，平滑无毛，每穗小穗数可多至38个，每小穗有小花10朵～20朵；颖披针形，为其小穗长的1/3，具5脉，边缘狭膜质；外稃长圆形，草质，长5 mm～9 mm，具5脉，平滑，基盘明显，顶端无芒，或上部小穗具短芒，第一外稃长约7 mm；内稃与外稃等长，两脊生短纤毛。花果期5月—7月。颖果扁平，长约为宽的3倍。

多花黑麦草二倍体的染色体数为$2n=14$，四倍体的染色体数为$4n=28$，杂合（交）体的染色体数为$14+1B$。

1　范围

本文件规定了多花黑麦草生产的环境要求、栽培技术、收获、运输与储存、利用的技术要求。

本文件适用于宁波市多花黑麦草生产。

2　规范性引用文件

下列文件中的内容通过文中的规范性引用而构成本文件必不可少的条款。其中，注日期的引用文件，仅该日期对应的版本适用于本文件；不注日期的引用文件，其最新版本（包括所有的修改单）适用于本文件。

NY/T 2892　禾本科草种子生产技术规程　多花黑麦草

3　环境要求

3.1　生产基地选择

多花黑麦草生产基地应选择离污染源300 m以上且无污染物流经可能、生态条件良好、可持续生产的地区。

3.2 产地环境要求

多花黑麦草喜温凉湿润气候，宜于夏季凉爽、冬季不太寒冷的地区生长。10 ℃左右生长良好，20 ℃～27 ℃为生长适宜温度，35 ℃生长不良。光照强、日照短、温度较低对分蘖有利。温度过高则分蘖停止或中途死亡。耐热性差，不耐阴。

3.3 土壤环境要求

多花黑麦草最宜在排灌良好肥沃湿润的壤土或黏土栽培。耐盐碱能力强，略能耐酸，可在 pH5～8 的土壤中播种，适宜 pH 为 6～7。

3.4 农田灌溉水要求

多花黑麦草在年降水量 500 mm～1 500 mm 的地方均可生长，以 1 000 mm 左右为适宜。较能耐湿，但排水不良或地下水位过高也不利于生长。不耐旱，尤其高热、干旱更为不利。

4 栽培技术

4.1 整地

播前应深耕细耙，上虚下实，畦面平整、土碎。四周开深排水沟，沟深 30 cm、宽 30 cm，畦间开浅沟，深 15 cm～20 cm，宽 20 cm，田间无积水，土壤保持湿润。水产养殖冬闲塘在塘水放干后、水稻田在搁田后可直接播种。水稻田间播的，在水稻收割后开好排水沟。

4.2 除草

播前 1 d～2 d，用 10%草甘膦均匀喷洒畦面。水产养殖冬闲塘、水稻田播前不需除草。

4.3 播种

4.3.1 播期

适宜播期为 8 月下旬至 11 月上旬，9 月上旬为最佳播期。

4.3.2 播种方式

分散播、条播和穴播。可与紫云英、小黑麦等牧草混播，混播采用散播、交替条播方式。可在葡萄、桃、梨、柑橘（幼树）等果园套种，也可在水产养殖冬闲塘、水稻田等播种。穴播穴距 15 cm×30 cm，每穴下种子 4 粒～5 粒，条播的行距 15 cm～30 cm，播深不超过 2 cm。散播直接将种子均匀撒在畦面，畦面稍加镇压更好。

4.3.3 种子处理与播种量

4.3.3.1 根据利用需要选择多花黑麦草品种，二倍体品种为俄勒冈多花黑麦草，耐寒性强，但 4 月底开始抽穗；佐罗、多美乐等多倍体品种利用期可至 5 月底；阿黎哥特、达利达等杂交品种适应性强。

4.3.3.2 种子应选择淡褐色、颖壳坚硬，无霉变，千粒重 2 g 以上的。

4.3.3.3 1 hm² 播种量为 15 kg～18.75 kg，混播的按多花黑麦草播种比例减少播种量。

4.3.3.4 水稻田搁田时间播应用草木灰、过磷酸钙等拌种。

4.4 田间管理

4.4.1 灌溉

灌溉用水符合农田灌溉要求。播种后保持土壤湿润。忌积水，多雨时应及时做好排水工作。

4.4.2　施肥

4.4.2.1　基肥

播前翻耕 1 hm² 施有机肥 30 000 kg～50 000 kg、过磷酸钙 450 kg。也可以 1 hm² 灌施 180 t～250 t 沼液作基肥。

4.4.2.2　苗肥

出苗后 1 hm² 施硝酸铵或尿素 75 kg～150 kg。

4.4.2.3　追肥

每茬刈割后 1 hm² 施硝酸铵或尿素 150 kg～225 kg。留种田刈割后 1 hm² 施氯化钾 45 kg～150 kg、尿素 150 kg～225 kg。视土壤湿度，也可在每茬刈割后 1 hm² 灌施 100 t～150 t 沼液作追肥。

4.4.3　病虫害及防治

4.4.3.1　病虫害

常见虫害为黏虫。常见病害为赤霉病、冠锈病。

4.4.3.2　防治方法

改善生产环境，减少病虫害发生条件。发生病虫害，在可刈割期，应立即刈割，或采取表 1 的农药防治方法。

表 1　多花黑麦草病虫害农药防治方法

病虫害	农药防治方法
黏虫	1 hm² 用 200 g/L 氯虫苯甲酰胺悬浮剂 75 mL～120 mL，或 8 000 IU/μL 苏云金杆菌悬浮剂 1 350 mL～1 650 mL，或 25 g/L 高效氯氟氰菊酯乳油 300 mL～420 mL 等兑水喷雾
赤霉病	1 hm² 用 75% 肟菌·戊唑醇水分散粒剂 225 g～300 g，或 25% 咪鲜胺乳油 750 mL～900 mL，或 500 g/L 甲基硫菌灵悬浮剂 1 800 mL～2 700 mL 等兑水喷雾
冠锈病	1 hm² 用 430 g/L 戊唑醇悬浮剂 225 mL～300 mL，或 75% 肟菌·戊唑醇水分散粒剂 225 g～300 g，或 25% 三唑酮可湿性粉剂 540 g～720 g 等兑水喷雾

5　收获

5.1　刈割

5.1.1　利用期限为 11 月上旬至翌年 5 月底，一般二倍体品种、杂交品种 11 月上旬至翌年 5 月上旬，多倍体品种 11 月下旬至翌年 5 月下旬。首茬刈割株高 30 cm～50 cm 时进行，不同饲喂对象的刈割高度见表 2，刈割后留茬 3 cm～6 cm。刈割间隔时间 20 d～30 d，整个生育期内一般可刈割 5 次～7 次。

表 2　不同饲喂对象多花黑麦草刈割高度

饲喂对象	刈割高度（cm）
牛、羊等反刍动物	80～120
猪、禽、兔、鱼	30～80

5.1.2　1 hm² 年产鲜草量为 90 000 kg～150 000 kg。

5.2　制种

留种用的俄勒冈多花黑麦草，刈割 1 次～2 次后留种。至 5 月底、6 月初可收获种子，种子晒干后应储存于干燥阴凉处，1 hm² 种子产量为 750 kg～1 125 kg。其他管理参照 NY/T 2892 执行。

6　运输与储存

6.1　多花黑麦草包装储运工具无毒无污染。

6.2　新鲜多花黑麦草运输不得与有毒、有污染物品混运。运抵目的地应及时卸车，避免堆积发热，尽量现割现运现用。

6.3　多花黑麦草运输到场后，要及时饲喂，如需暂时储存时，应摊放在阴凉、通风处，并不得与有毒、有害物品混存。

7　利用

刈割后可直接饲喂畜禽与鱼类。也可青贮、调制干草等。

8　标准化模式图

《多花黑麦草生产技术规程》标准化模式图见附录 A。

附录 A

（规范性附录）

《多花黑麦草生产技术规程》标准化模式图

整地与杂草防除	种子处理	播种	栽培管理	刈割利用
播前翻耕施基肥，深耕细耙，土壤平整，四周开深排水沟，沟深30 cm，畦面平整。四周开浅沟，深15 cm，宽30 cm。畦间开浅沟，宽20 cm。水产养殖冬闲塘在塘内播种，水稻田在搁田后可直接播种。水稻田放水后，水稻收割后好开排水沟，播前1～2 d，用10%草甘膦均匀喷洒畦面。水产养殖冬闲塘、水稻田播种不需除草	种子应选择淡褐色，颖壳坚硬，无霉变，干粒重2 g以上的。1 hm² 播种量为15 kg～18.75 kg，混播种比例减少播种量。播前草播种的按多花黑麦草播种比例减少播种量。播前在太阳下晒种2 h～3 h，用过磷酸钙拌种更好	在8月下旬至11月上旬播种，分散播，条播和穴播。可与紫云英，小黑麦等牧草混播。混播采用散播，交替条播方式。可在葡萄，桃，梨，柑橘（幼树）等果园套种，也可在水产养殖冬闲塘，水稻田播种。播种后保持土壤湿润	出苗后施苗肥 1 hm² 硝酸铵或尿素 75 kg～150 kg，每茬刈割后追肥硝酸铵或尿素 150 kg～225 kg。留种田刈割后 1 hm² 施尿素 45 kg～150 kg，氯化钾 150 kg～225 kg。使用沼液的灌施 100 t～150 t。常见病害为赤霉病，冠锈虫，常见虫害为锈病，减少病害发生条件。要改善生产环境，在发生病虫害时，在可刈割期，应立即刈割采取相应的农药防治方法	11月上旬至翌年5月底为利用期，一般二倍体品种，杂交品种11月上旬至翌年5月上旬，多倍体品种11月下旬至翌年5月下旬。首茬刈割时进行。刈割后株高30 cm～50 cm。刈割间隔时间20 d～留茬3 cm～6 cm。整个生育期内一般可刈割5次～7次。留种用的刈割1次～2次。至5月底，6月初可收获种子。种子晒干后应储存于干燥阴凉处。运输到牧场后，要及时饲喂，暂时储存时，应摊放在阴凉，通风处，并不得与有毒，有害物品混存。可直接饲喂畜禽与鱼类，也可青贮，调制干草等

四、《鹅草循环种养模式》（评审稿）

前　言

本文件按照 GB/T 1.1—2020《标准化工作导则　第 1 部分：标准化文件的结构和起草规则》的规定起草。

本文件由宁波市农业农村局提出。

本文件由宁波市畜牧业标准化技术委员会归口。

本文件起草单位：象山县浙东白鹅研究所、象山县农业技术推广中心、宁波市农机畜牧中心。

本文件主要起草人：陈维虎、王亚琴、王冬蕾、李方勇、陈景葳、罗锦标、应小龙、李曙光、盛安常。

1　范围

本文件规定了鹅草循环种养模式的牧草常年供应种植、鹅场废弃物利用、鹅的饲养管理、牧草利用、生产记录的技术要求。

本文件适用于宁波市鹅草循环种养模式的实施。

2　规范性引用文件

下列文件中的内容通过文中的规范性引用而构成本文件必不可少的条款。其中，注日期的引用文件，仅该日期对应的版本适用于本文件；不注日期的引用文件，其最新版本（包括所有的修改单）适用于本文件。

GB/T 36178　浙东白鹅

DB 3302/T 074.1　象山白鹅　第 1 部分：种鹅

DB 3302/T 074.3　象山白鹅　第 3 部分：饲养管理

DB 3302/T 202　多花黑麦草生产技术规程

DB 3302/T 100　墨西哥饲用玉米规模生产技术规程

DB 3302/T 086　紫花苜蓿规模生产技术规程

3　定义

下列定义适用于本文件。

3.1　鹅草循环种养模式

是指养鹅与种草结合形成资源循环利用的一种生产模式，即养鹅产生的鹅粪、废水作为牧草生产的有机肥和灌溉用水，生产的牧草作为鹅的青绿饲料，实现环境和谐的农牧生产方式。

3.2　常年牧草供应种植模式

为了实现鹅草循环种养，采用牧草计划轮种的方法，建立一种在宁波地区可以常年生产供应鲜草的种植模式。

4　牧草常年供应种植

4.1　品种选择
4.1.1　主播品种
在宁波地区选择主播牧草品种，禾本科春季主播品种为墨西哥饲用玉米、秋季主播品种为多花黑麦草，豆科主播品种为紫花苜蓿。

4.1.2　替代、搭配品种
适宜于宁波地区种植的秋季牧草替代品种为饲用（杂交）高粱、饲用甜高粱、杂交狼尾草等品种。搭配品种为杂交苏丹草、皇竹草、籽粒苋、苦荬菜、菊苣、聚合草、三叶草等品种。

4.2　栽培技术要求
墨西哥饲用玉米栽培按照 DB 3302/T100 执行。多花黑麦草栽培按照 DB 3302/T 202 执行。紫花苜蓿栽培按照 DB 3302/T086 执行。其他搭配牧草品种栽培根据本文件养鹅要求按照牧草品种栽培说明书或当地农牧技术推广部门技术指导要求执行。

4.3　生产季节安排
4.3.1　春播牧草
主播牧草品种为墨西哥饲用玉米，根据土壤和气候情况可选择饲用（杂交）高粱、饲用甜高粱、杂交狼尾草等替代品种为部分或全部替代主播品种。根据鹅草循环种养模式的生产规模、养鹅计划及上茬牧草生产情况安排播种季节。

4.3.2　秋播牧草
主播牧草为黑麦草。根据鹅草循环种养模式的生产规模、养鹅计划及上茬牧草生产情况安排播种季节，并安排播种多花黑麦草品种。

4.3.3　豆科牧草
主播牧草为紫花苜蓿。根据春播和秋播牧草生产计划安排种植面积和春播或秋播季节，以弥合春播和秋播牧草的生产淡季和营养搭配为原则。

4.4　常年牧草供应种植模式图
按照附录 A 根据牧草常年供应种植模式制定的模式图执行。

4.5　作业流程
播种春播牧草→田间管理→春播牧草收获→播种秋播牧草→田间管理→秋播牧草收获。

5　鹅场废弃物利用

5.1　鹅粪
鹅粪从鹅场中及时清理出来，在专门的鹅粪堆积发酵棚内堆积发酵 30 d 以上，作为牧草地有机肥施用。发酵后的鹅粪作为牧草种植的基肥，也可以作为在牧草收割后的有机追肥，作追肥时，应施在牧草根部的周边。

5.2　养殖废水
养殖废水进行鹅场循环利用和净化处理后作为牧草地的灌溉用水。

6 鹅的饲养管理

6.1 鹅品种选择

宁波地区一般选择饲养浙东白鹅，选择的浙东白鹅品种性能和质量要求按照 GB/T 36178 和 DB 3302/T.1 执行。饲养其他品种按该品种性能和质量要求执行。

6.2 饲养管理

浙东白鹅常规饲养管理按照 DB 3302/T.2 执行，其他品种饲养管理按照品种要求的饲养管理方法执行，也可参照 DB 3302/T.2 执行。

7 牧草利用

7.1 种鹅

7.1.1 需求量

一般每 100 只种鹅需牧草用地 0.3 hm² ～ 0.5 hm²。日供应量为每只种鹅饲喂鲜草 1 500 g～4 000 g（根据牧草产量调剂饲喂量）。

7.1.2 利用方法

牧草刈割收获后，可以单独、几种牧草混合或与精饲料混合后饲喂。育雏期应牧草与精饲料混合饲喂，将牧草打碎（或切碎）后与精饲料混合均匀。育雏期和育雏期牧草可单独饲喂，精饲料补充料和粗饲料混合饲喂。

7.2 商品肉鹅

7.2.1 需求量

浙东白鹅商品肉鹅按 70 日龄出栏每只鹅利用新鲜牧草 40 kg 核算，年饲养 3 批，100 只肉鹅需牧草用地 1 亩。

7.2.2 利用方法

牧草刈割收获后，可以单独、几种牧草混合或与精饲料混合后饲喂。当采取牧草与精饲料补充料分别投喂的饲用方式时，应按比例先喂牧草、后喂精饲料补充料；当牧草与精饲料混合饲喂时，应将牧草打碎后与精饲料混合均匀。

7.3 搭配牧草品种

按照养鹅对牧草的需要和生产规模确定牧草的播种面积和主播牧草、替代牧草、辅助牧草品种的搭配。替代牧草品种和辅助牧草搭配品种按本文件 4.1.2 和 4.3 中的要求选择安排，搭配品种比例为主播牧草的 15％～25％。

7.4 牧草利用期

适宜刈割期，一般春播牧草在草高 60 cm～100 cm 时刈割，秋播牧草在草高 40 cm～80 cm 时刈割，豆科牧草在营养期或初花期刈割。

7.5 高峰期牧草利用

模式图的 3 月—4 月、7 月—8 月为产草量高峰期，按产草曲线调整养鹅计划，产草高峰期也应是牧草利用高峰期。生产中如确实因高峰期牧草过剩，在 3 月—5 月可调制青贮饲料，7 月—9 月可制作干草利用。

8　生产记录

8.1　牧草生产记录

建立牧草生产记录档案，包括牧草生产计划、栽培记录、牧草生长情况、刈割时间与产量。

8.2　养鹅生产记录

建立生产记录档案，包括进鹅的日期、数量、来源；每日的生产记录，包括日期、鹅日龄、死亡情况、存栏数、温度、湿度、免疫记录、消毒记录、治疗用药记录、喂料及牧草量、添加剂及药物使用记录、鹅群健康状况、销售情况。

第七章 浙东白鹅相关生产技术标准、规范

一、《畜禽场环境质量标准》（NY/T 388—1999）

前　言

为贯彻《中华人民共和国环境保护法》和《中华人民共和国环境保护标准管理办法》，保护畜禽场与其周围环境，保证畜禽产品质量，保障人民群众健康，促进畜牧业可持续发展，特制定本标准。

本标准分三部分：畜禽场必要的空气环境；生态环境质量标准；畜禽饮用水的水质标准。

本标准适用于畜禽场环境质量的监督、检验、测试、管理、建设项目的环境影响评价及畜禽场环境质量的评估。

本标准在制定过程中参照以下标准：GB 3095—1996《环境空气质量标准》、GB 3096—1993《城市区域环境噪声标准》、GB/T 14848—1993《地下水质量标准》、GB 5749—1985《生活饮用水卫生标准》、GB 14554—1993《恶臭污染物排放标准》。

本标准在畜牧环境行业中属于国内首次制定。

本标准由中华人民共和国农业部质量标准办公室提出并归口。

本标准起草单位：农业部畜牧环境质量监督检验检测中心、中国农业大学资源与环境学院。

本标准主要起草人：刘成国、卞希俊、唐军利、佟利功、游凌、直俊强。

本标准由中华人民共和国农业部质量标准办公室和农业部畜牧环境质量监督检验检测中心负责解释。

1 范围

本标准规定了畜禽场必要的空气、生态环境质量标准以及畜禽饮用水的水质标准。

本标准适用于畜禽场的环境质量控制、监测、监督、管理、建设项目的评价及畜禽场环境质量的评估。

2 引用标准

下列标准所包含的条文，通过在本标准中引用而成为本标准的条文，本标准出版时，所示版本均为有效。所有标准都会被修订，使用本标准的各方应探讨使用下列标准最新版本的可能性。

GB 2930—1985　牧草种子检验规程

GB/T 5750—1985　生活饮用水标准检验法

GB/T 6920—1986　水质 pH 值的测定　玻璃电极法

GB/T 7470—1987　水质　铅的测定　双硫腙分光光度法

GB/T 7475—1987　水质　铜、锌、铅、镉的测定原子吸收分光光谱法

GB/T 7467—1987　水质六价铬的测定　二苯碳酰二肼分光光度法

GB/T 7477—1987　水质　钙和镁总量的测定 EDTA 测定法

GB/T 13195—1991　水质　水温的测定　温度计或颠倒温度计测定法

GB/T 14623—1993　城市区域环境噪声测量方法

GB/T 14668—1993　空气质量　氨的测定　纳氏试剂比色法

GB/T 14675—1993　空气质量　恶臭的测定　三点比较式臭袋法

GB/T 15432—1995　环境空气　总悬浮颗粒物的测定　重量法

3　术语

3.1　畜禽场　按养殖规模本标准规定：鸡≥5 000 只，母猪存栏≥75 头，牛≥25 头为畜禽场，该场应设置有舍区、场区和缓冲区。

3.2　舍区　畜禽所处的半封闭的生活区域，即畜禽直接的生活环境区。

3.3　场区　规模化畜禽场围栏或院墙以内、舍内以外的区域。

3.4　缓冲区　在畜禽场外周围，沿场院向外≤500 m 范围内的畜禽保护区，该区具有保护畜禽场免受外界污染的功能。

3.5　PM_{10}　可吸入颗粒物，空气动力学当量直径≤10 μm 的颗粒物。

3.6　TSP　总悬浮颗粒物，空气动力学当量直径≤100 μm 的颗粒物。

4　技术要求

4.1　畜禽场空气环境质量

畜禽场空气环境质量见表 1。

表 1　畜禽场空气环境质量

序号	项目	单位	缓冲区	场区	舍　区		猪舍	牛舍
					禽　舍			
					雏	成		
1	氨气	mg/m³	2	5	10	15	25	20
2	硫化氢	mg/m³	1	2	2	10	10	8
3	二氧化碳	mg/m³	380	750	1 500	1 500	1 500	
4	PM_{10}	mg/m³	0.5	1	4	1	2	
5	TSP	mg/m³	1	2	8	3	4	
6	恶臭	稀释倍数	40	50	70	70	70	

注：表中数据皆为日均值。

4.2 舍区生态环境质量

舍区生态环境质量见表2。

表2 舍区生态环境质量

序号	项目	单位	禽		猪		牛
			雏	成	仔	成	
1	温度	℃	21~27	10~24	27~32	11~17	10~15
2	相对湿度	%	75		80		80
3	风速	m/s	0.5	0.8	0.4	1.0	1.0
4	光照度	lx	50	30	50	30	50
5	细菌	个/m³	25 000		17 000		20 000
6	噪声	Db	60	80	80		75
7	粪便含水率	%	65~75		70~80		65~75
8	粪便清理	—	干法		日清粪		日清粪

4.3 畜禽饮用水质量

畜禽饮用水质量见表3。

表3 畜禽饮用水质量

序号	项目	单位	自备井	地面水	自来水
1	大肠菌群	个/L	3	3	
2	细菌总数	个/L	100	200	
3	pH	—	5.5~8.5		
4	总硬度	mg/L	600		
5	溶解性总固体	mg/L	2 000[1)]		
6	铅	mg/L	Ⅳ类地下水标准	Ⅳ类地下水标准	饮用水标准
7	铬（六价）	mg/L	Ⅳ类地下水标准	Ⅳ类地下水标准	饮用水标准

1) 甘肃、青海、新疆和沿海、岛屿地区可放宽到3 000 mg/L。

5 监测

5.1 采样

环境质量各种参数的监测及采样点、采样办法、采样高度及采样频率的要求按《环境监测技术规范》执行。

5.2 分析方法

各项污染物的分析方法见表4。

表 4 各项污染物的分析方法

序号	项 目	方 法	方法来源
1	氨气	纳氏试剂比色法	
2	硫化氢	碘量法	
3	二氧化碳	滴定法	
4	PM$_{10}$	重量法	GB/T 6920—1986
5	TSP	重量法	GB/T 15432—1995
6	恶臭	三点比较式臭袋法	GB/T 14675—1993
7	温度	温度计测定法	GB/T 13195—1991
8	湿度（相对）	湿度计测定法	国家气象局《地面气象观测规范》，1979
9	风速	风速仪测定法	国家气象局《地面气象观测规范》，1979
10	照度	照度计测定法	国家气象局《地面气象观测规范》，1979
11	空气细菌总数	平板法	GB/T 5750—1985
12	噪声	声级计测量法	GB/T 14623—1993
13	粪便含水率	重量法	参考 GB 2930—1982，暂采用此法，待国家方法标准发布后，执行国家标准
14	大肠菌群	多管发酵法	GB/T 5750—1985
15	水质细菌总数	菌落总数测定	《水和废水监测分析方法》（第 3 版），中国环境科学出版社，1989
16	pH	玻璃电极法	GB/T 6920—1986
17	总硬度	EDTA 滴定法	GB/T 7477—1987
18	溶解性总固体	重量法	《水和废水监测分析方法》（第 3 版），中国环境科学出版社，1989
19	铅	原子吸收分光光度法 双硫腙分光光度法	GB/T 7475—1987 GB/T 7470—1987
20	铬（六价）	二苯碳酰二肼分光光度法	GB/T 7467—1987

二、《畜禽场环境质量及卫生控制规范》（NY/T 1167—2006）

前 言

本标准由中华人民共和国农业部提出。

本标准由全国畜牧业技术标准化委员会归口。

本标准起草单位：中华人民共和国农业部畜牧环境质量监督检验测试中心。

本标准主要起草人：刘成国、王全红、史光华、直俊强。

1 范围

本标准规定了畜禽场生态环境质量及卫生指标、空气环境质量及卫生指标、土壤环境质量及卫生指标、饮用水质量及卫生指标和相应的畜禽场质量及卫生控制措施。

本标准适用于规模化畜禽场的环境质量管理及环境卫生控制。

2 引用标准

下列文件中的条款通过本标准的引用而成为本标准的条款。凡是注日期的引用文件，其随后所有的修改单（不包括勘误的内容）或修订版均不适用于本标准，然而，鼓励根据本标准达成协议的各方研究是否可使用这些文件的最新版本。凡是不注日期的引用文件，其最新版本适用于本标准。

GB 18596　畜禽养殖业污染物排放标准

GB/T 19525.2　畜禽场环境质量评价准则

NY/T 388　畜禽场环境质量标准

NY 5027　无公害食品　畜禽饮用水水质标准

3 术语和定义

下列术语和定义适用于本标准。

3.1　畜禽场 livestock and poultry farms

按养殖规模，本标准规定：鸡≥5 000 只，母猪存栏≥75 头，牛≥25 头为畜禽场，该场应设置有舍区、场区和缓冲区。

3.2　舍区 the house of livestock and poultry farms

畜禽所处的半封闭的生活区域，即畜禽直接的生活环境区。

3.3　场区 the playground of livestock and poultry farms

畜禽场围栏或院墙以内、舍内以外的区域。

3.4　缓冲区 buffer area of livestock and poultry farms

在畜禽场外周围，沿场院向外≤500 m 范围内的保护区，该区具有保护畜禽场免受外界污染的功能。

3.5　土壤 soil

指畜禽场陆地表面能够生长绿色植物的疏松层。

3.6　恶臭污染物 effluvium pollution

指一切刺激嗅觉器官，引起人们不愉快及损害生活环境的气体物质。

3.7　环境质量及卫生控制 environment quality and sanitary control

指为达到环境质量及卫生要求所采取的作业技术和活动。

4 畜禽场场址的选择和场内区域布局

4.1　正确选址：按照 GB/T 19525.2 要求对畜禽养殖场环境质量和环境影响进行评价，

摸清当地环境质量现状以及畜禽养殖场、养殖小区建成后对当地环境质量将产生的影响。

4.2 合理布局：住宅区、生活管理区、隔离区分开，且依次处于场区常年主导风向的上风向。

5　畜禽场生态环境质量及卫生控制

5.1 畜禽场舍区生态环境质量及卫生指标参见 NY/T 388。

5.2　畜禽场舍区生态环境质量及卫生控制措施

5.2.1　温度、湿度

在建设畜禽饲养场时，必须保证畜禽舍的保温隔热性能，同时合理设计通风和采光设施，可采用天窗和导风管，使畜禽舍温度、湿度满足上述标准的要求，也可采用喷淋喷雾等方式降温。

5.2.2　风速

畜禽舍采用机械通风或自然通风，通风时保证气流均匀分布，尽量减少通风死角，舍外运动场上设凉棚，使舍内风速满足畜禽场环境质量标准的要求。

5.2.3　光照度

安装采光设施或设计天窗，并根据畜种、日龄、生产过程确定合理的光照时间和光照度。

5.2.4　噪声

5.2.4.1　正确选址，避免外界干扰。

5.2.4.2　选择、使用性能优良、噪声小的机械设备。

5.2.4.3　在场区、缓冲区植树种草，降低噪声。

5.2.5　细菌、微生物的控制措施

5.2.5.1　正确选址，远离细菌污染源。

5.2.5.2　定时通风换气，破坏细菌生存条件。

5.2.5.3　在畜禽舍门口设置消毒池，工作人员进出畜禽舍时必须穿戴消毒过的工作服、鞋、帽等，并通过装有紫外线灯的通道。

5.2.5.4　对舍区、场区环境定期消毒。

5.2.5.5　在疾病传播时，隔离、淘汰病畜禽，并进行应急消毒措施，以控制病原的扩散。

6　畜禽场空气环境质量及卫生控制

6.1 畜禽场空气环境质量及卫生指标参见 NY/T 388。

6.2　畜禽场舍内环境质量及卫生控制措施

6.2.1　舍内氨气、硫化氢、二氧化碳、恶臭的控制措施

6.2.1.1　采取固液分离与干清粪工艺相结合的设施，使粪尿、污水及时排出，减少有害气体产生。

6.2.1.2　采取科学的通风换气方法，保证气流均匀，及时排出舍内的有害气体。

6.2.1.3　在粪便、填料中添加各种具有吸附功能的添加剂，减少有害气体产生。

6.2.1.4　合理搭配日粮和在饲料中使用添加剂，减少有害气体产生。

6.2.2 舍内总悬浮颗粒物、可吸入颗粒物的控制措施

6.2.2.1 饲料车间、干草车间远离畜禽舍且处于畜舍的下风向。

6.2.2.2 提倡使用颗粒饲料或者拌湿饲料。

6.2.2.3 禁止带畜干扫畜舍或刷拭畜禽，翻动填料要轻，减少尘粒的产生。

6.2.2.4 适当进行通风换气，并在通风口设置过滤帘，保证舍内湿度及时排出，减少颗粒物及有害气体。

6.3 畜禽场场区、缓冲区空气环境质量及卫生控制措施

6.3.1 绿化

在畜禽场的场区、缓冲区内种植环保型的树木、花草，减少尘粒的产生，净化空气。家畜养殖场绿化覆盖率应在 30% 以上。

6.3.2 消毒

在场门和舍门处设置消毒池，人员和车辆进出时经过消毒池以杀死病原微生。对工作人员的衣、帽、鞋等进行经常性消毒，对圈舍及设备用具进行定期消毒。

7 畜禽场土壤环境质量及卫生控制

7.1 畜禽场土壤环境质量及卫生指标见表 1。

表 1 畜禽场土壤环境质量及卫生指标

序 号	项 目	单 位	缓冲区	场 区	舍 区
1	镉	mg/kg	0.3	0.3	0.6
2	砷	mg/kg	30	25	20
3	铜	mg/kg	50	100	100
4	铅	mg/kg	250	300	350
5	铬	mg/kg	250	300	350
6	锌	mg/kg	200	250	300
7	细菌总数	万个/g	1	5	—
8	大肠杆菌	g/L	2	50	—

7.2 畜禽场土壤环境质量及卫生控制措施

7.2.1 土壤中镉、砷、铜、铅、铬、锌的控制措施

7.2.1.1 正确选址，使土壤背景值满足畜禽场土壤环境质量标准的要求。

7.2.1.2 科学合理选择和使用兽药、饲料，减少土壤中重金属元素的残留。

7.2.2 土壤中细菌总数、大肠杆菌总数的控制措施

7.2.2.1 避免粪尿、污水排放及运送过程中的跑、冒、滴、漏。

7.2.2.2 采用紫外线等方法对排放、运送前的粪尿进行杀菌消毒，避免运输过程中微生物污染土壤。

7.2.2.3 粪尿作为有机肥施于场内草、树地前，对其进行无害化处理，且根据植物的不同品种合理掌握使用量。

7.2.2.4 畜禽粪便堆场建在畜禽饲养场内部的，要做好防渗、防漏工作，避免粪污中镉、砷、铜、铅、铬、锌以及各种致病微生物污染场内的土壤环境。

8 畜禽饮用水质量及卫生控制

8.1 畜禽饮用水质量及卫生指标参见 NY 5027。

8.2 畜禽饮用水质量及卫生控制措施

8.2.1 自来水

定期清洗畜禽饮用水传送管道，保证水在传送途中无污染。

8.2.2 自备井

应建在畜禽场粪便堆放场等污染源的上风向，水量丰富，水质良好，取水方便，避免在低洼沼泽或容易积水的地方打井。水井附近 30 m 范围内，不得建有渗水的厕所、渗水坑、粪坑、垃圾堆等污染源。

8.2.3 地表水

地表水是暴露在地表面的水源，受污染的机会多，含有较多的悬浮物和细菌，如果作为畜禽的饮用水，必须进行净化和消毒，使之满足畜禽饮用水水质标准。净化的方法有混凝沉淀法和过滤法；消毒方法有物理消毒法（如煮沸消毒）和化学消毒法（如氯化消毒）。

9 监测与评价

9.1 对畜禽场的生态环境、空气环境以及接受畜禽粪便、污水的土壤环境和畜禽饮用水进行定期监测，对环境质量现状进行定期评价，及时了解畜禽场环境质量及卫生状况，以便采取相应的措施控制畜禽场环境质量和卫生。

9.2 对畜禽场排放的污水进行定期监测，确保出水满足 GB 18596 的要求。

9.3 环境质量、环境影响评价

按照 GB/T 19525.2 的要求，根据监测结果，对畜禽场的环境质量、环境影响进行定期评价。

9.4 在畜禽场排污口设置国家环境保护总局统一规定的排污口标志。

9.5 监测分析方法

本范围项目的监测分析方法按表 2 执行。

表 2 舍区生态环境质量

序 号	项 目	分析方法	方法来源
1	温度	温度计测定法[1)	GB/T 13195
2	湿度	湿度计测定法[1)	
3	风速	风速仪测定法[1)	
4	照度	照度计测定法[1)	
5	噪声	声级计测定法	GB/T 14623
6	粪便含水率	重量法	GB/T 3543.2

（续）

序　号	项　目	分析方法	方法来源
7	NH_3	纳氏试剂比色法	GB/T 14668
8	H_2S	碘量法	GB/T 11060.1
9	CO_2	滴定法[2]	
10	PM_{10}	重量法	GB 6921
11	TSP	重量法	GB 15432
12	空气细菌总数	沉降法	GB 56750
13	恶臭	三点比较式嗅袋法	GB/T 14675
14	水质 细菌总数	平板法	GB 5750
15	水质 大肠杆菌	多管发酵法	GB 5750
16	pH	玻璃电极法	GB 6920
17	总硬度	EDTA 滴定法	GB 7477
18	溶解性总固体	重量法	GB 5750
19	铅	原子吸收分光光度法	GB 7475
20	铬（六价）	二苯碳酰二肼分光光度法	GB 7467
21	生化需氧量	稀释与接种法	GB 7488
22	化学需氧量	重铬酸钾法	GB 11914
23	溶解氧	碘量法	GB 7489
24	蛔虫卵	堆肥蛔虫卵检查法	GB 7959
25	氟化物	离子选择电极法	GB 7484
26	总锌	原子吸收分光光度法	GB 7475
27	土壤 镉	石墨炉原子吸收分光光度法	GB/T 17141
28	土壤 砷	二乙基二硫代氨基甲酸银分光光度法	GB/T 17134
29	土壤 铜	火焰原子吸收分光光度法	GB/T 17138
30	土壤 铅	石墨炉原子吸收分光光度法	GB/T 17141
31	土壤 铬	火焰原子吸收分光光度法	GB/T 17137
32	土壤 锌	火焰原子吸收分光光度法	GB/T 17138
33	土壤 细菌总数	与水的卫生检验方法相同[3]	
34	土壤 大肠杆菌	与水的卫生检验方法相同[3]	

[1]、[2]、[3] 暂采用下列分析方法，待国家标准发布后，执行国家标准。

1) 畜禽场湿度、照度、风速的监测分析方法，是结合畜禽场环境监测现状，对国家气象局《地面气象观测规范》（1979）中相关内容进行改进形成的，经过农业部批准并且备案。

2) 暂采用《水和废水监测分析方法》（第3版），中国环境出版社，1989。

3) 土壤中细菌总数、大肠杆菌的检测分析与水的卫生检验方法相同，见《环境工程微生物检验手册》，中国环境科学出版社，1990。

三、高致病性禽流感防治技术规范

高致病性禽流感（Highly Pathogenic Avian Influenza，HPAI）是由正黏病毒科流感病毒属 A 型流感病毒引起的以禽类为主的烈性传染病。世界动物卫生组织（OIE）将其列为必须报告的动物传染病，我国将其列为一类动物疫病。

为预防、控制和扑灭高致病性禽流感，依据《中华人民共和国动物防疫法》《重大动物疫情应急条例》《国家突发重大动物疫情应急预案》及有关的法律法规制定本规范。

1　适用范围

本规范规定了高致病性禽流感的疫情确认、疫情处置、疫情监测、免疫、检疫监督的操作程序、技术标准及保障措施。

本规范适用于中华人民共和国境内一切与高致病性禽流感防治活动有关的单位和个人。

2　诊断

2.1　流行病学特点

2.1.1　鸡、火鸡、鸭、鹅、鹌鹑、雉鸡、鹧鸪、鸵鸟、孔雀等多种禽类易感，多种野鸟也可感染发病。

2.1.2　传染源主要为病禽（野鸟）和带毒禽（野鸟）。病毒可长期在污染的粪便、水等环境中存活。

2.1.3　病毒传播主要通过接触感染禽（野鸟）及其分泌物和排泄物、污染的饲料、水、蛋托（箱）、垫草、种蛋、鸡胚和精液等媒介，经呼吸道、消化道感染，也可通过气源性媒介传播。

2.2　临床症状

2.2.1　急性发病死亡或不明原因死亡，潜伏期从几小时到数天，最长可达 21 d。

2.2.2　脚鳞出血。

2.2.3　鸡冠出血或发绀、头部和面部水肿。

2.2.4　鸭、鹅等水禽可见神经和腹泻症状，有时可见角膜炎症，甚至失明。

2.2.5　产蛋突然下降。

2.3　病理变化

2.3.1　消化道、呼吸道黏膜广泛充血、出血；腺胃黏液增多，可见腺胃乳头出血，腺胃和肌胃之间交界处黏膜可见带状出血。

2.3.2　心冠及腹部脂肪出血。

2.3.3　输卵管的中部可见乳白色分泌物或凝块；卵泡充血、出血、萎缩、破裂，有的可见卵黄性腹膜炎。

2.3.4　脑部出现坏死灶、血管周围淋巴细胞管套、神经胶质灶、血管增生等病变；胰腺和心肌组织局灶性坏死。

2.4 血清学指标

2.4.1 未免疫禽 H5 或 H7 的血凝抑制（HI）效价达到 2^4 及以上（附件 1）。

2.4.2 禽流感琼脂免疫扩散（AGID）试验阳性（附件 2）。

2.5 病原学指标

2.5.1 反转录-聚合酶链反应（RT-PCR）检测，结果 H5 或 H7 亚型禽流感阳性（附件 4）。

2.5.2 神经氨酸酶抑制（NI）试验阳性（附件 3）。

2.5.3 通用荧光反转录-聚合酶链反应（荧光 RT-PCR）检测阳性（附件 4、附件 5）。

2.5.4 静脉内接种致病指数（IVPI）大于 1.2 或用 0.2 mL 1：10 稀释的无菌感染流感病毒的鸡胚尿囊液，经静脉注射接种 8 只 4 周龄～8 周龄的易感鸡，在接种后 10 d 内，能致 6 只～7 只或 8 只鸡死亡，即死亡率≥75％。

2.5.5 对血凝素基因裂解位点的氨基酸序列测定结果与高致病性禽流感分离株基因序列相符（由国家参考实验室提供方法）。

2.6 结果判定

2.6.1 临床怀疑病例

符合流行病学特点和临床指标 2.2.1，且至少符合其他临床指标或病理指标之一的。

非免疫禽符合流行病学特点和临床指标 2.2.1 且符合血清学指标之一的。

2.6.2 疑似病例

临床怀疑病例且符合病原学指标 2.5.1、2.5.2、2.5.3 之一。

2.6.3 确诊病例

疑似病例且符合病原学指标 2.5.4 或 2.5.5。

3 疫情报告

3.1 任何单位和个人发现禽类发病急、传播迅速、死亡率高等异常情况，应及时向当地动物防疫监督机构报告。

3.2 当地动物防疫监督机构在接到疫情报告或了解可疑疫情情况后，应立即派员到现场进行初步调查核实并采集样品，符合 2.6.1 规定的，确认为临床怀疑疫情。

3.3 确认为临床怀疑疫情的，应在 2 h 内将情况逐级报到省级动物防疫监督机构和同级兽医行政管理部门，并立即将样品送省级动物防疫监督机构进行疑似诊断。

3.4 省级动物防疫监督机构确认为疑似疫情的，必须派专人将病料送国家禽流感参考实验室做病毒分离与鉴定，进行最终确诊；经确认后，应立即上报同级人民政府和国务院兽医行政管理部门，国务院兽医行政管理部门应当在 4 h 内向国务院报告。

3.5 国务院兽医行政管理部门根据最终确诊结果，确认高致病性禽流感疫情。

4 疫情处置

4.1 临床怀疑疫情的处置

对发病场（户）实施隔离、监控，禁止禽类、禽类产品及有关物品移动，并对其内、外环境实施严格的消毒措施（附件6）。

4.2 疑似疫情的处置

当确认为疑似疫情时，扑杀疑似禽群，对扑杀禽、病死禽及其产品进行无害化处理，对其内、外环境实施严格的消毒措施，对污染物或可疑污染物进行无害化处理，对污染的场所和设施进行彻底消毒，限制发病场（户）周边3km的家禽及其产品移动（附件7、附件8）。

4.3 确诊疫情的处置

疫情确诊后立即启动相应级别的应急预案。

4.3.1 划定疫点、疫区、受威胁区

由所在地县级以上兽医行政管理部门划定疫点、疫区、受威胁区。

疫点：指患病动物所在的地点。一般是指患病禽类所在的禽场（户）或其他有关屠宰、经营单位；如为农村散养，应将自然村划为疫点。

疫区：由疫点边缘向外延伸3km的区域划为疫区。疫区划分时，应注意考虑当地的饲养环境和天然屏障（如河流、山脉等）。

受威胁区：由疫区边缘向外延伸5km的区域划为受威胁区。

4.3.2 封锁

由县级以上兽医主管部门报请同级人民政府决定对疫区实行封锁；人民政府在接到封锁报告后，应在24h内发布封锁令，对疫区进行封锁：在疫区周围设置警示标志，在出入疫区的交通路口设置动物检疫消毒站，对出入的车辆和有关物品进行消毒。必要时，经省级人民政府批准，可设立临时监督检查站，执行对禽类的监督检查任务。

跨行政区域发生疫情的，由共同上一级兽医主管部门报请同级人民政府对疫区发布封锁令，对疫区进行封锁。

4.3.3 疫点内应采取的措施

4.3.3.1 扑杀所有禽只，销毁所有病死禽、被扑杀禽及其禽类产品。

4.3.3.2 对禽类排泄物、被污染饲料、垫料、污水等进行无害化处理。

4.3.3.3 对被污染的物品、交通工具、用具、禽舍、场地进行彻底消毒。

4.3.4 疫区内应采取的措施

4.3.4.1 扑杀疫区内所有家禽，并进行无害化处理，同时销毁相应的禽类产品。

4.3.4.2 禁止禽类进出疫区及禽类产品运出疫区。

4.3.4.3 对禽类排泄物、被污染饲料、垫料、污水等按国家规定标准进行无害化处理。

4.3.4.4 对所有与禽类接触过的物品、交通工具、用具、禽舍、场地进行彻底消毒。

4.3.5 受威胁区内应采取的措施

4.3.5.1 对所有易感禽类进行紧急强制免疫，建立完整的免疫档案。

4.3.5.2 对所有禽类实行疫情监测，掌握疫情动态。

4.3.6 关闭疫点及周边13km内所有家禽及其产品交易市场。

4.3.7 流行病学调查、疫源分析与追踪调查

追踪疫点内在发病期间及发病前21d内售出的所有家禽及其产品，并销毁处理。按照高致病性禽流感流行病学调查规范，对疫情进行溯源和扩散风险分析（附件9）。

4.3.8 解除封锁

4.3.8.1 解除封锁的条件

疫点、疫区内所有禽类及其产品按规定处理完毕 21 d 以上，监测未出现新的传染源；在当地动物防疫监督机构的监督指导下，完成相关场所和物品终末消毒；受威胁区按规定完成免疫。

4.3.8.2 解除封锁的程序

经上一级动物防疫监督机构审验合格，由当地兽医主管部门向原发布封锁令的人民政府申请发布解除封锁令，取消所采取的疫情处置措施。

4.3.8.3 疫区解除封锁后，要继续对该区域进行疫情监测，6 个月后如未发现新病例，即可宣布该次疫情被扑灭。疫情宣布扑灭后方可重新养禽。

4.3.9 对处理疫情的全过程必须做好完整翔实的记录，并归档。

5 疫情监测

5.1 监测方法包括临床观察、实验室检测及流行病学调查。

5.2 监测对象以易感禽类为主，必要时监测其他动物。

5.3 监测的范围

5.3.1 对养禽场（户）每年要进行两次病原学抽样检测，散养禽不定期抽检，对于未经免疫的禽类以血清学检测为主。

5.3.2 对交易市场、禽类屠宰厂（场）、异地调入的活禽和禽产品进行不定期的病原学和血清学监测。

5.3.3 对疫区和受威胁区的监测

5.3.3.1 对疫区、受威胁区的易感动物每天进行临床观察，连续 1 个月，病死禽送省级动物防疫监督机构实验室进行诊断，疑似样品送国家禽流感参考实验室进行病毒分离和鉴定。

解除封锁前采样检测 1 次，解除封锁后纳入正常监测范围。

5.3.3.2 对疫区养猪场采集鼻腔拭子，疫区和受威胁区所有禽群采集气管拭子和泄殖腔拭子，在野生禽类活动或栖息地采集新鲜粪便或水样，每个采样点采集 20 份样品，用 RT－PCR 方法进行病原检测，发现疑似感染样品，送国家禽流感参考实验室确诊。

5.4 在监测过程中，国家规定的实验室要对分离到的毒株进行生物学和分子生物学特性分析与评价，密切注意病毒的变异动态，及时向国务院兽医行政管理部门报告。

5.5 各级动物防疫监督机构对监测结果及相关信息进行风险分析，做好预警预报。

5.6 监测结果处理

监测结果逐级汇总上报至中国动物疫病预防控制中心。发现病原学和非免疫血清学阳性禽，要按照《国家动物疫情报告管理办法》的有关规定立即报告，并将样品送国家禽流感参考实验室进行确诊，确诊阳性的，按有关规定处理。

6 免疫

6.1 国家对高致病性禽流感实行强制免疫制度，免疫密度必须达到 100%，抗体合格率达到 70% 以上。

6.2 预防性免疫接种，按农业部制定的免疫方案中规定的程序进行。

6.3 突发疫情时的紧急免疫接种，按本规范有关条款进行。

6.4 所用疫苗必须采用农业部批准使用的产品，并由动物防疫监督机构统一组织、逐级供应。

6.5 所有易感禽类饲养者必须按国家制定的免疫程序做好免疫接种，当地动物防疫监督机构负责监督指导。

6.6 定期对免疫禽群进行免疫水平监测，根据群体抗体水平及时加强免疫。

7　检疫监督

7.1　产地检疫

饲养者在禽群及禽类产品离开产地前，必须向当地动物防疫监督机构报检，接到报检后，必须及时到户、到场实施检疫。检疫合格的，出具动物检疫合格证明，并对运载工具进行消毒，出具消毒证明，对检疫不合格的按有关规定处理。

7.2　屠宰检疫

动物防疫监督机构的检疫人员对屠宰的禽只进行验证查物，合格后方可入厂（场）屠宰。宰后检疫合格的方可出厂（场），不合格的按有关规定处理。

7.3　引种检疫

国内异地引入种禽、种蛋时，应当先到当地动物防疫监督机构办理检疫审批手续且检疫合格。引入的种禽必须隔离饲养 21 d 以上，并由动物防疫监督机构进行检测，合格后方可混群饲养。

7.4　监督管理

7.4.1　禽类和禽类产品凭检疫合格证运输、上市销售。动物防疫监督机构应加强流通环节的监督检查，严防疫情传播扩散。

7.4.2　生产、经营禽类及其产品的场所必须符合动物防疫条件，并取得动物防疫条件合格证。

7.4.3　各地根据防控高致病性禽流感的需要设立公路动物防疫监督检查站，对禽类及其产品进行监督检查，对运输工具进行消毒。

8　保障措施

8.1 各级政府应加强机构队伍建设，确保各项防治技术落实到位。

8.2 各级财政和发改部门应加强基础设施建设，确保免疫、监测、诊断、扑杀、无害化处理、消毒等防治工作经费落实。

8.3 各级兽医行政部门动物防疫监督机构应按本技术规范，加强应急物资储备，及时演练和培训应急队伍。

8.4 在高致病禽流感防控中，人员的防护按《高致病性禽流感人员防护技术规范》执行（附件 10）。

附件1

血凝抑制（HI）试验

流感病毒颗粒表面的血凝素（HA）蛋白，具有识别并吸附于红细胞表面受体的结构，HA 试验由此得名。HA 蛋白的抗体与受体的特异性结合能够干扰 HA 蛋白与红细胞受体的结合从而出现抑制现象。

该试验是目前 WHO 进行全球流感监测所普遍采用的试验方法。可用于流感病毒分离株 HA 亚型的鉴定，也可用来检测禽血清中是否有与抗原亚型一致的感染或免疫抗体。

它的缺点是只有当抗原和抗体 HA 亚型相一致时才能出现 HI 相，各亚型间无明显交叉反应；除鸡血清以外，用鸡红细胞检测哺乳动物和水禽的血清时需要除去存在于血清中的非特异凝集素，对于其他禽种，也可以考虑选用在调查研究中的禽种红细胞；需要在每次试验时进行抗原标准化；需要正确判读的技能。

1 阿氏（Alsever's）液配制

称量葡萄糖 2.05 g、柠檬酸钠 0.8 g、柠檬酸 0.055 g、氯化钠 0.42 g，加蒸馏水至 100 mL，散热溶解后调 pH 至 6.1，69 kPa 15 min 高压灭菌，4 ℃保存备用。

2 10%和1%鸡红细胞液的制备

2.1 采血 用注射器吸取阿氏液约 1 mL，取至少 2 只 SPF 鸡（如果没有 SPF 鸡，可用常规试验证明体内无禽流感和新城疫抗体的鸡），采血 2 mL～4 mL，与阿氏液混合，放入装 10 mL 阿氏液的离心管中混匀。

2.2 洗涤鸡红细胞 将离心管中的血液经 1 500 r/min～1 800 r/min 离心 8 min，弃上清液，沉淀物加入阿氏液，轻轻混合，再经 1 500 r/min～1 800 r/min 离心 8 min，用吸管移去上清液及沉淀红细胞上层的白细胞薄膜，再重复 2 次以上过程后，加入阿氏液 20 mL，轻轻混合成红细胞悬液，4 ℃保存备用，不超过 5 d。

2.3 10%鸡红细胞悬液 取阿氏液保存不超过 5 天的红细胞，在锥形刻度离心管中离心 1 500 r/min～1 800 r/min 8 min，弃去上清液，准确观察刻度离心管中红细胞体积（mL），加入 9 倍体积（mL）的生理盐水，用吸管反复吹吸使生理盐水与红细胞混合均匀。

2.4 1%鸡红细胞液 取混合均匀的 10%鸡红细胞悬液 1 mL，加入 9 mL 生理盐水，混合均匀即可。

3 抗原血凝效价测定（HA 试验，微量法）

3.1 在微量反应板的第 1 孔～12 孔均加入 0.025 mL PBS，换滴头。

3.2 吸取 0.025 mL 病毒悬液（如感染性鸡胚尿囊液）加入第 1 孔，混匀。

3.3 从第 1 孔吸取 0.025 mL 病毒液加入第 2 孔，混匀后吸取 0.025 mL 加入第 3 孔，如此进行对倍稀释至第 11 孔，从第 11 孔吸取 0.025 mL 弃之，换滴头。

3.4 每孔再加入 0.025 mL PBS。

3.5 每孔均加入 0.025 mL 体积分数为 1% 的鸡红细胞悬液（将鸡红细胞悬液充分摇匀后加入）。

3.6 振荡混匀，在室温（20 ℃～25 ℃）下静置 40 min 后观察结果（如果环境温度太高，可置 4 ℃ 环境下反应 1 h）。对照孔红细胞将呈明显的纽扣状沉于孔底。

3.7 结果判定 将板倾斜，观察血凝板，判读结果（表 1）。

表 1 血凝试验结果判读标准

类 别	孔 底 所 见	结 果
1	红细胞全部凝集，均匀铺于孔底，即 100% 红细胞凝集	＋＋＋＋
2	红细胞凝集基本同上，但孔底有大圈	＋＋＋
3	红细胞于孔底形成中等大的圈，四周有小凝块	＋＋
4	红细胞于孔底形成小圆点，四周有少许凝集块	＋
5	红细胞于孔底形成小圆点，边缘光滑整齐，即红细胞完全不凝集	－

能使红细胞完全凝集（100% 凝集，＋＋＋＋）的抗原最高稀释度为该抗原的血凝效价，此效价为 1 个血凝单位（HAU）。注意对照孔应呈现完全不凝集（－），否则此次检验无效。

4 血凝抑制（HI）试验（微量法）

4.1 根据 3 的试验结果配制 4HAU 的病毒抗原。以完全血凝的病毒最高稀释倍数作为终点，终点稀释倍数除以 4 即为含 4HAU 的抗原的稀释倍数。例如，如果血凝的终点滴度为 1∶256，则 4HAU 抗原的稀释倍数应是 1∶64（256 除以 4）。

4.2 在微量反应板的第 1 孔～11 孔加入 0.025 mL PBS，第 12 孔加入 0.05 mL PBS。

4.3 吸取 0.025 mL 血清加入第 1 孔内，充分混匀后吸 0.025 mL 于第 2 孔，依次进行对倍稀释至第 10 孔，从第 10 孔吸取 0.025 mL 弃去。

4.4 第 1 孔～11 孔均加入含 4HAU 混匀的病毒抗原液 0.025 mL，室温（约 20 ℃）静置至少 30 min。

4.5 每孔加入 0.025 mL 体积分数为 1% 的鸡红细胞悬液，轻轻混匀，静置约 40 min（室温约 20 ℃，若环境温度太高可置 4 ℃ 条件下进行），对照红细胞将呈现纽扣状沉于孔底。

4.6 结果判定

以完全抑制 4 个 HAU 抗原的血清最高稀释倍数作为 HI 滴度。

只有阴性对照血清滴度不大于 2log2，阳性对照孔血清误差不超过 1 个滴度，试验结果才有效。HI 价小于或等于 2log2 判定 HI 试验阴性；HI 价等于 3log2 为可疑，需重复试验；HI 价大于或等于 4log2 为阳性。

附件 2

琼脂免疫扩散（AGID）试验

A 型流感病毒都有抗原性相似的核衣壳和基质抗原。用已知禽流感 AGID 标准血清可以检测是否有 A 型流感病毒存在，一般在鉴定所分禽的病毒是否是 A 型禽流感病毒时常用，此时的抗原需要试验者自己用分离的病毒制备；利用 AGID 标准抗原，可以检测所有 A 型流感病毒产生的各个亚型的禽流感抗体，通常在禽流感监测时使用（水禽不适用），可作为非免疫鸡和火鸡感染的证据，其标准抗原和阳性血清均可由国家指定单位提供。流感病毒感染后不是所有的禽种都能产生沉淀抗体。

1 抗原制备

1.1 用含丰富病毒核衣壳的尿囊膜制备。从尿囊液呈 HA 阳性的感染鸡胚中提取绒毛尿囊膜，将其匀浆或研碎，然后反复冻融 3 次，经 1 000 r/min 离心 10 min，弃沉淀，取上清液用 0.1% 福尔马林或 1% β-丙内酯灭活后可作为抗原。

1.2 用感染的尿囊液将病毒浓缩或者用已感染的绒毛尿囊膜的提取物，这些抗原用标准血清进行标定。将含毒尿囊液以超速离心或者在酸性条件下进行沉淀以浓缩病毒。

酸性沉淀法是将 1.0 mol/LHCl 加入含毒尿囊液中，调 pH 到 4.0，将混合物置于冰浴中作用 1 h，经 1 000 r/min，4 ℃ 离心 10 min，弃去上清液。病毒沉淀物悬于甘氨-肌氨酸缓冲液中（含 1% 十二烷酰肌氨酸缓冲液，用 0.5 mol/L 甘氨酸调 pH 至 9.0）。沉淀物中含有核衣壳和基质多肽。

2 琼脂板制备

该试验常用 1 g 优质琼脂粉或 0.8 g～1 g 琼脂糖加入 100 mL 0.01 mol/L、pH7.2 的 8% 氯化钠-磷酸缓冲液中，水浴加热融化，稍凉（60 ℃～65 ℃），倒入琼脂板内（厚度为 3 mm），待琼脂凝固后，4 ℃ 冰箱保存备用。用打孔器在琼脂板上按 7 孔梅花图案打孔，孔径 3 mm～4 mm，孔距为 3 mm。

3 加样

用移液器滴加抗原于中间孔，周围 1 孔、4 孔加阳性血清，其余孔加被检血清，每孔均以加满不溢出为度，每加一个样品应换一个滴头，并设阴性对照血清。

4 感作

将琼脂板加盖保湿，置于 37 ℃ 温箱。24 h～48 h 后，判定结果。

5 结果判定

5.1 阳性。阳性血清与抗原孔之间有明显沉淀线时，被检血清与抗原孔之间也形成沉淀线，并与阳性血清的沉淀线末端吻合，则被检血清判为阳性。

5.2 弱阳性。被检血清与抗原孔之间没有沉淀线，但阳性血清的沉淀线末端向被检血清孔偏弯，此被检血清判为弱阳性（需重复试验）。

5.3 阴性。被检血清与抗原孔之间不形成沉淀线，且阳性血清沉淀线直向被检血清孔，则被检血清判为阴性。

附件 3

神经氨酸酶抑制（NI）试验

神经氨酸酶是流感病毒的两种表面糖蛋白之一，它具有酶的活性。NA 与底物（胎球蛋白）混合，37 ℃温育过夜，可使胎球蛋白释放出唾液酸，唾液酸经碘酸盐氧化，经硫代巴比妥酸作用形成生色团，该生色团用有机溶剂提取后便可用分光光度计测定。反应中出现的粉红色的深浅与释放的唾液酸的数量成比例，即与存在的流感病毒的数量成比例。

在进行病毒 NA 亚型鉴定时，当已知的标准 NA 分型抗血清与病毒 NA 亚型一致时，抗血清就会将 NA 中和，从而减少或避免了胎球蛋白释放唾液酸，最后不出现化学反应，即看不到粉红色出现，则表明血清对 NA 抑制阳性。

该试验可用于分离株 NA 亚型的鉴定，也可用于血清中 NI 抗体的定性测定。

1 溶液配置

1.1 胎球蛋白：48 mg/mL～50 mg/mL。

1.2 过碘酸盐：4.28 g 过碘酸钠＋38 mL 无离子水＋62 mL 浓正磷酸，充分混合，棕色瓶存放。

1.3 砷试剂：10 g 亚砷酸钠＋7.1 g 无水硫酸钠＋100 mL 无离子水＋0.3 mL 浓硫酸。

1.4 硫代巴比妥酸：1.2 g 硫代巴比妥酸＋14.2 g 无水硫酸钠＋200 mL 无离子水，煮沸溶解，使用期 1 周。

2 操作方法

2.1 按下图所示标记试管

○	○	○	○
N1 原液	N1 10 倍	N1 100 倍	N1 1 000 倍
○	○	○	○
N2 原液	N2 10 倍	N2 100 倍	N2 1 000 倍
○	○	○	○
阴性血清原液	阴性血清 10 倍	阴性血清 100 倍	阴性血清 1 000 倍

2.2 将 N1、N2 标准阳性血清和阴性血清分别按原液、10 倍、100 倍稀释，并分别加入标记好的相应试管中。

2.3 将已经确定 HA 亚型的待检鸡胚尿囊液稀释至 HA 价为 16 倍，每管均加入 0.05 mL，混匀，37 ℃水浴 1 h。

2.4 每管加入的胎球蛋白溶液（50 mg/mL）0.1 mL，混匀，拧上盖后 37 ℃水浴 16 h～18 h。

2.5 室温冷却后，每管加入 0.1 mL 过碘酸盐混匀，室温静置 20 min。

2.6 每管加入 1 mL 砷试剂，振荡至棕色消失乳白色出现。

2.7 每管加入 2.5 mL 硫代巴比妥酸试剂，将试管置煮沸的水浴中 15 min，不出现粉红色的为神经氨酸酶抑制阳性，即待检病毒的神经氨酸酶亚型与加入管中的标准神经氨酸酶分型血清亚型一致。

附件 4
反转录-聚合酶链反应（RT‑PCR)

反转录-聚合酶链反应（RT‑PCR）适用于检测禽组织、分泌物、排泄物和鸡胚尿囊液中禽流感病毒核酸。鉴于 RT‑PCR 方法的敏感性和特异性，引物的选择是最重要的，通常引物是以已知序列为基础设计的，大量掌握国内分离株的序列是设计特异引物的前提和基础。利用 RT‑PCR 的通用引物可以检测是否有 A 型流感病毒的存在，亚型特异性引物则可进行禽流感的分型诊断和禽流感病毒的亚型鉴定。

1 试剂/引物

1.1 变性液：见附录 A.1

1.2 2 mol/L 醋酸钠溶液（pH4.0）：见附录 A.2

1.3 水饱和酚（pH4.0）

1.4 氯仿/异戊醇混合液：见附录 A.3

1.5 M‑MLV 反转录酶（200 μ/μL）

1.6 RNA 酶抑制剂（40 μ/μL）

1.7 Taq DNA 聚合酶（5 μ/μL）

1.8 1.0% 琼脂糖凝胶：见附录 A.4

1.9 50×TAE 电泳缓冲液：见附录 A.5

1.10 溴化乙锭（10 μg/μL）溶液：见附录 A.6

1.11 10×加样缓冲液：见附录 A.7

1.12 焦碳酸二乙酯（DEPC）处理的灭菌双蒸水：见附录 A.8

1.13 5×反转录酶缓冲液：见附录 A.9

1.14 2.5 mmol dNTPs：见附录 A.10

1.15 10×PCR 缓冲液：见附录 A.11

1.16 DNA 分子量标准

1.17 引物：见附录 B

2 操作程序

2.1 样品的采集和处理：按照 GB/T 18936 中提供的方法进行。

2.2 RNA 的提取

2.2.1 设立阳性、阴性样品对照。

2.2.2　异硫氰酸胍一步法

2.2.2.1　向组织或细胞中加入适量的变性液，匀浆。

2.2.2.2　将混合物移至一管中，每毫升变性液中立即加入 0.1 mL 乙酸钠，1 mL 酚，0.2 mL 氯仿-异戊醇。加入每种组分后，盖上管盖，倒置混匀。

2.2.2.3　将匀浆剧烈振荡 10 s。冰浴 15 min 使核蛋白质复合体彻底裂解。

2.2.2.4　12 000 r/min，4 ℃离心 20 min，将上层含 RNA 的水相移入一新管中。为了降低被处于水相和有机相分界处的 DNA 污染的可能性，不要吸取水相的最下层。

2.2.2.5　加入等体积的异丙醇，充分混匀液体，并在－20 ℃沉淀 RNA 1 h 或更长时间。

2.2.2.6　4 ℃ 12 000 r/min 离心 10 min，弃上清，用 75%的乙醇洗涤沉淀，离心，用吸头彻底吸弃上清，自然条件下干燥沉淀，溶于适量 DEPC 处理的水中。－20 ℃储存，备用。

2.2.3　也可选择市售商品化 RNA 提取试剂盒，完成 RNA 的提取。

2.3　反转录

2.3.1　取 5 μL RNA，加 1 μL 反转录引物，70 ℃作用 5 min。

2.3.2　冰浴 2 min。

2.3.3　继续加入：

5×反转录反应缓冲液	4 μL
0.1 mol/L DTT	2 μL
2.5 mmol dNTPs	2 μL
M-MLV 反转录酶	0.5 μL
RNA 酶抑制剂	0.5 μL
DEPC 水	11 μL

37 ℃水浴 1 h，合成 cDNA 链。取出后可直接进行 PCR，或者放于－20 ℃保存备用。试验中同时设立阳性和阴性对照。

2.4　PCR

根据扩增目的不同，选择不同的上/下游引物，M-229U/M-229L 是型特异性引物，用于扩增禽流感病毒的 M 基因片段；H5-380U/H5-380L、H7-501U/H7-501L、H9-732U/H9-732L 分别特异性扩增 H5、H7、H9 亚型血凝素基因片段；N1-358U/N1-358L、N2-377U/N2-377L 分别特异性扩增 N1、N2 亚型神经氨酸酶基因片段。

PCR 为 50 μL 体系，包括：

双蒸灭菌水	37.5 μL
反转录产物	4 μL
上游引物	0.5 μL
下游引物	0.5 μL
10×PCR 缓冲液	5 μL
2.5 mmol dNTPs	2 μL

Taq 酶   0.5 μL

首先加入双蒸灭菌水，然后按顺序逐一加入上述成分，每次要加入液面下。全部加完后，混悬，瞬时离心，使液体都沉降到 PCR 管底。在每个 PCR 管中加入 1 滴液体石蜡（约 20 μL）。循环参数为 95 ℃5 min，94 ℃ 45 s，52 ℃ 45 s，72 ℃ 45 s，循环 30 次，72 ℃延伸 6 min 结束。设立阳性对照和阴性对照。

2.5 电泳

2.5.1 制备 1.0%琼脂糖凝胶板，见附录 A.4。

2.5.2 取 5 μL PCR 产物与 0.5 μL 加样缓冲液混合，加入琼脂糖凝胶板的加样孔中。

2.5.3 加入分子量标准。

2.5.4 盖好电泳仪，插好电极，5 V/cm 电压电泳，30 min～40 min。

2.5.5 用紫外凝胶成像仪观察、扫描图片存档，打印。

2.5.6 用分子量标准比较判断 PCR 片段大小。

3 结果判定

3.1 在阳性对照出现相应扩增带、阴性对照无此扩增带时判定结果。

3.2 用 M-229U/M-229L 检测，出现大小为 229 bp 扩增片段时，判定为禽流感病毒阳性，否则判定为阴性。

3.3 用 H5-380U/H5-380L 检测，出现大小为 380 bp 扩增片段时，判定为 H5 血凝素亚型禽流感病毒阳性，否则判定为阴性。

3.4 用 H7-501U/H7-501L 检测，出现大小为 501 bp 扩增片段时，判定为 H7 血凝素亚型禽流感病毒阳性，否则判定为阴性。

3.5 用 H9-732U/H9-732L 检测，出现大小为 732 bp 扩增片段时，判定为 H9 血凝素亚型禽流感病毒阳性，否则判定为阴性。

3.6 用 N1-358U/N1-358L 检测，出现大小为 358 bp 扩增片段时，判定为 N1 神经氨酸酶亚型禽流感病毒阳性，否则判定为阴性。

3.7 用 N2-377U/N2-377L 检测，出现大小为 377 bp 扩增片段时，判定为 N2 神经氨酸酶亚型禽流感病毒阳性，否则判定为阴性。

附　录　A

相关试剂的配制

A.1 变性液

4 mol/L 异硫氰酸胍

25 mmol/L 柠檬酸钠·2H$_2$O

0.5%（m/V）十二烷基肌酸钠

0.1 mol/L β-巯基乙醇

具体配制：将 250 g 异硫氰酸胍、0.75 mol/L（pH7.0）柠檬酸钠 17.6 mL 和 26.4 mL 10%（m/V）十二烷基肌酸钠溶于 293 mL 水中。65 ℃条件下搅拌、混匀，直至完全溶解。

室温条件下保存，每次临用前按每 50 mL 变性液 14.4 mol/L β-巯基乙醇 0.36 mL 的剂量加入。变性液可在室温下避光保存数月。

A.2　2 mol/L 醋酸钠溶液（pH4.0）

乙酸钠	16.4 g
冰乙酸	调 pH 至 4.0
灭菌双蒸水	加至 100 mL

A.3　氯仿/异戊醇混合液

氯仿	49 mL
异戊醇	1 mL

A.4　1.0% 琼脂糖凝胶的配制

琼脂糖	1.0 g
0.5×TAE 电泳缓冲液	加至 100 mL

微波炉中完全融化，待冷至 50 ℃～60 ℃时，加溴化乙锭（EB）溶液 5 μL，摇匀，倒入电泳板上，凝固后取下梳子，备用。

A.5　50×TAE 电泳缓冲液

A.5.1　0.5 mol/L 乙二铵四乙酸二钠（EDTA）溶液（pH8.0）

二水乙二铵四乙酸二钠	18.61 g
灭菌双蒸水	80 mL
氢氧化钠	调 pH 至 8.0
灭菌双蒸水	加至 100 mL

A.5.2　TAE 电泳缓冲液（50×）配制

羟基甲基氨基甲烷（Tris）	242 g
冰乙酸	57.1 mL
0.5 mol/L 乙二铵四乙酸二钠溶液（pH8.0）	100 mL
灭菌双蒸水	加至 1 000 mL

用时用灭菌双蒸水稀释使用

A.6　溴化乙锭（10 μg/μL）溶液

溴化乙锭	20 mg
灭菌双蒸水	加至 20 mL

A.7　10×加样缓冲液

聚蔗糖	25 g
灭菌双蒸水	100 mL
溴酚蓝	0.1 g
二甲苯青	0.1 g

A.8　焦碳酸二乙酯（DEPC）处理的灭菌双蒸水

超纯水	100 mL
焦碳酸二乙酯（DEPC）	50 μL

室温过夜，121 ℃高压 15 min，分装到 1.5 mL DEPC 处理过的微量管中。

A.9　5×反转录酶缓冲液

1 moL Tris－HCl（pH 8.3）	5 mL
KCl	0.559 g
$MgCl_2$	0.029 g
DTT	0.154 g
灭菌双蒸水	加至 100 mL

A.10　2.5 mmol/L dNTPs

dATP（10 mmol/L）	20 μL
dTTP（10 mmol/L）	20 μL
dGTP（10 mmol/L）	20 μL
dCTP（10 mmol/L）	20 μL

A.11　10×PCR 缓冲液

1 mol/L Tris－HCl（pH8.8）	10 mL
1 mol/L KCl	50 mL
Nonidet P40	0.8 mL
1.5 moL $MgCl_2$	1 mL
灭菌双蒸水	加至 100 mL

附　录　B

禽流感病毒 RT－PCR 试验用引物

B.1　反转录引物

Uni 12:5′－AGCAAAAGCAGG－3′，引物浓度为 20 pmol。

B.2　PCR 引物

见下表，引物浓度均为 20 pmol。

B. 2　PCR 过程中选择的引物

引物名称	引物序列	长度（bp）	扩增目的
M－229U	5′－TTCTAACCGAGGTCGAAAC－3′	229	通用引物
M－229L	5′－AAGCGTCTACGCTGCAGTCC－3′		
H5－380U	5′－AGTGAATTGGAATATGGTAACTG－3′	380	H5
H5－380L	5′－AACTGAGTGTTCATTTTGTCAAT－3′		
H7－501U	5′－AATGCACARGGAGGAGGAACT－3′	501	H7
H7－501L	5′－TGAYGCCCCGAAGCTAAACCA－3′		
H9－732U	5′－TCAACAAACTCCACCGAAACTGT－3′	732	H9
H9－732L	5′－TCCCGTAAGAACATGTCCATACCA－3′		
N1－358U	5′－ATTRAAATACAAYGGYATAATAAC－3′	358	N1
N1－358L	5′－GTCWCCGAAAACYCCACTGCA－3′		
N2－377U	5′－GTGTGYATAGCATGGTCCAGCTCAAG－3′	377	N2
N2－377L	5′－GAGCCYTTCCARTTGTCTCTGCA－3′		

注：W＝（AT）；Y＝（CT）；R＝（AG）。

附件5

禽流感病毒通用反转录-聚合酶链反应（荧光 RT－PCR）检测

1　材料与试剂

1.1　仪器与器材

荧光 RT－PCR 检测仪

高速台式冷冻离心机（离心速度 12 000 r/min 以上）

台式离心机（离心速度 3 000 r/min）

混匀器

冰箱（2 ℃～8 ℃和－20 ℃两种）

微量可调移液器（10 μL、100 μL、1 000 μL）及配套带滤芯吸头

Eppendorf 管（1.5 mL）

1.2　试剂

除特别说明以外，本标准所用试剂均为分析纯，所有试剂均用无 RNA 酶污染的容器（用 DEPC 水处理后高压灭菌）分装。

氯仿；

异丙醇：－20 ℃预冷；

PBS：（121±2）℃，15 min 高压灭菌冷却后，无菌条件下加入青霉素、链霉素各 10 000 U/mL；

75％乙醇：用新开启的无水乙醇和 DEPC 水（符合 GB 6682 要求）配制，－20 ℃预冷。

禽流感病毒通用型荧光 RT－PCR 检测试剂盒：组成、功能及使用注意事项见附录。

2 抽样

2.1 采样工具

下列采样工具必须经（121±2）℃，15 min 高压灭菌并烘干：

棉拭子、剪刀、镊子、注射器、1.5 mL Eppendorf 管、研钵。

2.2 样品采集

（1）活禽

取咽喉拭子和泄殖腔拭子，采集方法如下：

取咽喉拭子时将拭子深入喉头口及上颚裂来回刮 3 次～5 次取咽喉分泌液。

取泄殖腔拭子时将拭子深入泄殖腔转一圈并蘸取少量粪便。

将拭子一并放入盛有 1.0 mL PBS 的 1.5 mL Eppendorf 管中，加盖、编号。

（2）肌肉或组织脏器

待检样品装入一次性塑料袋或其他灭菌容器，编号，送实验室。

（3）血清、血浆

用无菌注射器直接吸取至无菌 Eppendorf 管中，编号备用。

2.3 样品储运

样品采集后，放入密闭的塑料袋内（一个采样点的样品放一个塑料袋），于保温箱中加冰、密封，送实验室。

2.4 样品制备

（1）咽喉、泄殖腔拭子

样品在混合器上充分混合后，用高压灭菌镊子将拭子中的液体挤出，室温放置 30 min，取上清液转入无菌的 1.5 mL Eppendorf 管中，编号备用。

（2）肌肉或组织脏器

取待检样品 2.0 g 于洁净、灭菌并烘干的研钵中充分研磨，加 10 mL PBS 混匀，4 ℃，3 000 r/min 离心 15 min，取上清液转入无菌的 1.5 mL Eppendorf 管中，编号备用。

2.5 样本存放

制备的样本在 2 ℃～8 ℃条件下保存应不超过 24 h，若需长期保存应置−70 ℃以下，但应避免反复冻融（冻融不超过 3 次）。

3 操作方法

3.1 实验室标准化设置与管理

禽流感病毒通用荧光 RT‐PCR 检测的实验室规范。

3.2 样本的处理

在样本制备区进行。

（1）取 n 个灭菌的 1.5 mL Eppendorf 管，其中 n 为被检样品、阳性对照与阴性对照的和（阳性对照、阴性对照在试剂盒中已标出），编号。

（2）每管加入 600 μL 裂解液，分别加入被检样本、阴性对照、阳性对照各 200 μL，一份样本换用一个吸头，再加入 200 μL 氯仿，混匀器上振荡混匀 5 s（不能过于强烈，以免产生乳化层，也可以用手颠倒混匀）。于 4 ℃、12 000 r/min 离心 15 min。

（3）取与（1）相同数量灭菌的 1.5 mL Eppendorf 管，加入 500 μL 异丙醇（−20 ℃预冷），做标记。吸取本标准（2）各管中的上清液转移至相应的管中，上清液应至少吸取 500 μL，不能吸出中间层，颠倒混匀。

（4）于 4 ℃、12 000 r/min 离心 15 min（Eppendorf 管开口保持朝离心机转轴方向放置），小心倒去上清，倒置于吸水纸上，沾干液体（不同样品须在吸水纸不同地方沾干）；加入 600 μL 75％乙醇，颠倒洗涤。

（5）于 4 ℃、12 000 r/min 离心 10 min（Eppendorf 管开口保持朝离心机转轴方向放置），小心倒去上清，倒置于吸水纸上，尽量沾干液体（不同样品须在吸水纸不同地方沾干）。

（6）4 000 r/min 离心 10 s（Eppendorf 管开口保持朝离心机转轴方向放置），将管壁上的残余液体甩到管底部，小心倒去上清，用微量加样器将其吸干，一份样本换用一个吸头，吸头不要碰到有沉淀一面，室温干燥 3 min，不能过于干燥，以免 RNA 不溶。

（7）加入 11 μL DEPC 水，轻轻混匀，溶解管壁上的 RNA，2 000 r/min 离心 5 s，冰上保存备用。提取的 RNA 须在 2 h 内进行 PCR 扩增；若需长期保存须放置于−70 ℃冰箱。

3.3　检测

（1）扩增试剂准备

在反应混合物配制区进行。从试剂盒中取出相应的荧光 RT - PCR 反应液、Taq 酶，在室温下融化后，2 000 r/min 离心 5 s。设所需荧光 RT - PCR 检测总数为 n，其中 n 为被检样品、阳性对照与阴性对照的和，每个样品测试反应体系配制如下：RT - PCR 反应液 15 μL，Taq 酶 0.25 μL。根据测试样品的数量计算好各试剂的使用量，加入适当体积中，向其中加入 $0.25 \times n$ 颗 RT - PCR 反转录酶颗粒，充分混合均匀，向每个荧光 RT - PCR 管中各分装 15 μL，转移至样本处理区。

（2）加样

在样本处理区进行。在各设定的荧光 RT - PCR 管中分别加入上述样本处理中制备的 RNA 溶液各 10 μL，盖紧管盖，500 r/min 离心 30 s。

（3）荧光 RT - PCR 检测

在检测区进行。将本标准中离心后的 PCR 管放入荧光 RT - PCR 检测仪内，记录样本摆放顺序。

循环条件设置：第一阶段，反转录 42 ℃/30 min；第二阶段，预变性 92 ℃/3 min；第三阶段，92 ℃/10 s，45 ℃/30 s，72 ℃/1 min，5 个循环；第四阶段，92 ℃/10 s，60 ℃/30 s，40 个循环，在第四阶段每个循环的退火延伸时收集荧光。

试验检测结束后，根据收集的荧光曲线和 Ct 值判定结果。

4　结果判定

4.1　结果分析条件设定

直接读取检测结果。阈值设定原则根据仪器噪声情况进行调整，以阈值线刚好超过正常阴性样品扩增曲线的最高点为准。

4.2 质控标准

（1）阴性对照无 Ct 值并且无扩增曲线。

（2）阳性对照的 Ct 值应＜28.0，并出现典型的扩增曲线；否则，此次试验视为无效。

4.3 结果描述及判定

（1）阴性

无 Ct 值并且无扩增曲线，表示样品中无禽流感病毒。

（2）阳性

Ct 值≤30，且出现典型的扩增曲线，表示样品中存在禽流感病毒。

（3）有效原则

Ct＞30 的样本建议重做。重做结果无 Ct 值者为阴性；否则，为阳性。

附　录

试剂盒的组成

1 试剂盒组成

每个试剂盒可做 48 个检测，包括以下成分：

裂解液 30 mL×1 盒

DEPC 水 1 mL×1 管

RT‑PCR 反应液（内含禽流感病毒的引物、探针）750 μL×1 管

RT‑PCR 酶 1 颗/管×12 管

Taq 酶 12 μL×1 管

阴性对照 1 mL×1 管

阳性对照（非感染性体外转录 RNA）1 mL×1 管

2 说明

2.1 裂解液的主要成分为异硫氰酸胍和酚，为 RNA 提取试剂，外观为红色液体，于 4℃保存。

2.2 DEPC 水，用 1%DEPC 处理后的去离子水，用于溶解 RNA。

2.3 RT‑PCR 反应液中含有特异性引物、探针及各种离子。

3 功能

试剂盒可用于禽类相关样品（包括肌肉组织、脏器、咽喉拭子、泄殖腔拭子、血清或血浆等）中禽流感病毒的检测。

4 使用时的注意事项

4.1 在检测过程中，必须严防不同样品间的交叉污染。

4.2 反应液分装时应避免产生气泡，上机前检查各反应管是否盖紧，以免荧光物质泄露污染仪器。

RT－PCR 酶颗粒极易吸潮失活，必须在室温条件下置于干燥器内保存，使用时取出所需数量，剩余部分立即放回干燥器中。

附件6

消毒技术规范

1　设备和必需品

1.1　清洗工具：扫帚、叉子、铲子、锹和冲洗用水管。

1.2　消毒工具：喷雾器、火焰喷射枪、消毒车辆、消毒容器等。

1.3　消毒剂：清洁剂、醛类、强碱、氯制剂类等合适的消毒剂。

1.4　防护装备：防护服、口罩、胶靴、手套、护目镜等。

2　圈舍、场地和各种用具的消毒

2.1　对圈舍及场地内外采用喷洒消毒液的方式进行消毒，消毒后对污物、粪便、饲料等进行清理；清理完毕再用消毒液以喷洒方式进行彻底消毒，消毒完毕后再进行清洗；不易冲洗的圈舍清除废弃物和表土，进行堆积发酵处理。

2.2　对金属设施设备，可采取火焰、熏蒸等方式消毒；木质工具及塑料用具采取用消毒液浸泡消毒；工作服等采取浸泡或高温高压消毒。

3　疫区内可能被污染的场所应进行喷洒消毒

4　污水沟、水塘可投放生石灰或漂白粉

5　运载工具清洗消毒

5.1　在出入疫点、疫区的交通路口设立消毒站点，对所有可能被污染的运载工具应当严格消毒。

5.2　从车辆上清理下来的废弃物进行无害化处理。

6　疫点每天消毒1次，连续1周，1周以后每两天消毒1次。疫区内疫点以外的区域每两天消毒1次。

附件7

扑　杀　方　法

1　窒息

先将待扑杀禽装入袋中，置入密封车或其他密封容器，通入二氧化碳窒息致死；或将禽装入密封袋中，通入二氧化碳窒息致死。

2 扭颈

扑杀量较小时采用。根据禽只大小，一手握住头部，另一手握住体部，朝相反方向扭转拉伸。

3 其他

可根据本地情况，采用其他能避免病原扩散的致死方法。

扑杀人员的防护符合 NY/T 768《高致病性禽流感人员防护技术规范》的要求。

附件 8

无 害 化 处 理

所有病死禽、被扑杀禽及其产品、排泄物以及被污染或可能被污染的垫料、饲料和其他物品应当进行无害化处理。清洗所产生的污水、污物进行无害化处理。

无害化处理可以选择深埋、焚烧或高温高压等方法，饲料、粪便可以发酵处理。

1 深埋

1.1 选址

应当避开公共视线，选择地表水位低、远离学校、公共场所、居民住宅区、动物饲养场、屠宰场及交易市场、村庄、饮用水源地、河流等地域。位置和类型应当有利于防洪。

1.2 坑的覆盖土层厚度应大于 1.5 m，坑底铺垫生石灰，覆盖土以前再撒一层生石灰。

1.3 禽类尸体置于坑中后，浇油焚烧，然后用土覆盖，与周围持平。填土不要太实，以免尸腐产气造成气泡冒出和液体渗漏。

1.4 饲料、污染物等置于坑中，喷洒消毒剂后掩埋。

2 工厂化处理

将所有病死牲畜、扑杀牲畜及其产品密封运输至无害化处理厂，统一实施无害化处理。

3 发酵

饲料、粪便可在指定地点堆积，密封彻底发酵，表面应进行消毒。

4 无害化处理应符合环保要求，所涉及的运输、装卸等环节应避免洒漏，运输装卸工具要彻底消毒。

附件 9

高致病性禽流感流行病学调查规范

1 范围

本标准规定了发生高致病性禽流感疫情后开展的流行病学调查技术要求。

本标准适用于高致病性禽流感暴发后的最初调查、现地调查和追踪调查。

2 规范性引用文件

下列文件中的条款通过本标准的引用而成为本标准的条款。凡是注日期的引用文件，其随后所有的修改单位（不包括勘误的内容）或修订版均不适用于本标准。鼓励根据本标准达成协议的各方研究可以使用这些文件的最新版本。凡是不注日期的引用文件，其最新版本适用于本标准。

NY 764   高致病性禽流感疫情判定及扑灭技术规范

NY/T 768   高致病性禽流感人员防护技术规范

3 术语和定义

3.1 最初调查

兽医技术人员在接到养禽场（户）怀疑发生高致病性禽流感的报告后，对所报告的养禽场/户进行的实地考察以及对其发病情况的初步核实。

3.2 现地调查

兽医技术人员或省级、国家级动物流行病学专家对所报告的高致病性禽流感发病场/户的场区状况、传染来源、发病禽品种与日龄、发病时间与病程、发病率与病死率以及发病禽舍分布等所做的现场调查。

3.3 跟踪调查

在高致病性禽流感暴发及扑灭前后，对疫点的可疑带毒人员、病死禽及其产品和传播媒介的扩散趋势、自然宿主发病和带毒情况的调查。

4 最初调查

4.1 目的

核实疫情、提出对疫点的初步控制措施，为后续疫情确诊和现地调查提供依据。

4.2 组织与要求

4.2.1 动物防疫监督机构接到养禽场（户）怀疑发病的报告后，应立即指派 2 名以上兽医技术人员，携必要的器械、用品和采样用容器，在 24 h 以内尽快赶赴现场，核实发病情况。

4.2.2 被派兽医技术人员至少 3 d 内没有接触过高致病性禽流感病禽及其污染物，按 NY/T 768 要求做好个人防护。

4.3 内容

4.3.1 调查发病禽场的基本状况、病史、症状以及环境状况 4 个方面，完成最初调查表（附录 A）。

4.3.2 认真检查发病禽群状况，根据 NY 764 做出是否发生高致病性禽流感的初步判断。

4.3.3 若不能排除高致病性禽流感，调查人员应立即报告当地动物防疫监督机构并建议提请省级或国家级动物流行病学专家做进一步诊断，并应配合做好后续采样、诊断和疫情扑灭工作。

4.3.4 实施对疫点的初步控制措施，禁止家禽、家禽产品和可疑污染物品从养禽场（户）运出，并限制人员流动。

4.3.5 画图标出疑病禽场（户）周围 10 km 以内分布的养禽场、道路、河流、山岭、树林、人工屏障等，连同最初调查表一同报告当地动物防疫监督机构。

5 现地调查

5.1 目的

在最初调查无法排除高致病性禽流感的情况下，对报告养禽场（户）做进一步的诊断和调查，分析可能的传染来源、传播方式、传播途径以及影响疫情控制和扑灭的环境和生态因素，为控制和扑灭疫情提供技术依据。

5.2 组织与要求

5.2.1 省级动物防疫监督机构接到怀疑发病报告后，应立即派遣流行病学专家配备必要的器械和用品于 24 h 内赴现场，做进一步诊断和调查。

5.2.2 被派兽医技术人员应遵照 4.2.2 的要求。

5.3 内容

5.3.1 在地方动物防疫监督机构技术人员初步调查的基础上，对发病养禽场（户）的发病情况、周边地理地貌、野生动物分布、近期家禽、产品、人员流动情况等开展进一步的调查，分析传染来源、传播途径以及影响疫情控制和消灭的环境和生态因素。

5.3.2 尽快完成流行病学现地调查表（附录 B）并提交省和地方动物防疫监督机构。

5.3.3 与地方动物防疫监督机构密切配合，完成病料样品的采集、包装及运输等诊断事宜。

5.3.4 对所发疫病做出高致病性禽流感诊断后，协助地方政府和地方动物防疫监督机构扑灭疫情。

6 跟踪调查

6.1 目的

追踪疫点传染源和传播媒介的扩散趋势、自然宿主的发病和带毒情况，为可能出现的公共卫生危害提供预警预报。

6.2 组织

当地流行病学调查人员在省级或国家级动物流行病学专家指导下对有关人员、可疑感染家禽、可疑污染物品和带毒宿主进行追踪调查。

6.3 内容

6.3.1 追踪出入发病养禽场（户）的有关工作人员和所有家禽、禽产品及有关物品的流动情况，并对其采取适当的隔离观察和控制措施，严防疫情扩散。

6.3.2 对疫点、疫区的家禽、水禽、猪、留鸟、候鸟等重要疫源宿主进行发病情况调查，追踪病毒变异情况。

6.3.3　完成跟踪调查表（附录 C）并提交本次暴发疫情的流行病学调查报告。

附　录　A

高致病性禽流感流行病学最初调查表

任务编号：		国标码：	
调查者姓名：		电　话：	
场/户主姓名：		电　话：	
场/户名称：		邮　编：	

场/户地址	
饲养品种	
饲养数量	
场址地形环境描述	
发病时天气状况	温度
	干旱/下雨
	主风向
场区条件	□进场要洗澡更衣　□进生产区要换胶靴　□场舍门口有消毒池　□供料道与出粪道分开
污水排向	□附近河流　□农田沟渠　□附近村庄　□野外湖区　□野外水塘　□荒郊　□其他
过去一年曾发生的疫病	□低致病性禽流感　□鸡新城疫　□马立克氏病　□禽白血病　□鸡传染性喉气管炎 □鸡传染性贫血　□鸡传染性支气管炎　□鸡传染性法氏囊病
本次典型发病情况	□急性发病死亡　□脚鳞出血　□鸡冠出血或发绀、头部水肿 □肌肉和其他组织器官广泛性严重出血　□神经症状　□绿色稀便 □ 其他（请填写）：
疫情核实结论	□不能排除高致病性禽流感　□排除高致病性禽流感

调查人员签字：	时间：

附　录　B

高致病性禽流感现地调查表

疫情类型　（1）确诊　（2）疑似　（3）可疑

B.1　疫点易感禽与发病禽现场调查

B.1.1　最早出现发病时间：　　年　　月　　日　　时

发病数：　　只，死亡数：　　只，圈舍（户）编号：

B.1.2　禽群发病情况：

圈舍（户）编号	家禽品种	日龄	发病日期	发病数	开始死亡日期	死亡数

B.1.3　袭击率：

计算公式：袭击率＝（疫情暴发以来发病禽数÷疫情暴发开始时易感禽数）×100％

B.2　可能的传染来源调查

B.2.1　发病前30 d内，发病禽舍是否新引进了家禽？

（1）是　　　　　　　　　（2）否

引进禽品种	引进数量	混群情况*	最初混群时间	健康状况	引进时间	来源

　*　混群情况为：（1）同舍（户）饲养　（2）邻舍（户）饲养　（3）饲养于本场（村）隔离场，隔离场（舍）人员应单独隔离

B.2.2　发病前30 d内发病禽场/户是否有野鸟栖息或捕获鸟？

（1）是　　　　　　　　　（2）否

鸟　名	数　量	来　源	鸟停留地点*	鸟病死数量	与禽畜接触频率**

　*　停留地点：包括禽场（户）内建筑场上、树上、存料处及料槽等。

　**　接触频率：指鸟与停留地点的接触情况，分为每天、数次、仅一次。

B.2.3 发病前30 d内是否运入可疑的被污染物品（药品）?

（1）是 （2）否

物品名称	数　量	经过或存放地	运入后使用情况

B.2.4 最近30 d内是否有场外有关业务人员来场?（1）无 （2）有，请写出访问者姓名、单位、访问日期，并注明是否来自疫区。

来访人	来访日期	来访人职业/电话	是否来自疫区

B.2.5 发病场（户）是否靠近其他养禽场及动物集散地?

（1）是 （2）否

B.2.5.1 与发病场的相对地理位置_____。

B.2.5.2 与发病场的距离_____。

B.2.5.3 其大致情况_____。

B.2.6 发病场周围10 km以内是否有下列动物群?

B.2.6.1 猪：_____。

B.2.6.2 野禽，具体禽种：_____。

B.2.6.3 野水禽，具体禽种：_____。

B.2.6.4 田鼠、家鼠：_____。

B.2.6.5 其他：_____。

B.2.7 在最近25 d～30 d内本场周围10 km内有无禽发病?

（1）无 （2）有，请回答：

B.2.7.1 发病日期：_____。

B.2.7.2 病禽数量和品种：_____。

B.2.7.3 确诊或疑似诊断疾病：_____。

B.2.7.4 场主姓名：_____。

B.2.7.5 发病地点与本场相对位置、距离：_____。

B.2.7.6 投药情况：_____。

B.2.7.7 疫苗接种情况：_____。

B.2.8 场内是否有职员住在其他养殖场或养禽村？

(1) 无   (2) 有

B.2.8.1 该农场所处的位置：_____。

B.2.8.2 该场养禽的数量和品种：_____。

B.2.8.3 该场禽的来源及去向：_____。

B.2.8.4 职员拜访和接触他人地点：_____。

B.3 在发病前 30 d 是否有饲养方式或管理的改变？

(1) 无   (2) 有，_____。

B.4 发病场（户）周围环境情况

B.4.1 静止水源——沼泽、池塘或湖泊：

(1) 是   (2) 否

B.4.2 流动水源——灌溉用水、运河水、河水：

(1) 是   (2) 否

B.4.3 断续灌溉区——方圆 3 km 内无水面：

(1) 是   (2) 否

B.4.4 最近发生过洪水：

(1) 是   (2) 否

B.4.5 靠近公路干线：

(1) 是   (2) 否

B.4.6 靠近山溪或森（树）林：

(1) 是   (2) 否

B.5 该养禽场（户）地势类型属于

(1) 盆地 (2) 山谷 (3) 高原 (4) 丘陵 (5) 平原 (6) 山区

(7) 其他（请注明）_____。

B.6 饮用水及冲洗用水情况

B.6.1 饮水类型：

(1) 自来水 (2) 浅井水 (3) 深井水 (4) 河塘水 (5) 其他

B.6.2 冲洗水类型：

(1) 自来水 (2) 浅井水 (3) 深井水 (4) 河塘水 (5) 其他

B.7 发病养禽场（户）高致病性禽流感疫苗免疫接种情况：

(1) 免疫接种   (2) 未免疫接种

B.7.1 疫苗生产厂家_____。

B.7.2 疫苗品种、批号_____。

B.7.3 被免疫接种鸡数量_____。

B.8 受威胁区免疫接种禽群情况

B.8.1 免疫接种一个月内禽只发病情况：

（1）未见发病 （2）发病，发病率_____。

B.8.2 异源亚型血清学检测和病原学检测

标本类型	采样时间	检测项目	检测方法	结　　果

注：标本类型包括鼻咽、脾淋内脏、血清及粪便等。

B.9 解除封锁后是否使用岗哨动物

（1）否 （2）是，简述结果_____。

B.10 最后诊断情况

B.10.1 确诊 HPAI，确诊单位_____。

B.10.2 排除，其他疫病名称_____。

B.11 疫情处理情况

B.11.1 发病禽群及其周围 3 km 以内所有家禽全部扑杀：

（1）是 （2）否，扑杀范围：_____。

B.11.2 疫点周围 3 km～5 km 内所有家禽全部接种疫苗

（1）是 （2）否

所用疫苗的病毒亚型：_____　　厂家_____。

附　录　C

高致病性禽流感跟踪调查表

C.1 在发病养禽场（户）出现第 1 个病例前 21 d 至该场被控制期间出场的（A）有关人员，（B）动物/产品/排泄废弃物，（C）运输工具/物品/饲料/原料，（D）其他（请标出）_____，养禽场被隔离控制日期_____。

出场日期	出场人/物 （A/B/C/D）	运输工具	人/承运人 姓名/电话	目的地/电话

出场日期	出场人/物 （A/B/C/D）	运输工具	人/承运人 姓名/电话	目的地/电话

C.2 在发病养禽场（户）出现第 1 个病例前 21 d 至该场被隔离控制期间，是否有家禽、车辆和人员进出家禽集散地（家禽集散地包括展览场所、农贸市场、动物产品仓库、拍卖市场、动物园等)？（1）无 （2）有，请填写下表，追踪可能污染物，做限制或消毒处理。

出入日期	出场人/物	运输工具	人/承运人 姓名/电话	相对方位/距离

注：家禽集散地包括展览场所、农贸市场、动物产品仓库、拍卖市场、动物园等。

C.3 列举在发病养禽场（户）出现第 1 个病例前 21 d 至该场被隔离控制期间出场的工作人员（如送料员、雌雄鉴别人员、销售人员、兽医等）3 d 内接触过的所有养禽场（户），通知被访场家进行防范。

姓名	出场人员	出场日期	访问日期	目的地/电话

C.4 疫点或疫区水禽

C.4.1 在发病后一个月发病情况

(1)未见发病 (2)发病,发病率_____。

C.4.2 异源亚型血清学检测和病原学检测

标本类型	采样时间	检测项目	检测方法	结　果

C.5 疫点或疫区留鸟

C.5.1 在发病后一个月发病情况

(1)未见发病 (2)发病,发病率_____。

C.5.2 血清学检测和病原学检测

标本类型	采样时间	检测项目	检测方法	结　果

C.6 受威胁区猪密切接触的猪只

C.6.1 在发病后一个月发病情况

(1)未见发病 (2)发病,发病率_____。

C.6.2 血清学和病原学检测、异源亚型血清学检测和病原学检测

标本类型	采样时间	检测项目	检测方法	结　果

C.7 疫点或疫区候鸟

C.7.1 在发病后一个月发病情况

(1) 未见发病 (2) 发病，发病率_____。

C.7.2 血清学检测和病原学检测

标本类型	采样时间	检测项目	检测方法	结 果

C.8 在该疫点疫病传染期内密切接触人员的发病情况_____。

(1) 未见发病

(2) 发病，简述情况：

接触人员姓名	性别	年龄	接触方式*	住址或工作单位	电话号码	是否发病及死亡

* 接触方式：(1) 本舍（户）饲养员 (2) 非本舍饲养员 (3) 本场兽医 (4) 收购与运输 (5) 屠宰加工 (6) 处理疫情的场外兽医 (7) 其他接触

附件 10

高致病性禽流感人员防护技术规范

1 范围

本标准规定了对密切接触高致病性禽流感病毒感染或可能感染禽和场的人员的生物安全防护要求。

本标准适用于密切接触高致病性禽流感病毒感染或可能感染禽和场的人员进行生物安全防护。此类人员包括：诊断、采样、扑杀禽鸟、无害化处理禽鸟及其污染物和清洗消毒的工作人员、饲养人员、赴感染或可能感染场进行调查的人员。

2　诊断、采样、扑杀禽鸟、无害化处理禽鸟及其污染物和清洗消毒的人员

2.1　进入感染或可能感染场和无害化处理地点

2.1.1　穿防护服。

2.1.2　戴可消毒的橡胶手套。

2.1.3　戴 N95 口罩或标准手术用口罩。

2.1.4　戴护目镜。

2.1.5　穿胶靴。

2.2　离开感染或可能感染场和无害化处理地点

2.2.1　工作完毕后，对场地及其设施进行彻底消毒。

2.2.2　在场内或处理地的出口处脱掉防护装备。

2.2.3　将脱掉的防护装备置于容器内进行消毒处理。

2.2.4　对换衣区域进行消毒，人员用消毒水洗手。

2.2.5　工作完毕要洗浴。

3　饲养人员

3.1　饲养人员与感染或可能感染的禽鸟及其粪便等污染物品接触前，必须戴口罩、手套和护目镜，穿防护服和胶靴。

3.2　扑杀处理禽鸟和进行清洗消毒工作前，应穿戴好防护物品。

3.3　场地清洗消毒后，脱掉防护物品。

3.4　衣服须用 70 ℃以上的热水浸泡 5 min 或用消毒剂浸泡，然后再用肥皂水洗涤，于太阳下晾晒。

3.5　胶靴和护目镜等要清洗消毒。

3.6　处理完上述物品后要洗浴。

4　赴感染或可能感染场的人员

4.1　需备物品

口罩、手套、防护服、一次性帽子或头套、胶靴等。

4.2　进入感染或可能感染场

4.2.1　穿防护服。

4.2.2　戴口罩，用过的口罩不得随意丢弃。

4.2.3　穿胶靴，用后要清洗消毒。

4.2.4　戴一次性手套或可消毒橡胶手套。

4.2.5　戴好一次性帽子或头套。

4.3　离开感染或可能感染场

4.3.1　脱个人防护装备时，污染物要装入塑料袋内，置于指定地点。

4.3.2　最后脱掉手套后，手要洗涤消毒。

4.3.3 工作完毕要洗浴，尤其是出入过有禽粪灰尘的场所。

5 健康监测

5.1 所有暴露于感染或可能感染禽和场的人员均应接受卫生部门监测。

5.2 出现呼吸道感染症状的人员应尽快接受卫生部门检查。

5.3 出现呼吸道感染症状人员的家人也应接受健康监测。

5.4 免疫功能低下、60岁以上和有慢性心脏和肺疾病的人员要避免从事与禽接触的工作。

5.5 应密切关注采样、扑杀处理禽鸟、清洗消毒的工作人员和饲养人员的健康状况。

四、《家禽产地检疫规程》（农医发〔2010〕20号）

1 适用范围

本规程规定了家禽（含人工饲养的同种野禽）产地检疫的检疫对象、检疫合格标准、检疫程序、检疫结果处理和检疫记录。

本规程适用于中华人民共和国境内家禽的产地检疫及省内调运种禽或种蛋的产地检疫。合法捕获的同种野禽的产地检疫参照本规程执行。

2 检疫对象

高致病性禽流感、新城疫、鸡传染性喉气管炎、鸡传染性支气管炎、鸡传染性法氏囊病、马立克氏病、禽痘、鸭瘟、小鹅瘟、鸡白痢、鸡球虫病。

3 检疫合格标准

3.1 来自非封锁区或未发生相关动物疫情的饲养场（养殖小区）、养殖户。

3.2 按国家规定进行了强制免疫，并在有效保护期内。

3.3 养殖档案相关记录符合规定。

3.4 临床检查健康。

3.5 本规程规定需进行实验室检测的，检测结果合格。

3.6 省内调运的种禽须符合种用动物健康标准；省内调运种蛋的，其供体动物须符合种用动物健康标准。

4 检疫程序

4.1 申报受理

动物卫生监督机构在接到检疫申报后，根据当地相关动物疫情情况，决定是否予以受理。受理的，应当及时派官方兽医到现场或到指定地点实施检疫；不予受理的，应说明理由。

4.2 查验资料

4.2.1 官方兽医应查验饲养场（养殖小区）《动物防疫条件合格证》和养殖档案，了解生产、免疫、监测、诊疗、消毒、无害化处理等情况，确认饲养场（养殖小区）6 个月内未发生相关动物疫病，确认禽只已按国家规定进行强制免疫，并在有效保护期内。省内调运种禽或种蛋的，还应查验《种畜禽生产经营许可证》。

4.2.2　官方兽医应查验散养户防疫档案，确认禽只已按国家规定进行强制免疫，并在有效保护期内。

4.3　临床检查

4.3.1　检查方法

4.3.1.1　群体检查。从静态、动态和食态等方面进行检查。主要检查禽群精神状况、外貌、呼吸状态、运动状态、饮水饮食及排泄物状态等。

4.3.1.2　个体检查。通过视诊、触诊、听诊等方法检查家禽个体精神状况、体温、呼吸、羽毛、天然孔、冠、髯、爪、粪、触摸嗉囊内容物性状等。

4.3.2　检查内容

4.3.2.1　禽只出现突然死亡、死亡率高；病禽极度沉郁，头部和眼睑部水肿、鸡冠发绀、脚鳞出血和神经紊乱；鸭鹅等水禽出现明显神经症状、腹泻、角膜炎，甚至失明等症状的，怀疑感染高致病性禽流感。

4.3.2.2　出现体温升高、食欲减退、神经症状；缩颈闭眼、冠髯暗紫；呼吸困难；口腔和鼻腔分泌物增多，嗉囊肿胀；下痢；产蛋减少或停止；少数禽突然发病，无任何症状而死亡等症状的，怀疑感染新城疫。

4.3.2.3　出现呼吸困难、咳嗽；停止产蛋，或产薄壳蛋、畸形蛋、褪色蛋等症状的，怀疑感染鸡传染性支气管炎。

4.3.2.4　出现呼吸困难、伸颈呼吸，发出咯咯声或咳嗽声；咳出血凝块等症状的，怀疑感染鸡传染性喉气管炎。

4.3.2.5　出现下痢，排浅白色或淡绿色稀粪，肛门周围的羽毛被粪污染或沾污泥土；饮水减少、食欲减退；消瘦、畏寒；步态不稳、精神委顿、头下垂、眼睑闭合；羽毛无光泽等症状的，怀疑感染鸡传染性法氏囊病。

4.3.2.6　出现食欲减退、消瘦、腹泻、体重迅速减轻、死亡率较高（养殖小区）、运动失调、劈叉姿势；虹膜褪色、单侧或双眼灰白色混浊所致的白眼病或瞎眼；颈、背、翅、腿和尾部形成大小不一的结节及瘤状物等症状的，怀疑感染马立克氏病。

4.3.2.7　出现食欲减退或废绝、畏寒、尖叫；排乳白色稀薄黏腻粪便，肛门周围污秽；闭眼呆立、呼吸困难；偶见共济失调、运动失衡、肢体麻痹等神经症状的，怀疑感染鸡白痢。

4.3.2.8　出现体温升高；食欲减退或废绝、翅下垂、脚无力，共济失调、不能站立；眼流浆性或脓性分泌物、眼睑肿胀或头颈浮肿；绿色下痢、衰竭虚脱等症状的，怀疑感染鸭瘟。

4.3.2.9　出现突然死亡；精神萎靡、倒地两脚划动，迅速死亡；厌食、嗉囊松软，内有大量液体和气体；排灰白色或淡黄绿色混有气泡的稀粪；呼吸困难，鼻端流出浆性分泌物，喙端色泽变暗等症状的，怀疑感染小鹅瘟。

4.3.2.10　出现冠、肉髯和其他无羽毛部位发生大小不等的疣状块，皮肤增生性病变；口腔、食道、喉或气管黏膜出现白色节结或黄色白喉膜病变等症状的，怀疑感染禽痘。

4.3.2.11　出现精神沉郁、羽毛松乱、不喜活动、食欲减退、逐渐消瘦；泄殖腔周围羽毛被稀粪沾污；运动失调、足和翅发生轻瘫；嗉囊内充满液体，可视黏膜苍白；排水样稀粪、棕红色粪便、血便、间歇性下痢；群体均匀度差，产蛋下降等症状的，怀疑感染鸡球虫病。

4.4　实验室检测

4.4.1　对怀疑患有本规程规定疫病及临床检查发现其他异常情况的，应按相应疫病防治技术规范进行实验室检测。

4.4.2　实验室检测须由省级动物卫生监督机构指定的具有资质的实验室承担，并出具检测报告。

4.4.3　省内调运的种禽或种蛋可参照《跨省调运种禽产地检疫规程》进行实验室检测，并提供相应检测报告。

5　检疫结果处理

5.1　经检疫合格的，出具《动物检疫合格证明》。

5.2　经检疫不合格的，出具《检疫处理通知单》，并按照有关规定处理。

5.2.1　临床检查发现患有本规程规定动物疫病的，扩大抽检数量并进行实验室检测。

5.2.2　发现患有本规程规定检疫对象以外动物疫病，影响动物健康的，应按规定采取相应防疫措施。

5.2.3　发现不明原因死亡或怀疑为重大动物疫情的，应按照《动物防疫法》《重大动物疫情应急条例》和《动物疫情报告管理办法》的有关规定处理。

5.2.4　病死禽只应在动物卫生监督机构监督下，由畜主按照《病害动物和病害动物产品生物安全处理规程》（GB 16548—2006）规定处理。

5.3　禽只起运前，动物卫生监督机构须监督畜主或承运人对运载工具进行有效消毒。

6　检疫记录

6.1　检疫申报单。动物卫生监督机构须指导畜主填写检疫申报单。

6.2　检疫工作记录。官方兽医须填写检疫工作记录，详细登记畜主姓名、地址、检疫申报时间、检疫时间、检疫地点、检疫动物种类、数量及用途、检疫处理、检疫证明编号等，并由畜主签字。

6.3　检疫申报单和检疫工作记录应保存 12 个月以上。

五、《跨省调运种禽产地检疫规程》（农医发〔2010〕33 号）

1　适用范围

本规程适用于中华人民共和国境内跨省（自治区、直辖市）调运种鸡、种鸭、种鹅及种蛋的产地检疫。

2　检疫合格标准

2.1　符合农业部《家禽产地检疫规程》要求。

2.2　符合农业部规定的种用动物健康标准。

2.3　提供本规程规定动物疫病的实验室检测报告，检测结果合格。

2.4　种蛋的收集、消毒记录完整，其供体动物符合本规程规定的标准。

2.5　种用雏禽临床检查健康，孵化记录完整。

3　检疫程序

3.1　申报受理

动物卫生监督机构接到检疫申报后，确认《跨省引进乳用种用动物检疫审批表》有效，并根据当地相关动物疫情情况，决定是否予以受理。受理的，应当及时派官方兽医到场实施检疫；不予受理的，应说明理由。

3.2　查验资料

3.2.1　查验饲养场《种畜禽生产经营许可证》和《动物防疫条件合格证》。

3.2.2　按《家禽产地检疫规程》要求查验养殖档案。

3.2.3　调运种蛋的，还应查验其采集、消毒等记录，确认对应供体及其健康状况。

3.3　临床检查

除按照《家禽产地检疫规程》要求开展临床检查外，还需进行下列疫病检查。

3.3.1　发现跛行、站立姿势改变、跗关节上方腱囊双侧肿大、难以屈曲等症状的，怀疑感染鸡病毒性关节炎。

3.3.2　发现消瘦、头部苍白、腹部增大、产蛋下降等症状的，怀疑感染禽白血病。

3.3.3　发现精神沉郁、反应迟钝、站立不稳、双腿缩于腹下或向外叉开、头颈震颤、共济失调或完全瘫痪等症状的，怀疑感染禽脑脊髓炎。

3.3.4　发现生长受阻、瘦弱、羽毛发育不良等症状的，怀疑感染禽网状内皮组织增殖症。

3.4　实验室检测

3.4.1　实验室检测须由省级动物卫生监督机构指定的具有资质的实验室承担，并出具检测报告（实验室检测具体要求见附表）。

3.4.2　实验室检测疫病种类

3.4.2.1　种鸡　高致病性禽流感、新城疫、禽白血病、禽网状内皮组织增殖症。

3.4.2.2　种鸭　高致病性禽流感、鸭瘟。

3.4.2.3　种鹅　高致病性禽流感、小鹅瘟。

4　检疫后处理

4.1　参照《家禽产地检疫规程》做好检疫结果处理。

4.2 无有效的《种畜禽生产经营许可证》和《动物防疫条件合格证》的，检疫程序终止。

4.3 无有效的实验室检测报告的，检疫程序终止。

5 检疫记录

参照《家禽产地检疫规程》做好检疫记录。

跨省调运种禽实验室检测要求

疫病名称	病原学检测			抗体检测			备注
	检测方法	数量	时限	检测方法	数量	时限	
高致病性禽流感	见《高致病性禽流感防治技术规范》《高致病性禽流感诊断技术》（GB/T 18936）、《禽流感病毒 RT-PCR 试验方法》（NY/T 772）	30 份/供体栋舍	调运前3个月内	见《高致病性禽流感防治技术规范》《高致病性禽流感诊断技术》（GB/T 18936）、《禽流感病毒 RT-PCR 试验方法》（NY/T 772）	0.5%（不少于30 份）	调运前1个月内	1. 非雏禽查本体 2. 抗原检测阴性，抗体检测符合规定为合格
新城疫	无	无	无	见《新城疫防治技术规范》《新城疫诊断技术》（GB/T 16550）	0.5%（不少于30 份）	调运前1个月内	抗体检测符合规定为合格
鸭瘟	见《鸭病毒性肠炎诊断技术》（GB/T 22332）	30 份/供体栋舍	调运前3个月内	无	无	无	抗原检测阴性为合格
小鹅瘟	见《小鹅瘟诊断技术》（NY/T 560）	30 份/供体栋舍	调运前3个月内	无	无	无	抗原检测阴性为合格
禽白血病	见《J-亚群禽白血病防治技术规范》	30 份/供体栋舍	调运前3个月内	ELISA（J 抗体、AB 抗体）	0.5%（不少于30 份）	调运前1个月内	抗原检测阴性，抗体检测符合规定为合格
禽网状内皮组织增殖症	无	无	无	ELISA	0.5%（不少于30 份）	调运前1个月内	检测结果阴性为合格

六、《无公害食品　鹅饲养兽医防疫准则》（NY 5266—2004）

前　言

本标准由中华人民共和国农业部提出。

本标准起草单位：农业部动物检疫所。

本标准主要起草人：龚振华、刘俊辉、胡永浩、司宏伟、张衍海、陈书琨、郑增忍。

1 范围

本标准规定了生产无公害食品的鹅饲养场在疫病预防、监测、控制和扑灭方面的兽医防疫准则。

本标准适用于生产无公害食品的鹅饲养场的兽医防疫。

2　规范性引用文件

下列文件中的条款通过本标准的引用而成为本标准的条款。凡是注日期的引用文件，其随后所有的修改单（不包括勘误的内容）或修订版均不适用于本标准，然而，鼓励根据本标准达成协议的各方研究是否可使用这些文件的最新版本。凡是不注日期的引用文件，其最新版本适用于本标准。

GB 16548　畜禽病害肉尸及其产品无害化处理规程

GB/T 16569　畜禽产品消毒规范

NY/T 388　畜禽场环境质量标准

NY 5027　无公害食品　畜禽饮用水水质

NY/T 5267　无公害食品　鹅饲养管理技术规范

中华人民共和国动物防疫法

中华人民共和国兽用生物制品质量标准

3　术语和定义

下列术语和定义适用于本标准。

3.1　动物疫病 animal epidemic diseases

动物的传染病和寄生虫病。

3.2　动物防疫 animal epidemic prevention

动物疫病的预防、控制、扑灭和动物、动物产品的检疫。

4　疫病预防

4.1　环境卫生条件

4.1.1　鹅饲养场的环境卫生质量应符合 NY/T 388 的要求，污水、污物处理应符合国家环保要求。

4.1.2　鹅饲养场的选址、建筑布局及设施设备应符合 NY/Y 5267 的要求。

4.1.3　自繁自养的鹅饲养场应严格执行种鹅场、孵化场和商品鹅场相对独立，防止疫病相互传播。

4.1.4　病害肉尸的无害化处理和消毒分别按 GB 16548 和 GB/T 16569 进行。

4.2　饲养管理

4.2.1　鹅饲养场应坚持"全进全出"的原则。引进的鹅只应来自经畜牧兽医行政管理部门核准合格的种鹅场，并持有动物检疫合格证明。运输鹅只所用的车辆和器具必须彻底清洗消毒，并持有动物及动物产品运载工具消毒证明。引进鹅只后，应先隔离观察 7 d～14 d，确认健康后方可解除隔离。

4.2.2　鹅的饲养管理、日常消毒措施、饲料及兽药、疫苗的使用应符合 NY/T 5267 的要求，并定期进行监督检查。

4.2.3　鹅的饮用水应符合 NY 5027 的要求。

4.2.4　鹅饲养场的工作人员应身体健康，并定期进行体检，在工作期间严格按照 NY/T 5267 的要求进行操作。

4.2.5　鹅饲养场应谢绝参观。特殊情况下，参观人员在消毒并穿戴专用工作服后方可进入。

4.3　免疫接种

鹅饲养场应根据《中华人民共和国动物防疫法》及其配套法规的要求，结合当地实际情况，有选择地进行疫病的预防接种工作。选用的疫苗应符合《中华人民共和国兽用生物制品质量标准》的要求，并注意选择科学的免疫接种程序和免疫接种方法。

5　疫病监测

5.1　鹅饲养场应依照《中华人民共和国动物防疫法》及其配套法规的要求，结合当地实际情况，制定疫病监测方案并组织实施。监测结果应及时报告当地畜牧兽医行政管理部门。

5.2　鹅饲养场常规监测的疫病至少应包括禽流感、鹅副黏病毒病、小鹅瘟。除上述疫病外，还应根据当地实际情况，选择其他一些必要的疫病进行监测。

5.3　鹅饲养场应配合当地动物防疫监督机构进行定期或不定期的疫病监督抽查。

6　疫病控制和扑灭

6.1　鹅饲养场发生疫病或怀疑发生疫病时，应依据《中华人民共和国动物防疫法》，立即向当地畜牧兽医行政管理部门报告疫情。

6.2　确认发生高致病性禽流感时，鹅饲养场应积极配合当地畜牧兽医行政管理部门，对鹅群实施严格的隔离、扑杀措施。

6.3　发生小鹅瘟、鹅副黏病毒病、禽霍乱、鹅白痢与伤寒等疫病时，应对鹅群实施净化措施。

6.4　当发生 6.2、6.3 所述疫病时，全场进行清洗消毒，病死鹅或淘汰鹅的尸体按 GB 16548 进行无害化处理，消毒按 CB/T 16569 进行，并且同群未发病的鹅只不得作为无公害食品销售。

7　记录

每群鹅都应有相关的资料记录，其内容包括鹅种及来源、生产性能、饲料来源及消耗情况、用药及免疫接种情况、日常消毒措施、发病情况、实验室检查及结果、死亡率及死亡原因、无害化处理情况等。所有记录应有相关负责人员签字并妥善保存 2 年以上。

七、《畜禽粪便无害化处理技术规范》（GB/T 36195—2018）

前　言

本标准按照 GB/T 1.1—2009 给出的规则起草。

本标准由中华人民共和国农业农村部提出。

本标准由全国畜牧业标准化技术委员会（SAC/TC 274）归口。

本标准起草单位：全国畜牧总站、农业部畜牧环境设施设备质量监督检验测试中心（北京）。

本标准主要起草人：沙玉圣、董红敏、赵小丽、陶秀萍、于福清、刘彬、陈永杏、王荃、黄宏坤、尚斌。

1　范围

本标准规定了畜禽粪便无害化处理的基本要求、粪便处理场选址及布局、粪便收集、贮存和运输、粪便处理及粪便处理后利用等内容。

本标准适用于畜禽养殖场所的粪便无害化处理。

2　规范性引用文件

下列文件对于本文件的应用是必不可少的。凡是注日期的引用文件，仅注日期的版本适用于本文件。凡是不注日期的引用文件，其最新版本（包括所有的修改单）适用于本文件。

GB 7959　粪便无害化卫生要求

GB 18596　畜禽养殖业污染物排放标准

GB/T 18877　有机-无机复混肥料

GB/T 19524.1　肥料中粪大肠菌群的测定

GB/T 19524.2　肥料中蛔虫卵死亡率的测定

GB/T 25246　畜禽粪便还田技术规范

GB/T 26624　畜禽养殖污水贮存设施设计要求

GB/T 27622　畜禽粪便贮存设施设计要求

NY 525　有机肥料

NY/T 682　畜禽场场区设计技术规范

NY/T 1220.1　沼气工程技术规范　第1部分：工艺设计

NY/T 1222　规模化畜禽养殖场沼气工程设计规范

3　术语和定义

下列术语和定义适用于本文本。

无害化处理 sanitation treatment

利用高温、好养、厌氧发酵或消毒等技术使畜禽粪便达到卫生学要求的过程。

4　基本要求

4.1　新建、扩建和改建畜禽养殖场小区应设置粪污处理区，建设畜禽粪便处理设施；没有粪污处理设施的应补建。

4.2　畜禽养殖场、养殖小区的粪污处理区布局应按照 NY/T 682 的规定执行。

4.3 畜禽粪便处理应坚持减量化、资源化和无害化的原则。

4.4 畜禽粪便处理过程应满足安全和卫生要求，避免二次污染发生。

4.5 发生重大疫情时应按照国家兽医防疫有关规定处置。

5 粪便处理场选址及布局

5.1 不应在下列区域内建设畜禽粪便处理场：

a) 生活饮用水水源保护区、风景名胜区、自然保护区的核心区及缓冲区；

b) 城市和城镇居民区，包括文教科研、医疗、商业和工业等人口集中地区；

c) 县级及县级以上人民政府依法划定的禁养区域；

d) 国家或地方法律、法规规定需特殊保护的其他区域。

5.2 在禁建区域附近建设畜禽粪便处理场，应设在 5.1 规定的禁建区域常年主导风向的下风向或侧下风向处，场界与禁建区域边界的最小距离不应小于 3 km。

5.3 集中建立的畜禽粪便处理场与畜禽养殖区域的最小距离应大于 2 km。

5.4 畜禽粪便处理场地应距离功能地表水体 400 m 以上。

5.5 畜禽粪便处理场区应采取地面硬化、防渗漏、防径流和雨污分流等措施。

6 粪便收集、贮存和运输

6.1 畜禽生产过程宜采用干清粪工艺，实施雨污分流，减少污染物排放量。

6.2 畜禽粪便贮存设施应符合 GB/T 27622 的规定。

6.3 畜禽养殖污水贮存设施应符合 GB/T 26624 的规定。

6.4 畜禽粪便收集、运输过程中，应采取防遗洒、防渗漏等措施。

7 粪便处理

7.1 固态

7.1.1 宜采用反应器、静态垛式等好氧堆肥技术进行无害化处理，其堆体温度维持 50 ℃以上的时间不少于 7 d，或 45 ℃以上不少于 14 d。

7.1.2 固体畜禽粪便经过堆肥处理后应符合表 1 的卫生学要求。

表 1 固体畜禽粪便堆肥处理卫生学要求

项　　目	卫生学要求
蛔虫卵	死亡率≥95％
粪大肠菌群数	≤10^5 个/kg
苍蝇	堆体周围不应该有活的蛆、蛹或羽化的成蝇

7.2 液态

7.2.1 液态畜禽粪便宜采用氧化塘贮存后进行农田利用，或采用固液分离、厌氧发酵、好氧或其他生物处理等单一或组合技术进行无害化处理。

7.2.2　厌氧发酵可采用常温、中温或高温处理工艺，常温厌氧发酵处理水力停留时间不应少于 30 d，中温厌氧发酵不应少于 7 d，高温厌氧发酵温度维持（53±2）℃时间应不少于 2 d。厌氧发酵工艺设计应符合 NY/T 1220.1 的规定，工程设计应符合 NY/T 1222 的规定。

7.2.3　经过处理后需要排放的液态部分应符合 GB 18596 的规定。

7.2.4　处理后的液体畜禽粪便，其卫生学指标应符合表 2 的卫生学要求。

表 2　液体畜禽粪便厌氧处理卫生学要求

项　目	卫生学要求
蛔虫卵	死亡率≥95％
钩虫卵	在使用粪液中不应检出活的钩虫卵
粪大肠菌群数	常温沼气发酵≤10^5 个/L，常温沼气发酵≤100 个/L
蚊子、苍蝇	粪液中不应有蚊蝇幼虫，池的周围不应有活的蛆、蛹或新羽化的成蝇
沼气池粪渣	达到表 1 要求后方可用作农肥

7.3　卫生学指标检验方法

7.3.1　粪大肠菌群按 GB/T 19524.1 的规定执行。

7.3.2　蛔虫卵按 GB/T 19524.2 的规定执行。

7.3.3　钩虫卵按 GB 7959 的规定执行。

8　粪便处理后利用

畜禽粪便经无害化处理后直接还田利用的，应符合 GB/T 25246 的规定。生产有机肥料的，应符合 NY 525 的规定。生产有机-无机复混肥的，应符合 GB/T 18877 的规定。

八、《食品动物中禁止使用的药品及其他化合物清单》（农业农村部公告第 250 号）

为进一步规范养殖用药行为，保障动物源性食品安全，根据《兽药管理条例》有关规定，我部修订了食品动物中禁止使用的药品及其他化合物清单，现予以发布，自发布之日起施行。食品动物中禁止使用的药品及其他化合物以本清单为准，原农业部公告第 193 号、235 号、560 号等文件中的相关内容同时废止。

序号	药品及其他化合物名称
1	酒石酸锑钾（antimony potassium tartrate）
2	β-兴奋剂（β-agonists）类及其盐、酯
3	汞制剂：氯化亚汞（甘汞）（calomel）、醋酸汞（mercurous acetate）、硝酸亚汞（mercurous nitrate）、吡啶基醋酸汞（pyridyl mercurous acetate）

(续)

序号	药品及其他化合物名称
4	毒杀芬（氯化烯）（camahechlor）
5	卡巴氧（carbadox）及其盐、酯
6	呋喃丹（克百威）（carbofuran）
7	氯霉素（chloramphenicol）及其盐、酯
8	杀虫脒（克死螨）（chlordimeform）
9	氨苯砜（dapsone）
10	硝基呋喃类：呋喃西林（furacilinum）、呋喃妥因（furadantin）、呋喃它酮（furaltadone）、呋喃唑酮（furazolidone）、呋喃苯烯酸钠（nifurstyrenate sodium）
11	林丹（lindane）
12	孔雀石绿（malachite green）
13	类固醇激素：醋酸美仑孕酮（melengestrol acetate）、甲基睾丸酮（methyltestosterone）、群勃龙（去甲雄三烯醇酮）（trenbolone）、玉米赤霉醇（zeranal）
14	安眠酮（methaqualone）
15	硝呋烯腙（nitrovin）
16	五氯酚酸钠（pentachlorophenol sodium）
17	硝基咪唑类：洛硝达唑（ronidazole）、替硝唑（tinidazole）
18	硝基酚钠（sodium nitrophenolate）
19	己二烯雌酚（dienoestrol）、己烯雌酚（diethylstilbestrol）、己烷雌酚（hexoestrol）及其盐、酯
20	锥虫砷胺（tryparsamile）
21	万古霉素（vancomycin）及其盐、酯

九、《饲料卫生标准》（GB 13078—2017）

前　言

本标准的全部技术内容为强制性。

本标准按照 GB/T 1.1—2009 给出的规则起草。

本标准代替 GB 13078—2001《饲料卫生标准》及其第 1 号修改单、GB 13078.1—2006《饲料卫生标准　饲料中亚硝酸盐允许量》、GB 13078.2—2006《饲料卫生标准　饲料中赭曲霉毒素 A 和玉米赤霉烯酮的允许量》、GB 13078.3—2007《配合饲料中脱氧雪腐镰刀菌烯醇的允许量》、GB 21693—2008《配合饲料中 T-2 毒素的允许量》。与原标准相比，除编辑性修改外，主要技术内容差异如下：

——调整了使用范围，修改为"本标准适用于表 1 中所列的饲料原料和饲料产品，不适用于宠物饲料产品和饲料添加剂产品"，删除了有关饲料添加剂产品的内容。

——增加了伏马毒素、多氯联苯、六氯苯 3 个项目的限量规定。

——规范了限量值的有关数字。

——扩大了各项目限量值的覆盖面并统一按饲料原料、添加剂预混合饲料、浓缩饲料、精料补充料、配合饲料的顺序列示，进一步细化了各项目在不同饲料原料和饲料产品（不同年龄和动物类别）中的限量水平，其中：

总砷：修改了总砷的限量，删除了原标准对有机砷制剂例外性规定；增加了在"干草及其加工产品""棕榈仁饼（粕）""藻类及其加工产品""甲壳类动物及其产品（虾油除外）、鱼虾粉、水生软体动物及其副产品（油脂除外）""其他水生动物源性饲料原料（不含水生动物油脂）"中的限量，并将鱼粉并入"其他水生动物源性饲料原料（不含水生动物油脂）"；增加了在"其他矿物质饲料原料""油脂"和"其他饲料原料"中的限量，并将"沸石粉、膨润土、麦饭石"并入"其他矿物质饲料原料"；将"猪、家禽添加剂预混合饲料"扩展为"添加剂预混合饲料"；将"猪、家禽浓缩饲料"和"牛羊精料补充料"分别扩展为"浓缩饲料"和"精料补充料"，删除原标准有关按比例折算的说明；增加了在"水产配合饲料"和"狐狸、貉、貂配合饲料"中的限量，并将"猪、家禽配合饲料"扩展为"其他配合饲料"。

铅：在饲料原料中的限量分别按"单细胞蛋白饲料原料""矿物质饲料原料""饲草、粗饲料及其加工产品""其他饲料原料"列示，不再单独列示"骨粉、肉骨粉、鱼粉、石粉"；将"产蛋鸡、肉用仔鸡复合预混合饲料，仔猪、生长肥育猪复合预混合饲料"扩展为"添加剂预混合饲料"；将"产蛋鸡、肉用仔鸡浓缩饲料""仔猪、生长肥育猪浓缩饲料"扩展为"浓缩饲料"；将"奶牛、肉牛精料补充料"扩展为"精料补充料"；将"生长鸭、产蛋鸭、肉鸭配合饲料，鸡配合饲料，猪配合饲料"扩展为"配合饲料"。

汞：将"鱼粉"扩展为"鱼、其他水生生物及其副产品类饲料原料"，增加了在"其他饲料原料"中的限量，在"石粉"中的限量不再单独列示；增加了在"水产配合饲料"中的限量；将"鸡配合饲料、猪配合饲料"扩展为"其他配合饲料"。

镉：将"米糠"扩展为"植物性饲料原料"，增加了在"藻类及其加工产品""水生软体动物及其副产品"中的限量，并将"鱼粉"扩展为"其他动物源性饲料原料"，增加了在"其他矿物质饲料原料"中的限量；增加了在"添加剂预混合饲料""浓缩饲料""羔羊、犊牛精料补充料""其他精料补充料"中的限量，增加了在"虾、蟹、海参、贝类配合饲料""水产配合饲料（虾、蟹、海参、贝类配合饲料除外）"中的限量，将"猪配合饲料、鸡配合饲料"扩展为"其他配合饲料"。

铬：删除了在"皮革蛋白粉"中的限量；增加了"饲料原料""猪用添加剂预混合饲料"和"其他添加剂预混合饲料""猪用浓缩饲料""其他浓缩饲料"中的限量；将"猪、鸡配合饲料"扩展为"配合饲料"，限量值降至 5 mg/kg。

氟：在饲料原料中的限量分别按"甲壳类动物及其副产品""其他动物源性饲料原料""蛭石""其他矿物质饲料原料"和"其他饲料原料"列示，不再单独列示"鱼粉""石粉""骨粉、肉骨粉"；将"猪、禽添加剂预混合饲料"扩展为"添加剂预混合饲料"，限量值降至 800 mg/kg；将"猪、禽浓缩饲料"扩展为"浓缩饲料"，限量值统一规定为 500 mg/kg，删除原标准有关按比例折算的说明；将"牛（奶牛、肉牛）精料补充料"扩展为"牛羊精料补充料"；将"生长鸡、肉用仔鸡配合饲料"表述为"肉用仔鸡、育雏鸡、育成鸡配合饲料"，限量不变；将"生长鸭、肉鸭配合饲料"和"产蛋鸭配合饲料"合并为"鸭配合饲料"，限量值统一为 200 mg/kg；增加了在"水产配合饲料"和"其他配合饲料"中的限量。

亚硝酸盐：增加了在"火腿肠粉等肉制品生产过程中获得的前食品和副产品""其他饲料原料"中的限量，将"玉米""饼粕类、麦麸、次粉、米糠""草粉"和"肉粉、肉骨粉"并入"其他饲料原料"，限量值统一规定为 15 mg/kg；将"鸡、鸭、猪浓缩饲料""牛（奶牛、肉牛）精料补充料"和"鸭配合饲料"分别扩展为"浓缩饲料""精料补充料"和"配合饲料"。

黄曲霉毒素 B_1：在饲料原料中的限量分别按"玉米加工产品、花生饼（粕）""植物油脂（玉米油、花生油除外）""玉米油、花生油"和"其他植物性饲料原料"列示，将"玉米""棉籽饼（粕）、菜籽饼（粕）""豆粕"并入"其他植物性饲料原料"；规定了在"仔猪、雏禽浓缩饲料""肉用仔鸭后期、生长鸭、产蛋鸭浓缩饲料"和"其他浓缩饲料"中的限量；增加了在"犊牛、羔羊精料补充料""泌乳期精料补充料"和"其他精料补充料"中的限量；规定了在"仔猪、雏禽配合饲料""肉用仔鸭后期、生长鸭、产蛋鸭配合饲料"中的限量，增加了在"其他配合饲料"中的限量。

赭曲霉毒素 A：将"玉米"扩展为"谷物及其加工产品"。

玉米赤霉烯酮：增加了在"玉米及其加工产品（玉米皮、喷浆玉米皮、玉米浆干粉除外）""玉米皮、喷浆玉米皮、玉米浆干粉、玉米酒糟类产品"和"其他植物性饲料原料"中的限量；增加了在"犊牛、羔羊、泌乳期精料补充料"中的限量；将原标准"配合饲料"分别按照"仔猪配合饲料""青年母猪配合饲料"和"其他猪配合饲料"列示。

脱氧雪腐镰刀菌烯醇：增加了在"植物性饲料原料""犊牛、羔羊、泌乳期精料补充料"和"其他精料补充料"中的限量；将"家禽配合饲料"并入"其他配合饲料"。

T-2 毒素：增加了在"植物性饲料原料"中的限量；将"猪配合饲料"和"禽配合饲料"表述为"猪、禽配合饲料"，限量值降至 0.5 mg/kg。

氰化物：增加了在"亚麻籽（胡麻籽）"和"其他配合饲料"中的限量；将"胡麻饼、粕"改为"亚麻籽（胡麻籽）饼、亚麻籽（胡麻籽）粕"；将"木薯干"扩展为"木薯及其加工产品"；将"雏鸡配合饲料"单独列示并将限量值降至 10 mg/kg，将"鸡配合饲料""猪配合饲料"扩展为"其他配合饲料"。

游离棉酚：分别规定了在"棉籽油""棉籽""脱酚棉籽蛋白、发酵棉籽蛋白""其他棉籽加工品"和"其他饲料原料"中的限量，不再单独规定在"棉籽饼、粕"中的限量；增加了在"犊牛精料补充料""其他牛精料补充料"和"羔羊精料补充料""其他羊精料补充料"中的限量；将"生长肥育猪配合饲料"扩展为"猪（仔猪除外）兔配合饲料"，将"肉用仔鸡、生长鸡配合饲料"扩展为"家禽（产蛋禽除外）配合饲料"；将"产蛋鸡配合饲料"和"仔猪配合饲料"并入"其他畜禽配合饲料"；增加了在"植食性、杂食性水产动物配合饲料"和"其他水产配合饲料"中的限量。

异硫氰酸酯：将"菜籽饼、粕"扩展为"菜籽及其加工产品"，增加了在"其他饲料原料"中的限量；增加了在"犊牛、羔羊精料补充料"的限量；将"鸡配合饲料、生长肥育猪配合饲料"扩展为"猪（仔猪除外）、家禽配合饲料"；增加了在"水产配合饲料"和"其他配合饲料"中的限量。

恶唑烷硫酮：增加了在"菜籽及其加工产品"中的限量，将"产蛋鸡配合饲料"扩展为"产蛋禽配合饲料"，将"肉用仔鸡、生长鸡配合饲料"扩展为"其他家禽配合饲料"，增加了在"水产配合饲料"中的限量。

六六六（HCH）：明确了限量值以 α-HCH、β-HCH、γ-HCH 之和计，将"米糠、小麦麸、大豆饼粕、鱼粉"扩展为"谷物及其加工产品（油脂除外）、油料籽实及其加工产品（油脂除外）、鱼粉"，增加了在"油脂"中的限量，将原标准中"肉用仔鸡、生长鸡配合饲料、产蛋鸡配合饲料"和"生长肥育猪配合饲料"并入"添加剂预混合饲料、浓缩饲料、精料补充料、配合饲料"，限量值降至 0.2 mg/kg。

滴滴涕（DDT）：明确了限量值以 ρ,ρ'-DDE、υ,ρ'-DDT、ρ,ρ'-DDD、ρ,ρ'-DDT 之和计，将"米糠、小麦麸、大豆饼粕、鱼粉"扩展为"谷物及其加工产品（油脂除外）、油料籽实及其加工产品（油脂除外）、鱼粉"，增加了在"油脂"中的限量，将原标准中"鸡配合饲料、猪配合饲料"并入"添加剂预混合饲料、浓缩饲料、精料补充料、配合饲料"，限量值降至 0.05 mg/kg。

霉菌总数：将"玉米""小麦麸、米糠"扩展为"谷物及其加工产品"，将"豆饼（粕）棉籽饼（粕）、菜籽饼（粕）"扩展为"饼粕饲料原料（发酵产品除外）"限量值降至 4×10^3 CFU/g；增加了在"乳制品及其加工副产品"中的限量；将在"鱼粉"中的限量值降至 1×10^4 CFU/g；增加了在"其他动物源性饲料原料"中的限量并将"肉骨粉"并入其中；删除了原标准中在"配合饲料、浓缩饲料及精料补充料"中的限量。

细菌总数：将"鱼粉"扩展为"动物源性饲料原料"。

沙门氏菌：将"饲料"扩展为"饲料原料和饲料产品"。

——增加和修改了部分项目的试验方法：油脂中的六六六、滴滴涕的试验方法采用 GB/T 5009.19，六氯苯的试验方法采用 SN/T 0127，多氯联苯的试验方法采用 GB/T 5009.190，伏马毒素的试验方法采用 NY/T 1970；黄曲霉毒素 B_1 的试验方法改为 NY/T 2071，脱氧雪腐镰刀菌烯醇的试验方法改为 GB/T 30956，赭曲霉毒素 A 试验方法改为 GB/T 30957，玉米赤霉烯酮和 T-2 毒素的试验方法改为 NY/T 2071。

本标准由全国饲料工业标准化技术委员会（SAC/TC76）提出并归口。

本标准主要起草单位：中国饲料工业协会、全国饲料工业标准化技术委员会秘书处、国家饲料质量监督检验中心（武汉）、中国农业科学院北京畜牧兽医研究所、中国农业大学、国家粮食局科学研究院、江苏省微生物研究所、全国饲料工业标准化技术委员会水产饲料分技术委员会秘书处。

本标准主要起草人：沙玉圣、王黎文、武玉波、杨林、佟建明、张丽英、李爱科、宓晓黎、粟胜兰、于福清、王荃、黄智成、黄婷、董晓芳、张艳。

本标准所代替标准的历次版本发布情况为：

—— GB 13078—1991、GB 13078—2001；

—— GB 13078.1—2006；

—— GB 13078.2—2006；

—— GB 13078.3—2007；

—— GB 21693—2008。

1 范围

本标准规定了饲料原料和饲料产品中的有毒有害物质、微生物的限量及试验方法。

本标准适用于表1所列的饲料原料和饲料产品。

本标准不适用于宠物饲料产品和饲料添加剂产品。

2 规范性引用文件

下列文件对于本文件的应用是必不可少的。凡是注日期的引用文件，仅注日期的版本适用于本文件。凡是不注日期的引用文件，其最新版本（包括所有的修改单）适用于本文件。

GB/T 5009.19 食品中有机氯农药多组分残留量的测定

GB 5009.190 食品安全国家标准 食品中指示性多氯联苯含量的测定

GB/T 13079 饲料中总砷的测定

GB/T 13080 饲料中铅的测定 原子吸收光谱法

GB/T 13081 饲料中汞的测定

GB/T 13082 饲料中镉的测定方法

GB/T 13083 饲料中氟的测定 离子选择性电极法

GB/T 13084 饲料中氰化物的测定

GB/T 13085 饲料中亚硝酸盐的测定 比色法

GB/T 13086 饲料中游离棉酚的测定方法

GB/T 13087 饲料中异硫氰酸酯的测定方法

GB/T 13088—2006 饲料中铬的测定

GB/T 13089 饲料中噁唑烷硫酮的测定方法

GB/T 13090 饲料中六六六、滴滴涕的测定方法

GB/T 13091 饲料中沙门氏菌的检测方法

GB/T 13092 饲料中霉菌总数的测定

GB/T 13093 饲料中细菌总数的测定

GB/T 30956 饲料中脱氧雪腐镰刀菌烯醇的测定 免疫亲和柱净化-高效液相色谱法

GB/T 30957 饲料中赭曲霉毒素A的测定 免疫亲和柱净化-高效液相色谱法

NY/T 1970 饲料中伏马毒素的测定

NY/T 2071 饲料中黄曲霉毒素、玉米赤霉烯酮和T-2毒素的测定 液相色谱-串联质谱法

SN/T 0127 进出口动物源性食品中六六六、滴滴涕和六氯苯残留量的检测方法 气相色谱-质谱法

3　要求

饲料卫生指标及试验方法见表1。

表1　饲料卫生指标及试验方法

序号	项目	产品名称		限量	试验方法	备注
无机污染物						
1	总砷 (mg/kg)	饲料原料	干草及其加工产品	≤4	GB/T 13079	
			棕榈仁饼（粕）	≤4		
			藻类及其加工产品	≤40		
			甲壳类动物及其副产品（虾油除外）、鱼虾粉、水生软体动物及其副产品（油脂除外）	≤15		
			其他水生动物源性饲料原料（不含水生动物油脂）	≤10		
			肉粉、肉骨粉	≤10		
			石粉	≤2		
			其他矿物质饲料原料	≤10		
			油脂	≤7		
			其他饲料原料	≤2		
		饲料产品	添加剂预混合饲料	≤10		
			浓缩饲料	≤4		
			精料补充料	≤4		
			水产配合饲料	≤10		
			狐狸、貉、貂配合饲料	≤10		
			其他配合饲料	≤2		
2	铅 (mg/kg)	饲料原料	单细胞蛋白饲料原料	≤5	GB/T 13080	
			矿物质饲料原料	≤15		
			饲草、粗饲料及其加工产品	≤30		
			其他饲料原料	≤10		
		饲料产品	添加剂预混合饲料	≤40		
			浓缩饲料	≤10		
			精料补充料	≤8		
			配合饲料	≤5		
3	汞 (mg/kg)	饲料原料	鱼、其他水生生物及其副产品类饲料原料	≤0.5	GB/T 13081	
			其他饲料原料	≤0.1		
		饲料产品	水产配合饲料	≤0.5		
			其他配合饲料	≤0.1		

（续）

序号	项目		产品名称	限量	试验方法	备注
4	镉 （mg/kg）	饲料原料	藻类及其加工产品	≤2	GB/T 13082	
			植物性饲料原料	≤1		
			水生软体动物及其副产品	≤75		
			其他动物源性饲料原料	≤2		
			石粉	≤0.75		
			其他矿物质饲料原料	≤2		
		饲料产品	添加剂预混合饲料	≤5		
			浓缩饲料	≤1.25		
			犊牛、羔羊精料补充料	≤0.5		
			其他精料补充料	≤1		
			虾、蟹、海参、贝类配合饲料	≤2		
			水产配合饲料（虾、蟹、海参、贝类配合饲料除外）	≤1		
			其他配合饲料	≤0.5		
5	铬 （mg/kg）		饲料原料	≤5	GB/T 13088—2006（原子吸收光谱法）	
		饲料产品	猪用添加剂预混合饲料	≤20		
			其他添加剂预混合饲料	≤5		
			猪用浓缩饲料	≤6		
			其他浓缩饲料	≤5		
			配合饲料	≤5		
6	氟 （mg/kg）	饲料原料	甲壳类动物及其副产品	≤3 000	GB/T 13083	
			其他动物源性饲料原料	≤500		
			蛭石	≤3 000		
			其他矿物质饲料原料	≤400		
			其他饲料原料	≤150		
		饲料产品	添加剂预混合饲料	≤800		
			浓缩饲料	≤500		
			牛、羊精料补充料	≤50		
			猪配合饲料	≤100		
			肉用仔鸡、育雏鸡、育成鸡配合饲料	≤250		
			产蛋鸡配合饲料	≤350		
			鸭配合饲料	≤200		
			水产配合饲料	≤350		
			其他配合饲料	≤150		

（续）

序号	项目		产品名称	限量	试验方法	备注
7	亚硝酸盐（以 NaNO$_2$ 计）（mg/kg）	饲料原料	火腿肠等肉制品生产过程中获得的前食品和副产品	≤80	GB/T 13085	
			其他饲料原料	≤15		
		饲料产品	浓缩饲料	≤20		
			精料补充料	≤20		
			配合饲料	≤15		
真菌毒素						
8	黄曲霉毒素 B$_1$（μg/kg）	饲料产品	玉米加工产品、花生饼（粕）	≤50	NY/T 2071	
			植物油脂（玉米油、花生油除外）	≤10		
			玉米油、花生油	≤20		
			其他植物性饲料原料	≤30		
		饲料原料	仔猪、雏禽浓缩饲料	≤10		
			肉用仔鸭后期、生长鸭、产蛋鸭浓缩饲料	≤15		
			其他浓缩饲料	≤20		
			犊牛、羔羊精料补充料	≤20		
			泌乳期精料补充料	≤10		
			其他精料补充料	≤30		
			仔猪、雏禽配合饲料	≤10		
			肉用仔鸭后期、生长鸭、产蛋鸭配合饲料	≤15		
			其他配合饲料	≤20		
9	赭曲霉毒素 A（μg/kg）	饲料原料	谷物及其加工产品	≤100	GB/T 30957	
		饲料产品	配合饲料	≤100		
10	玉米赤霉烯酮（mg/kg）	饲料原料	玉米及其加工产品（玉米皮、喷浆玉米皮、玉米浆干粉除外）	≤0.5	NY/T 2071	
			玉米皮、喷浆玉米皮、玉米浆干粉、玉米酒糟类产品	≤1.5		
			其他植物性饲料原料	≤1		
		饲料产品	犊牛、羔羊、泌乳期精料补充料	≤0.5		
			仔猪配合饲料	≤0.15		
			青年母猪配合饲料	≤0.1		
			其他猪配合饲料	≤0.25		
			其他配合饲料	≤0.5		

（续）

序号	项目	产品名称		限量	试验方法	备注
11	脱氧雪腐镰刀菌烯醇（呕吐毒素）（mg/kg）	饲料原料	植物性饲料原料	≤5	GB/T 30956	
		饲料产品	犊牛、羔羊、泌乳期精料补充料	≤1		
			其他精料补充料	≤3		
			猪配合饲料	≤4		
			其他配合饲料	≤3		
12	T－2毒素（mg/kg）	植物性饲料原料		≤0.5	NY/T 2071	
		猪、禽配合饲料		≤0.5		
13	伏马毒素（$B_1＋B_2$）（mg/kg）	饲料原料	玉米及其加工产品、玉米酒糟类产品、玉米青贮饲料和玉米秸秆	≤60	NY/T 1970	
		饲料产品	犊牛、羔羊精料补充料	≤20		
			马、兔精料补充料	≤5		
			其他反刍动物精料补充料	≤50		
			猪浓缩饲料	≤5		
			家禽浓缩饲料	≤20		
			猪、兔、马配合饲料	≤5		
			家禽配合饲料	≤20		
			鱼配合饲料	≤10		
天然植物毒素						
14	氰化物（以HCN计）（mg/kg）	饲料原料	亚麻籽（胡麻籽）	≤250	GB/T 13084	
			亚麻籽（胡麻籽）饼、亚麻籽（胡麻籽）粕	≤350		
			木薯及其加工产品	≤100		
			其他饲料原料	≤50		
		饲料产品	雏鸡配合饲料	≤10		
			其他配合饲料	≤50		
15	游离棉酚（mg/kg）	饲料原料	棉籽油	≤200	GB/T 13086	
			棉籽	≤5 000		
			脱酚棉籽蛋白、发酵棉籽蛋白	≤400		
			其他棉籽加工产品	≤1 200		
			其他饲料原料	≤20		
		饲料产品	猪（仔猪除外）、兔配合饲料	≤60		
			家禽（产蛋禽除外）配合饲料	≤100		
			犊牛精料补充料	≤100		
			其他牛精料补充料	≤50		

（续）

序号	项目	产品名称		限量	试验方法	备注
15	游离棉酚 （mg/kg）	饲料产品	羔羊精料补充料	≤60	GB/T 13086	
			其他羊精料补充料	≤300		
			植食性、杂食性水产动物配合饲料	≤300		
			其他水产配合饲料	≤150		
			其他畜禽配合饲料	≤20		
16	异硫氰酸酯 （以丙烯基异硫氰酸酯计） （mg/kg）	饲料原料	菜籽及其加工产品	≤400	GB/T 13087	
			其他饲料原料	≤100		
		饲料产品	犊牛、羔羊精料补充料	≤150		
			其他牛、羊精料补充料	≤1 000		
			猪（仔猪除外）、家禽配合饲料	≤500		
			水产配合饲料	≤800		
			其他配合饲料	≤150		
17	噁唑烷硫酮 （以5-乙烯基噁唑-2-硫酮计）（mg/kg）	饲料原料	菜籽及其加工产品	≤2 500	GB/T 13089	
		饲料产品	产蛋禽配合饲料	≤500		
			其他家禽配合饲料	≤1 000		
			水产配合饲料	≤800		
有机氯污染物						
18	多氯联苯 （PCB，以PCB28、PCB52、PCB101、PCB138、PCB153、PCB180之和计）μg/kg	饲料原料	植物性饲料原料	≤800	GB 5009.190	
			矿物质饲料原料	≤500		
			动物脂肪、乳脂和蛋脂	≤50		
			其他陆生动物产品，包括乳、蛋及其制品	≤100		
			鱼油	≤250		
			鱼和其他水产动物及其制品（鱼油、脂肪含量大于20%的鱼蛋白水解物除外）	≤350		
			脂肪含量大于20%的鱼蛋白水解物	≤200		
		饲料产品	添加剂预混料	≤350		
			生产浓缩饲料、生产配合饲料	≤150		
			其他浓缩饲料、精料补充料、配合饲料	≤150		
19	六六六（HCH，以 α-HCH、β-HCH、γ-HCH之和计）（mg/kg）	饲料原料	谷物及其加工产品（油脂除外）、油料籽实及其加工产品（油脂除外）、鱼粉	≤0.05	GB/T 13090	
			油脂	≤2.0	GB 5009.19	
			其他饲料原料	≤0.2	GB/T 13090	
		饲料产品	添加剂预混合饲料、浓缩饲料、精料补充料、配合饲料	≤0.2		

（续）

序号	项目		产品名称	限量	试验方法	备注
20	滴滴涕（以 ρ,ρ'-DDE、v,ρ'-DDT、ρ,ρ'-DDD、ρ,ρ'-DDT 之和计）（mg/kg）	饲料产品	谷物及其加工产品（油脂除外）、油料籽实及其加工产品（油脂除外）、鱼粉	≤0.2	GB/T 13090	
			油脂	≤0.5	GB 5009.19	
			其他饲料原料	≤0.05	GB/T 13090	
		饲料产品	添加剂预混合饲料、浓缩饲料、精料补充料、配合饲料	≤0.05		
21	六氯苯（HCB）（mg/kg）	饲料原料	油脂	≤0.2	SN/T 0127	
			其他饲料原料	≤0.01		
		饲料产品	添加剂预混合饲料、浓缩饲料、精料补充料、配合饲料	≤0.01		
微生物污染物						
22	霉菌总数（CFU/g）	饲料原料	谷物及其加工产品	$<4\times10^4$	GB/T 13092	
			饼粕类饲料原料（发酵产品除外）	$<4\times10^3$		
			乳制品及其加工副产品	$<1\times10^3$		
			鱼粉	$<1\times10^4$		
			其他动物性饲料原料	$<2\times10^4$		
23	细菌总数（CFU/g）		其他动物源性饲料原料	$<2\times10^4$	GB/T 13093	
24	沙门氏菌（25 g 中）		饲料原料和饲料产品	不得检出	GB/T 13091	

表中所列限量，除特别注明外均以干物质含量 88% 为基础计算（霉菌总数、细菌总数、沙门氏菌除外）。饲料原料单独饲喂时，应按相应配合饲料限量执行。

十、《种禽档案记录》（ZB B 43001—1985）

适用于全国各家禽（鸡、鸭、鹅）生产场、原种场、育种场、品种资源场。

1 种禽编号

种用家禽以及准备留作种用的雏禽，都必须编号以资识别，出壳时佩戴的翅号应与以后加编的脚号或肩号一致，并均需认真记录，以便查对。

1.1 编号方法

1.1.1 一般编号法

采用习惯方法，即在出壳后按照号码顺序连续编号时，须在记录表上注明父本号和母本号。

1.1.2 家系编号法

在进行家系选育时采用。初生雏翅号采用六位数，前二位数代表父本号，中间二位数代表母本号，后二位数代表本身顺序号。

2　测定和记录项目

2.1　生长发育

2.1.1　体重：测定次数根据家禽品种、类型和要求而定，育雏和育成期需称体重三次，即初生、育雏期末和育成期末，每次称重数量至少 100 只（公母各半），称重前需断料 12 h 以上。

2.1.2　体尺：应结合称重同时进行。除胸角用胸角器测量外，其余均用卡尺或皮尺测量，单位以厘米计。

a. 体斜长

沿体表测量肩关节至坐骨结节间距离。

b. 龙骨长

从龙骨前端到末端的距离。

c. 胸角

用胸角器测量龙骨前端的两侧胸肌角度。

d. 胸深

第一胸椎到龙骨前缘的距离。

e. 胸宽

肩关节之间的距离。

f. 胫骨长

从胫部上关节到第三、四趾间的直线距离。

g. 胫围

胫部中部的周长。

h. 骨盆宽

两腰角间宽。

i. 半潜水长（水禽）：从嘴尖到髋骨连线中点。

2.2　繁殖性能

2.2.1　受精率

指受精蛋数占入孵种蛋数的比率，按式（1）计算：

$$受精率＝（受精蛋数/入孵种蛋数）×100\% \tag{1}$$

受精蛋数也可从入孵种蛋中扣除无精蛋及变质蛋数后求得，但应包括死胚蛋。

2.2.2　孵化率

指出雏数与受精蛋数的比率，应剔除孵化过程中操作破损的胚蛋，按式（2）计算：

$$孵化率＝（出雏数/受精蛋数）×100\% \tag{2}$$

出雏数是指已出壳的雏禽数，包括出壳后就死亡的雏禽，以及正常出壳或通过助产成功出壳的鹅、鸭，不能行动或行动不便的、脐带吸收不全、卵黄吸收不良、腹部较硬、精神呆滞的弱雏在内。

2.2.3　健雏率

指健康雏禽数占出雏数的百分比，按式（3）计算。健雏是指适时出壳，绒毛正常，脐部愈合良好，精神活泼，无畸形者。

$$健雏率＝（健雏数/出雏数）×100\%\qquad(3)$$

2.2.4　育雏率

育雏期末成活的雏禽数占出壳后转入育雏舍或育雏笼的健雏数的比率，按式（4）计算：

育雏率＝（育雏期末成活的雏禽数/转入育雏舍或育雏笼时的健雏数）×100％(4)

育雏期，鸡0周龄～6周龄；鹅、鸭0周龄～4周龄。

2.2.5　育成率

表示育成期末成活的育成禽数占育雏期末转入育成舍的雏禽数的比率，按式（5）计算：

育成率＝（育成期末成活的育成禽数/育雏期末转入育成舍的雏禽数）×100％(5)

育成期，蛋用鸡7周龄～20周龄；肉用种鸡7周龄～22周龄；蛋鸭5周龄～16周龄；肉鸭5周龄～22周龄；鹅5周龄～30周龄。

2.2.6　开产日龄

a. 见蛋日龄

是指个体的性成熟年龄，即产第1个蛋时的日龄。

b. 达50％产蛋率日龄

在群体中以母禽日产蛋率连续3 d，到达50％时，3 d中的第1天，作为群体性成熟日龄，适宜于引进品种使用。

c. 达5％产蛋率日龄

在群体中以母禽产蛋率连续3 d，到达5％时，3 d中的第1天，作为群体性成熟日龄，适宜于地方品种使用。

2.2.7　产蛋量

a. 300日龄（或500日龄）产蛋量

是指出壳后开料之日（即1日龄）起，至300日龄或500日龄时止，这个期间的产蛋总数。

b. 饲养日产蛋量按式（6）计算：

饲养日产蛋量（个）＝统计期内的总产蛋量/平均每天母鸡数

＝统计期内总产蛋数/（统计期内累加饲养只日数/统计期日数）　(6)

式中平均每天母鸡数，应以每天实际存活母鸡数的总和，除以从见蛋日龄开始至统计日止的天数。在缺乏可靠记录时用见蛋时母鸡数和统计时母鸡数的均值作为平均每天只数。

c. 入舍母鸡产蛋量

以转入产蛋鸡舍或者蛋鸡进笼时（在140日龄）的育成鸡数，作为计算产蛋量时的基准，同时必须注明计算时间；有300日龄入舍母鸡产蛋量和500日龄入舍母鸡产蛋量。按式（7）计算：

入舍母鸡产蛋量（个）＝统计期内的总产蛋量/入舍育成母鸡数　　(7)

2.3 蛋的质量

2.3.1 蛋重

称 294 日龄～300 日龄（或 494 日龄～500 日龄）期间 7 d 内所产的蛋平均重，为 300 日龄（或 500 日龄）蛋重。以克为单位，按式（8）计算：

$$总蛋量（kg）=（平均蛋重×平均产蛋量）÷1\ 000 \tag{8}$$

2.3.2 蛋壳质量

a. 蛋壳厚度

在蛋的两端和中轴处各取 $0.5\ cm^2$～$0.7\ cm^2$ 面积的蛋壳样品，剔除内壳膜，用蛋壳厚度测定仪或千分卡量取厚度，三者平均值就代表该蛋壳厚度，以毫米为单位，每个样本至少测 10 个蛋。

b. 蛋壳颜色

分白色、褐色、青色、绿色等。

c. 破损率

指包括裂纹蛋在内的破壳蛋数占产蛋总数的比率。

2.3.3 蛋形指数

用游标卡尺测量蛋两端的距离，为纵径；再测蛋中轴处直径距离，为横径。蛋形指数按式（9）计算：

$$蛋形指数=纵径/横径 \tag{9}$$

2.3.4 哈氏（Haugh）单位

用哈氏单位测定仪，测定浓蛋白高度，借以反应浓蛋白含量，是评定蛋白品质的指标。方法是在蛋产出后 24 h 内，称重、破壳，用哈氏仪测量应避开系带，靠蛋黄边缘与浓蛋白边缘中点，取三点的数值，平均数为蛋白高度，按式（10）计算：

$$哈氏单位=100×\log（H-1.7W^{0.37}+7.57） \tag{10}$$

式中，H 为浓蛋白高度（mm）；W 为蛋重（g）。

2.3.5 蛋的比重（g/cm^3）

用盐水漂浮法测定，共分九级，以每 $1\ 000\ mL$ 水中加入食盐 68 g 为 0 级，以后约每增加 4 g 食盐上升一级，用比重计校正后的比重级别如下：

级别	0	1	2	3	4	5	6	7	8
比重	1.068	1.072	1.076	1.080	1.084	1.088	1.092	1.096	1.100

将欲测蛋从 0 级开始，逐级放入配制好的盐水中，视蛋漂上来的盐水比重级，就是该蛋的比重级别，比重级别高，表明蛋壳厚。此法只限于蛋产后 24 h 内进行，而且放蛋的顺序只能从低比重级盐水到高比重级盐水。每个样本至少测 5 个蛋。

2.4 肉用性状

2.4.1 宰前体重

宰前禁食 12 h 后的体重。

2.4.2 屠体重

切开耳下颈部血管，放血致死，去羽毛、脚皮、趾壳和喙壳后的重量。

2.4.3 屠宰率

屠宰率按式（11）计算：

$$屠宰率＝（屠体重/宰前体重）\times100\% \tag{11}$$

2.4.4 半净膛重

屠体去气管、食道、嗉囊、肠、脾、胰和生殖器官。留心、肝（去胆）、肾、腺胃、肌胃（除去内容物及角质膜）和腹脂（包括腹部板油及肌胃周围的脂肪）的重量。

2.4.5 全净膛重

半净膛去心、肝、腺胃、肌胃、腹脂及头脚的重量（鸭、鹅保留头脚）。

2.4.6 分割比例

a. 翅膀率

将翅膀向外侧拉开，在肩关节处切下，称左右两侧翅膀重，按式（12）计算其占全净膛重的比例。

$$翅膀率＝（两侧翅膀重/全净膛重）\times100\% \tag{12}$$

b. 腿比率

将腿向外侧拉开使之与体躯垂直，用刀沿着腿内侧与体躯连接处中间向后，绕过坐骨端避开尾脂腺部，沿腰荐中线向前直至最后胸椎处，将皮肤切开，用力把腿部向外掰开，切离髋关节和部分肌腱，即可连皮撕下整个腿部，称重，按式（13）计算：

$$腿比率＝（两侧大腿重/全净膛重）\times100\% \tag{13}$$

c. 腿肌比率

去腿骨、皮肤、皮下脂肪后的全部腿肌占全净膛重的比例，按式（14）求百分比：

$$腿肌率＝（大小腿净肌肉重/全净膛重）\times100\% \tag{14}$$

d. 胸肌率

沿着胸骨脊切开皮肤并向背部剥离，用刀切离附着于胸骨脊侧面的肌肉和肩胛部肌腱，就可将整块去皮的胸肌剥离，称重并按式（15）计算：

$$胸肌比率＝（两侧胸肌重/全净膛重）\times100\% \tag{15}$$

2.5 饲料转化比

指每生产一个单位产品，实际消耗的混合料量，以料肉比或料蛋比表示（kg/kg），按式（16）、（17）计算：

$$料蛋比＝产蛋期实际消耗的混合料总量/总蛋重 \tag{16}$$

$$料肉比＝肉用仔禽全程消耗的混合料总量/总活重 \tag{17}$$

有条件时，按照我国发表的饲料成分营养份值资料，计算代谢能（MJ/kg）和粗蛋白质（g/kg）。计算饲料转化比时，要注明能量水平和蛋白质水平。

附录 A 种禽档案记录实用表（补充件）

A.1 孵化记录见表 A.1。

表 A.1

入蛋_____年___月___日___时___分　　　　　　　　　　间号_____　公鸡号_____

母鸡脚号	总入蛋数（个）	无精			受精蛋数（个）	受精率（%）	发育停止蛋（个）						出雏（只）				破损蛋（个）		孵化率（%）		备注
		1	2	计			1	2	3	毛蛋		计	壮	弱	死	计	无精	受精	受精蛋	入孵蛋	
										未喙	已喙										

A.2　系谱编号登记见表 A.2。

表 A.2

公鸡号_____　　　　　　　　　　　　　　　　　批次_____

母鸡号	雏鸡翅号	脚号	性别	出壳日期

A.3　产蛋日记见表 A.3。

表 A.3

_____年_____月　　　　　　　　　　　　舍号_____种别_____

日期\母禽号	1	2	3	4	5	6	7	8	9	10	11	12	13	14	15	16	17	18	19	20	21	22	23	24	25	26	27	28	29	30	31	合计	平均蛋重（g）	体重（g）	备注

（续）

日期 母禽号	1	2	3	4	5	6	7	8	9	10	11	12	13	14	15	16	17	18	19	20	21	22	23	24	25	26	27	28	29	30	31	合计	平均蛋重(g)	体重(g)	备注
合计																																				
符号	产蛋记录有误* 双黄蛋 S 抱窝 B 破损 P 畸形 J 软壳 R

A.4　肉用性能记录见表 A.4。

表 A.4

圈号_____父号_____年度_____批次

母　号	日龄→ 日期↘ 体重（g）↘ 子代号↓	月　日	月　日	月　日	月　日
$n=$					
$\overline{X}=$					
$S=$					
$S\overline{x}=$					
全期饲料消耗量					
死亡率（％）					
料肉比					

A.5　家系资料统计见表 A.5。

表 A.5

间号_____公寓号_____出壳日期_____年_____月_____日

母号	子代平均体重（g）		育成率（％）	女儿数（只）	达 5％或 50％产蛋率日龄	入舍母鸡平均产蛋量（个）		平均蛋重（g）		产蛋期死亡（％）	蛋壳颜色
	日龄					日龄					
						300	500	300	500		
$n=$											
$\overline{X}=$											
$S=$											
$S\overline{x}=$											

A.6　公禽卡片见表 A.6。

表 A.6

脚号_____　父号_____　体重_____　受精率_____　孵出日期_____年_____月_____日

翅号_____　母号_____　体重_____　产蛋量_____　蛋重_____　受精率_____

除籍原因及日期_____

本身与姐妹成绩

体重（g）		体尺（cm）					精液品质				半同胞生产性能（n=　）									全同胞生产性能（n=　）								
											开产			日龄			日龄			开产			日龄			日龄		
300日龄	500日龄	体长	胸宽	胸深	胸骨长	胫长	采精量（mL）	密度	活力	颜色	日龄	体重（g）	蛋重（g）	产蛋量（个）	体重（g）	蛋重（g）	产蛋量（个）	体重（g）	蛋重（g）	日龄	体重（g）	蛋重（g）	体重（g）	蛋重（g）	产蛋量（个）	体重（g）	蛋重（g）	产蛋量（个）

繁殖与后裔成绩

与配母鸡平均性能				孵化成绩			生活力						开产		日龄		日龄			评比结果	
	日龄							140日龄		500日龄												
只数	开产日龄	体重（g）	蛋重（g）	产蛋量（个）	入孵蛋数（个）	受精率（%）	受精蛋孵化率（%）	入孵蛋孵化率（%）	雏鸡数（只）	成活数（只）	育成成活率（%）	入舍母鸡数（只）	成活数（只）	成活率（%）	日龄	体重（g）	蛋重（g）	体重（g）	蛋重（g）	产蛋量（个）	体重（g）	蛋重（g）	产蛋量（个）	300日龄	500日龄

A.7　母禽卡片见表 A.7。

表 A.7

脚号_____父号_____　　　　孵出日期_____年_____月_____日

翅号_____母号_____　　　　除籍原因及日期_____

日龄			日龄			日龄			日龄			
蛋量（个）	蛋重（g）	体重（g）	蛋量（个）	蛋重（g）	体重（g）	蛋量（个）	蛋重（g）	体重（g）	蛋量（个）	蛋重（g）	体重（g）	

孵化及后裔成绩

与配公鸡号	本身孵化成绩		孵化率（%）		后代缺陷	后代生活力	140日龄		测定鸡数（只）	140日龄～500日龄		女儿开产			女儿日龄			女儿日龄		
	入孵蛋数（个）	受精率（%）	受精蛋	入孵蛋		育雏数（只）	成活数（只）	成活率（%）		成活数（只）	成活率（%）	日龄	体重（g）	蛋重（g）	蛋量（个）	蛋重（g）	体重（g）	蛋量（个）	蛋重（g）	体重（g）

A.8 生产性能综合见表 A.8。

表 A.8

肩号	翅号	父号	母号	出雏				开产			分月产蛋个数														日龄			300日龄			500日龄		
				年	月	日	月	日龄	体重（g）	蛋重（g）	月	月	月	月	月	月	月	月	月	月	月	月	月	月	体重（g）	蛋重（g）	产蛋（个）	体重（g）	蛋重（g）	产蛋（个）	体重（g）	蛋重（g）	产蛋（个）

A.9 鸡蛋品质分析见表 A.9。

表 A.9

_____年_____月_____日

鸡号	蛋形指数			比重	蛋壳厚度（mm）				蛋重（g）	蛋白高度（mm）	哈氏单位	蛋黄颜色	血斑	肉斑
	横径	纵径	指数		大头	中间	小头	平均						

A.10　哈氏单位计算见表 A.10。

表 A.10

蛋白高度 (mm)	蛋重（g）																				
	50	51	52	53	54	55	56	57	58	59	60	61	62	63	64	65	66	67	68	69	70
3.0	52	51	51	50	49	48	48	47	46	45	44										
3.1	53	53	52	51	50	50	49	48	48	47	46										
3.2	54	54	53	52	52	51	50	50	49	48	48										
3.3	56	55	54	54	53	52	52	51	50	50	49										
3.4	57	56	56	55	54	54	53	52	52	52	51										
3.5	58	58	57	56	56	55	54	54	53	53	52										
3.6	59	59	58	58	57	56	56	55	54	54	53										
3.7	60	60	59	59	58	58	57	56	56	55	54										
3.8	62	61	60	60	59	59	58	57	57	56	56										
3.9	63	62	61	61	60	60	59	59	58	57	57										
4.0	64	63	63	62	61	61	60	60	59	59	58										
4.1	65	64	64	63	62	62	61	61	60	60	59										
4.2	66	65	65	64	64	63	62	62	61	61	60										
4.3	67	66	66	65	65	64	64	63	63	62	60										
4.4	68	67	67	66	66	65	65	64	64	63	62										
4.5	69	68	68	67	67	66	66	65	65	64	64										
4.6	70	69	68	68	68	67	67	66	66	65	65										
4.7	70	70	69	69	68	68	68	67	67	66	66										
4.8	71	71	70	70	69	69	69	68	68	67	67										
4.9	72	72	71	71	70	70	70	69	69	68	68										
5.0	73	72	72	72	71	71	70	70	69	69	69	68	68	67	67	67	66	66	65	65	64
5.1	74	73	73	72	72	71	71	71	70	70	69	69	69	68	68	67	67	66	66	66	65
5.2	74	74	74	73	73	72	72	71	71	71	70	70	70	69	69	68	68	68	67	67	66
5.3	75	75	74	74	73	73	73	72	72	71	71	71	70	70	70	69	69	69	68	68	67
5.4	76	76	75	75	74	74	73	73	73	72	72	71	71	71	70	70	70	69	69	69	68
5.5	77	76	76	76	75	75	74	74	74	73	73	72	72	72	71	71	71	70	70	69	69
5.6	77	77	77	76	76	75	75	75	74	74	74	73	73	72	72	72	71	71	71	70	70
5.7	78	78	77	77	76	76	76	75	75	75	74	74	74	73	73	73	72	72	71	71	71
5.8	78	78	78	78	77	77	77	76	76	75	75	75	74	74	74	73	73	73	72	72	72
5.9	79	79	79	78	78	78	77	77	77	76	76	75	75	75	75	74	74	73	73	73	72
6.0	80	80	80	79	79	78	78	78	77	77	77	76	76	76	75	75	75	74	74	74	73
6.1	81	81	80	80	79	79	79	79	78	78	77	77	77	76	76	76	75	75	75	74	74
6.2	82	81	81	80	80	80	79	79	78	78	78	78	77	77	77	76	76	76	75	75	75

（续）

蛋白高度 (mm)	蛋重（g）																				
	50	51	52	53	54	55	56	57	58	59	60	61	62	63	64	65	66	67	68	69	70
6.3	83	82	81	81	81	80	80	80	79	79	79	78	78	78	77	77	77	76	76	76	76
6.4	83	83	82	82	81	81	81	80	80	79	79	79	78	78	78	78	77	77		76	76
6.5	83	83	82	82	82	82	81	81	81	80	80	80	80	79	79	79	78	78	78	77	77
6.6	84	84	83	83	83	82	82	82	81	81	81	81	80	80	80	79	79	79	78	78	78
6.7	85	84	84	84	83	83	83	82	82	82	81	81	81	80	80	80	80	79	79	79	78
6.8	85	85	85	84	84	84	83	83	83	82	82	82	82	81	81	81	80	80	80	79	79
6.9	86	86	85	85	85	84	84	84	84	83	83	83	82	82	82	81	81	81	80	80	80
7.0	86	86	86	85	85	85	85	84	84	84	83	83	83	83	82	82	82	81	81	81	80
7.1	87	86	86	86	86	86	85	85	85	84	84	84	84	83	83	83	82	82	82	81	81
7.2	88	87	87	87	86	86	86	86	85	85	85	84	84	84	84	83	83	83	82	82	82
7.3	88	88	87	87	87	87	86	86	86	86	85	85	85	85	84	84	84	83	83	83	83
7.4	89	89	88	88	88	87	87	87	86	86	86	85	85	85	85	85	84	84	84	83	83
7.5	89	89	89	89	88	88	88	87	87	87	87	86	86	86	85	85	85	85	84	84	84
7.6	90	90	89	89	89	88	88	88	87	87	87	87	86	86	86	86	85	85	85	85	84
7.7	91	90	90	90	89	89	89	89	88	88	88	87	87	87	86	86	86	86	85	85	
7.8	91	91	91	90	90	90	89	89	89	89	88	88	88	87	87	87	86	86	86	86	
7.9	92	91	91	91	90	90	90	89	89	89	89	88	88	88	88	87	87	87	87	86	
8.0	92	92	92	91	91	91	90	90	90	90	90	89	89	89	89	88	88	88	87	87	87
8.1	93	92	92	92	92	91	91	91	90	90	90	09	89	89	89	89	88	88	88	88	87
8.2	93	93	93	92	92	92	92	91	91	91	91	90	90	90	89	89	89	89			

十一、《家禽生产性能名词术语和度量计算方法》（NY/T 823—2020）

前　言

本标准按照 GB/T 1.1—2009 给出的规则起草。

本标准代替 NY/T 823—2004《家禽生产性能名词术语和度量统计方法》，与 NY/T 823—2004 相比，除编辑性修改外主要技术变化如下：

——增加了育雏期、育成期、育肥期和产蛋期的术语（见 2.1、2.2、2.3 和 2.4）；

——修改了部分英文对应词（见 2.2、3.2.2、3.2.3、3.2.4、3.2.5、3.2.7、4.1、4.4、4.5、5.2.1、5.2.2、5.4、5.7.8、6.5、6.6、7.1、7.2 和 7.3，2004 年版的 2.2.2、4.3.2、4.3.3、4.3.4、4.3.5、4.3.7、6.1、6.3、6.4、5.2.1、5.2.2、5.3.3、5.6.8、3.4、3.6、4.4.1、4.4.2 和 5.5）；

——增加了鹌鹑相关内容（见 3.1.2.1、3.1.3.2、4.1.2、5.1.2、5.5.2 和附录 A）；

——增加了肥肝禽相关内容（见 4.18、7.4 和 8.2）；

——增加了测定工具（见 5.7.1、5.7.5、5.7.6 和 5.7.7）；

——孵化修改为繁殖性能，并对原内容顺序进行了调整（见 6.1、6.2、6.3、6.4、6.5 和 6.6，2004 年版的 3.5、3.1、3.2、3.3、3.4 和 3.6）；

——增加了生活力类术语（见 7.1、7.2、7.3 和 7.4）；

——修改了生产阶段的划分（见附录 A，2004 年版的 2.1 和 2.2）；

——增加了汉语拼音索引和英文对应词索引（见索引）。

本标准由农业农村部畜牧兽医局提出。

本标准由全国畜牧业标准化技术委员会（SAC/TC 274）归口。

本标准起草单位：江苏省家禽科学研究所、农业农村部家禽品质监督检验测试中心（扬州）。

本标准主要起草人：高玉时、陆俊贤、邹剑敏、唐修君、贾晓旭、樊艳凤、葛庆联、陈宽维、李慧芳、刘茵茵、张静、卜柱、顾荣、陈大伟。

1　范围

本标准规定了家禽生产性能常用的名词术语和度量计算方法。

本标准适用于家禽的生产、繁育和科学研究。

注：含度量计算方法的术语给出定义及其对应的计算方法。

2　生产阶段

2.1　育雏期　brooding period

2.1.1　雏禽出壳后需要借助于外界给温维持正常生长发育的阶段。

2.1.2　不同类型家禽育雏期划分见附录 A。

2.2　育成期　growing period

2.2.1　蛋（肉种）用禽自育雏期满至接近性成熟的生长阶段。

2.2.2　不同类型家禽育成期划分见附录 A。

2.3　育肥期　fattening period

2.3.1　肉用禽自育雏期满后至上市的生长阶段。

2.3.2　不同类型家禽育肥期划分见附录 A。

2.4　产蛋期　laying period

2.4.1　蛋（肉种）用母禽从开始产蛋至淘汰的阶段。

2.4.2　不同类型家禽产蛋期划分见附录 A。

3　生长性能

3.1　体重　body weight

3.1.1　初生重　birth weight

3.1.1.1　雏禽出生后 24 h 内的重量。

3.1.1.2 随机抽取 50 只以上雏禽，个体称重后计算平均值，单位为克（g）。

3.1.2 活重 live weight

3.1.2.1 鸡停料 12 h，鸭、鹅和鹌鹑停料 6 h 后的体重。

3.1.2.2 随机抽取公母禽至少各 30 只，个体称重后计算平均值，单位为克（g）。

3.1.3 成年体重 adult weight

3.1.3.1 家禽达到体成熟时的活重。

3.1.3.2 鸡停料 12 h，鸭、鹅和鹌鹑停料 6 h 后，称量受测禽的体重，单位为克（g）。蛋鸡、蛋鸭、肉种鸡和肉种鸭测定时间为 43 周龄，肉鹅为 56 周龄，鹌鹑为 20 周龄。

3.2 体尺 body measurement

3.2.1 体斜长 body slope length

3.2.1.1 肩关节至同侧坐骨结节间的距离。

3.2.1.2 用皮尺沿活禽体表测量，单位为厘米（cm）。

3.2.2 龙骨长 keel length

3.2.2.1 龙骨突前端到龙骨末端的距离。

3.2.2.2 用皮尺沿活禽体表测量，单位为厘米（cm）。

3.2.3 胸角 chest angel

3.2.3.1 活禽仰卧状态下龙骨前缘两侧胸部的角度。

3.2.3.2 用胸角器垂直测量，单位为度（°）。

3.2.4 胸深 chest depth

3.2.4.1 第一胸椎到龙骨前缘的距离。

3.2.4.2 用卡尺在活禽体表测量，单位为厘米（cm）。

3.2.5 胸宽 chest width

3.2.5.1 两肩关节之间的距离。

3.2.5.2 用卡尺测量，单位为厘米（cm）。

3.2.6 胫长 shank length

3.2.6.1 跗骨上关节到第三、四趾间的直线距离。

3.2.6.2 用卡尺测量，单位为厘米（cm）。

3.2.7 胫围 shank girth

3.2.7.1 胫中部的周长。

3.2.7.2 用皮尺测量，单位为厘米（cm）。

3.2.8 髋骨宽 pelvis width

3.2.8.1 两髋骨结节之间的距离。

3.2.8.2 用卡尺测量，单位为厘米（cm）。

3.2.9 半潜水长 half-diving depth

3.2.9.1 水禽喙尖到两髋骨结节连线中点的距离。

3.2.9.2 用皮尺测量，单位为厘米（cm）。

3.3 生长速度 growing rate

3.3.1 平均日增重 average daily gain

3.3.1.1 家禽在一定时间内的平均日绝对增重。

3.3.1.2 计算方法见式（1）。

$$ADG = \frac{W_{t1} - W_{t0}}{t_1 - t_0} \quad \cdots\cdots\cdots\cdots\cdots\cdots\cdots\cdots\cdots\cdots\cdots\cdots \quad (1)$$

式中：

ADG ——平均日增重，单位为克每天（g/d）；

W_{t0} ——前一次测定的重量，单位为克（g）；

W_{t1} ——后一次测定的重量，单位为克（g）；

t_0 ——前一次测定的日龄，单位为天（d）；

t_1 ——后一次测定的日龄，单位为天（d）。

3.3.2 相对生长率 relative growth rate

3.3.2.1 家禽在一定时间内增重占始重的百分比。

3.3.2.2 计算方法见式（2）。

$$RGR = \frac{W_{t1} - W_{t0}}{W_{t0}} \times 100 \quad \cdots\cdots\cdots\cdots\cdots\cdots\cdots\cdots\cdots\cdots \quad (2)$$

式中：

RGR ——相对生长率，单位为百分号（％）；

W_{t0} ——前一次测定的重量，单位为克（g）；

W_{t1} ——后一次测定的重量，单位为克（g）。

4 肉用性能

4.1 宰前体重 live weight before slaughter

4.1.1 家禽屠宰前的活重。

4.1.2 鸡停料 12 h，鸭、鹅和鹌鹑停料 6 h 后，称量待宰禽的体重，单位为克（g）。

4.2 屠体重 dressed weight

家禽经放血，去除羽毛、脚角质层、趾壳和喙壳后的重量。

4.3 屠宰率 dressed percentage

4.3.1 屠体重占宰前体重的百分比。

4.3.2 计算方法见式（3）。

$$DP = \frac{W_1}{W_2} \times 100 \quad \cdots\cdots\cdots\cdots\cdots\cdots\cdots\cdots\cdots\cdots \quad (3)$$

式中：

DP ——屠宰率，单位为百分号（％）；

W_1 ——屠体重，单位为克（g）；

W_2 ——宰前体重，单位为克（g）。

4.4 半净膛重 half-eviscerated weight with giblet

屠体去除气管、食道、嗉囊、肠、脾、胰、胆和生殖器官、胃内容物和角质膜后的重量。

4.5 半净膛率 percentage of half-eviscerated yield with giblet

4.5.1 半净膛重占宰前体重的百分比。

4.5.2 计算方法见式（4）。

$$HEP = \frac{W_3}{W_2} \times 100 \quad \cdots\cdots\cdots\cdots\cdots\cdots\cdots\cdots\cdots\cdots\cdots\cdots \quad (4)$$

式中：

HEP ——半净膛率，单位为百分号（%）；

W_2 ——宰前体重，单位为克（g）；

W_3 ——半净膛重，单位为克（g）。

4.6 全净膛重 eviscerated weight

半净膛重减去心、肝、腺胃、肌胃、肺和腹脂（快速型肉鸡去除头和脚）的重量。

4.7 全净膛率 percentage of eviscerated yield

4.7.1 全净膛重占宰前体重的百分比。

4.7.2 计算方法见式（5）。

$$EP = \frac{W_4}{W_2} \times 100 \quad \cdots\cdots\cdots\cdots\cdots\cdots\cdots\cdots\cdots\cdots\cdots\cdots \quad (5)$$

式中：

EP ——全净膛率，单位为百分号（%）；

W_2 ——宰前体重，单位为克（g）；

W_4 ——全净膛重，单位为克（g）。

4.8 翅膀率 percentage of wing yield

4.8.1 两侧翅膀重占全净膛重的百分比。

4.8.2 将受测禽两侧翅膀向外侧拉开，在肩关节处切下，称量两侧翅膀的重量，然后，按式（6）计算。

$$WP = \frac{W_5}{W_4} \times 100 \quad \cdots\cdots\cdots\cdots\cdots\cdots\cdots\cdots\cdots\cdots\cdots\cdots \quad (6)$$

式中：

WP ——翅膀率，单位为百分号（%）；

W_4 ——全净膛重，单位为克（g）；

W_5 ——两侧翅膀重，单位为克（g）。

4.9 腿比率 percentage of quarter yield

4.9.1 两侧腿重占全净膛重的百分比。

4.9.2 将受测禽腿向外侧拉开使之与体躯垂直，用刀沿着腿内侧与体躯连接处中线向后，绕过坐骨端避开尾脂腺部，沿腰荐中线向前直至最后胸椎处，将皮肤切开，用力把腿部向外掰开，切离髋关节和部分肌腱，连皮撕下整个腿部，称量两侧腿的重量，然后，按式（7）计算。

$$QP = \frac{W_6}{W_4} \times 100 \quad \cdots\cdots\cdots\cdots\cdots\cdots\cdots\cdots\cdots\cdots\cdots\cdots \quad (7)$$

式中：

QP——腿比率，单位为百分号（%）；

W_4——全净膛重，单位为克（g）；

W_6——两侧腿重，单位为克（g）。

4.10 腿肌率 percentage of leg muscle yield

4.10.1 两侧腿肌肉重占全净膛重的百分比。

4.10.2 将受测禽两侧腿部去除腿骨、皮肤、皮下脂肪后，称量全部腿肌肉的重量，然后，按式（8）计算。

$$LMP=\frac{W_7}{W_4}\times100 \quad\cdots\cdots\cdots\cdots\cdots\cdots\cdots\cdots\cdots\cdots\cdots\cdots\cdots\cdots (8)$$

式中：

LMP——腿肌率，单位为百分号（%）；

W_4 ——全净膛重，单位为克（g）；

W_7 ——两侧腿肌肉重，单位为克（g）。

4.11 胸肌率 percentage of breast muscle yield

4.11.1 两侧胸肌肉重占全净膛重的百分比。

4.11.2 将受测禽沿着胸骨脊切开皮肤并向背部剥离，用刀切离附着于胸骨脊侧面的肌肉和肩胛部肌腱，即可将整块去皮的胸肌剥离（包括胸大肌、胸小肌和第三胸肌），称量两侧胸肌的重量，然后，按式（9）计算。

$$BMP=\frac{W_8}{W_4}\times100 \quad\cdots\cdots\cdots\cdots\cdots\cdots\cdots\cdots\cdots\cdots\cdots\cdots\cdots\cdots (9)$$

式中：

BMP——胸肌率，单位为百分号（%）；

W_4 ——全净膛重，单位为克（g）；

W_8 ——两侧胸肌肉重，单位为克（g）。

4.12 腹脂率 percentage of abdominal fat yield

4.12.1 腹脂重占全净膛重与腹脂重之和的百分比。

4.12.2 将受测禽剥离腹部脂肪和肌胃周围的脂肪，称量腹脂的重量，然后，按式（10）计算。

$$AEP=\frac{W_9}{W_4+W_9}\times100 \quad\cdots\cdots\cdots\cdots\cdots\cdots\cdots\cdots\cdots\cdots\cdots (10)$$

式中：

AFP——腹脂率，单位为百分号（%）；

W_4 ——全净膛重，单位为克（g）；

W_9 ——腹脂重，单位为克（g）。

4.13 瘦肉率 percentage of lean meat yield

4.13.1 肉用鸭两侧胸肌重和两侧腿肌重之和占全净膛重的百分比。

4.13.2 计算方法见式（11）。

$$MP = \frac{W_7 + W_8}{W_4} \times 100 \quad\cdots\cdots\cdots\cdots\cdots\cdots\cdots\cdots\cdots\cdots\cdots\cdots\cdots\cdots \quad (11)$$

式中：

MP ——瘦肉率，单位为百分号（%）；

W_4 ——全净膛重，单位为克（g）；

W_7 ——两侧腿肌肉重，单位为克（g）；

W_8 ——两侧胸肌肉重，单位为克（g）。

4.14 皮脂率 percentage of skin fat yield

4.14.1 肉用鸭皮重、皮下脂肪重与腹脂重之和占全净膛重与腹脂重之和的百分比。

4.14.2 将受测禽剥离皮、皮下脂肪和腹脂，称量皮脂的重量，然后，按式（12）计算。

$$SFP = \frac{W_9 + W_{10} + W_{11}}{W_4 + W_9} \times 100 \quad\cdots\cdots\cdots\cdots\cdots\cdots\cdots\cdots\cdots\cdots\cdots \quad (12)$$

式中：

SFP ——皮脂率，单位为百分号（%）；

W_4 ——全净膛重，单位为克（g）；

W_9 ——腹脂重，单位为克（g）；

W_{10} ——皮重，单位为克（g）；

W_{11} ——皮下脂肪重，单位为克（g）。

4.15 骨肉比 ratio of bone to meat

4.15.1 骨骼重占全身肌肉重的百分比。

4.15.2 将受测禽全净膛煮熟，去肉、皮、肌腱等后，称量骨骼的重量，然后，按式（13）计算。

$$BMP = \frac{W_{12}}{W_4 - W_{12}} \times 100 \quad\cdots\cdots\cdots\cdots\cdots\cdots\cdots\cdots\cdots\cdots\cdots\cdots \quad (13)$$

式中：

BMR ——骨肉比，单位为百分号（%）；

W_4 ——全净膛重，单位为克（g）；

W_{12} ——骨骼重，单位为克（g）。

4.16 头重 head weight

头部从第一颈椎骨与头部交界处连皮切开后的重量。

4.17 脚重 foot weight

4.17.1 家禽爪（鸭、鹅为蹼）和胫的重量。

4.17.2 将受测禽跗骨的上关节（跗关节）切断后，称量脚的重量，单位为克（g）。

4.18 肥肝 foie gras

4.18.1 填饲开始日龄 age before over feeding

肝用型禽正式进入填饲的日龄。

4.18.2 填饲开始体重 body weight before over feeding

肝用型禽在填饲开始之前，停料 6 h 后的活重。

4.18.3　填饲结束体重　body weight at end of over feeding

肝用型禽在填饲期结束，停料 6 h 后的活重。

4.18.4　肥肝重　foie gras weight

经填饲后剖取的鲜肥肝重量。

5　产蛋性能

5.1　开产日龄　age at first egg

5.1.1　母禽性成熟并开始产蛋的日龄。

5.1.2　个体产蛋记录时，按所有记录个体产第一个蛋的平均日龄计算。群体产蛋记录时，蛋鸡、蛋鸭、鹌鹑按日产蛋率达 50% 的日龄计算，肉种鸡、肉种鸭、肉种鹅按日产蛋率达 5% 的日龄计算。

5.2　产蛋数　egg number

5.2.1　入舍母禽产蛋数　number of hen-housed eggs

5.2.1.1　统计期内平均每只入舍母禽产蛋数。

5.2.1.2　计算方法见式（14）。

$$HHE = \frac{\sum\limits_{i=1}^{d} A_i}{n} \quad \cdots\cdots\cdots\cdots\cdots\cdots\cdots\cdots\cdots \quad (14)$$

式中：

HHE——入舍母禽产蛋数，单位为个；

A_i　——第 i 天的产蛋数，单位为个；

d　——统计期天数，单位为天（d）；

n　——入舍母禽数，单位为只。

5.2.2　母禽饲养日产蛋数　number of hen-day eggs

5.2.2.1　统计期内实际饲养母禽平均产蛋数。

5.2.2.2　计算方法见式（15）和式（16）。

$$HDE = \frac{\sum\limits_{i=1}^{d} A_i}{\bar{n}} \quad \cdots\cdots\cdots\cdots\cdots\cdots\cdots\cdots\cdots \quad (15)$$

$$\bar{n} = \frac{\sum\limits_{i=1}^{d} B_i}{d} \quad \cdots\cdots\cdots\cdots\cdots\cdots\cdots\cdots\cdots \quad (16)$$

式中：

HDE——母禽饲养日产蛋数，单位为个；

A_i　——第 i 天的产蛋数，单位为个；

B_i　——第 i 天的饲养母禽数，单位为只；

d　——统计期天数，单位为天（d）；

$\bar{n}$　——统计期内每日平均饲养母禽数，单位为只。

5.3 产蛋率 laying rate

5.3.1 母禽在统计期内的产蛋百分比。

5.3.2 有入舍母禽产蛋率和饲养日产蛋率两种计算方法，分别见式（17）和式（18）。

$$HHR=\frac{\sum_{i=1}^{d}A_i}{d\times n}\times 100 \quad\cdots\cdots\cdots\cdots\cdots\cdots\cdots\cdots\cdots (17)$$

$$HDR=\frac{\sum_{i=1}^{d}A_i}{\sum_{i=1}^{d}B_i}\times 100 \quad\cdots\cdots\cdots\cdots\cdots\cdots\cdots\cdots (18)$$

式中：

HHR —— 入舍母禽产蛋率，单位为百分号（%）；

HDR —— 饲养日产蛋率，单位为百分号（%）；

A_i —— 第 i 天的产蛋数，单位为个；

B_i —— 第 i 天的饲养母禽数，单位为只；

d —— 统计期天数，单位为天（d）；

n —— 入舍母禽数，单位为只。

5.4 高峰产蛋率 percent peak

产蛋期内最高的周平均产蛋率。

5.5 平均蛋重 average egg weight

5.5.1 产蛋母禽在统计期内所产蛋的平均重量。

5.5.2 平均蛋重测量方法如下：

a) 品种、品系的平均蛋重。个体记录从不同家禽特定周龄开始连续称取 3 个蛋重求平均值；群体记录从某一周龄开始连续抽取 3 d 总产蛋重除以总产蛋数。鸡和鸭为 43 周龄、鹅为 56 周龄、鹌鹑为 20 周龄。

b) 统计期内的平均蛋重。按天或周抽取一定数量的样品测定蛋重，统计总蛋重和产蛋数，按产蛋数求平均值。群体产蛋在 300 个以下，抽取样品数量不少于 60 个；在 300 个～1 000 个，抽取样品数量 60 个～200 个；在 1 000 个以上，抽取样品数量不低于 200 个。

5.6 产蛋总重 egg mass

5.6.1 平均每只母禽在一定统计期内产蛋的总重量。

5.6.2 计算方法见式（19）。

$$W=\frac{\sum_{i=1}^{d}C_i}{\sum_{i=1}^{d}B_i}\times d \quad\cdots\cdots\cdots\cdots\cdots\cdots\cdots\cdots\cdots (19)$$

式中：

W —— 产蛋总重，单位为千克（kg）；

B_i —— 第 i 天的饲养母禽数，单位为只；

C_i —— 第 i 天的产蛋重量，单位为千克（kg）；

d ——统计期天数，单位为天（d）。

5.7　蛋品质　egg quality

5.7.1　蛋形指数　egg shape index

5.7.1.1　蛋的纵径与横径的比值。

5.7.1.2　用蛋形指数测定仪直接读取，或用游标卡尺测量蛋的纵径和横径，计算方法见式（20）。

$$ESI = \frac{l_1}{l_2} \quad\text{……………………………………………………}\quad (20)$$

式中：

ESI ——蛋形指数；

l_1 ——蛋纵径的长度，单位为毫米（mm）；

l_2 ——蛋横径的长度，单位为毫米（mm）。

5.7.2　蛋壳强度　shell strength

5.7.2.1　蛋壳耐受压强的大小。

5.7.2.2　将蛋垂直放置且钝端向上，用蛋壳强度测定仪测定，单位为千克每平方厘米（kg/cm^2）。

5.7.3　蛋壳厚度　shell thickness

5.7.3.1　蛋壳的厚薄程度。

5.7.3.2　将蛋打开，除去内容物，再用清水冲洗壳的内面，然后用滤纸吸干，剔除蛋壳膜，用蛋壳厚度测定仪分别测量蛋壳钝端、中部、锐端的厚度，求其平均值，单位为毫米（mm）。

5.7.4　蛋比重　specific gravity of eggs

5.7.4.1　单位体积的蛋重量。

5.7.4.2　用盐水漂浮法测定。在 1 000 mL 水中加入氯化钠（NaCl）68 g，定为 0 级，以后每增加一级，累加氯化钠 4 g，然后用比重法对所配溶液校正。蛋的级别比重见表 1。从 0 级开始，将蛋逐级放入配制好的盐水中，漂上来的最小盐水比重级为该蛋的级别。家禽性能测定时受测蛋应在产出 48 h 内进行测定，样本数不少于 30 个，取平均值。

表 1　蛋比重分级

项目	指标								
级别	0	1	2	3	4	5	6	7	8
比重	1.068	1.072	1.076	1.080	1.084	1.088	1.092	1.096	1.100

5.7.5　蛋黄颜色　yolk color

按蛋黄比色扇的 15 个蛋黄颜色等级对比分级，统计各级的数量及其百分比，求平均值；或利用专用蛋品质测定仪逐个测量禽蛋的蛋黄颜色等级，统计各级的数量及其百分比，求平均值。

5.7.6 蛋壳颜色 shell color

按白色、浅褐色（粉色）、褐色、青色（绿色）、青瓷色和白色带棕褐色斑点表示；或用蛋壳颜色测定仪分别测定蛋的钝端、中部、锐端的色泽，求其平均值。

5.7.7 哈氏单位 haugh unit

5.7.7.1 衡量禽蛋蛋白质量和新鲜度的指标。

5.7.7.2 先将蛋称重，然后破壳在平板上，用蛋白高度测定仪测量蛋黄边缘与浓蛋白边缘的中点的浓蛋白高度（避开系带），测量呈正三角形的 3 个点，取其平均值，按式（21）计算。家禽性能测定时受测蛋应在产出 48 h 内进行测定，样本数不少于 30 个，取平均值。

$$HU = 100 \times \log\left(H - 1.7 \times W_{14}^{0.37} + 7.57\right) \quad \cdots\cdots\cdots\cdots\cdots\cdots (21)$$

式中：

HU ——哈氏单位；

H ——浓蛋白高度，单位为毫米（mm）；

W_{14} ——蛋重，单位为克（g）。

注：利用专用蛋品质测定仪测定时，仪器自动依据上述公式自动计算，直接显示哈氏单位值。

5.7.8 血斑和肉斑率 percents of eggs with blood and meat spots

5.7.8.1 禽蛋中含有血斑和肉斑蛋数占测定总蛋数的百分比。

5.7.8.2 将受测蛋强光透视或破壳检验，统计含有血斑和肉斑的蛋数，测定数一般不少于 100 个，按式（22）计算。

$$EBM = \frac{e_1}{e_2} \times 100 \quad \cdots\cdots\cdots\cdots\cdots\cdots\cdots\cdots (22)$$

式中：

EBM ——血斑和肉斑率，单位为百分号（%）；

e_1 ——血斑和肉斑蛋数，单位为个；

e_2 ——测定总蛋数，单位为个。

5.7.9 蛋黄比率 percentage of yolk

5.7.9.1 蛋黄重占蛋重的百分比。

5.7.9.2 将蛋称重后，打蛋分开蛋白和蛋黄，称量蛋黄重，按式（23）计算。

$$YP = \frac{W_{13}}{W_{14}} \times 100 \quad \cdots\cdots\cdots\cdots\cdots\cdots\cdots\cdots (23)$$

式中：

YP ——蛋黄比率，单位为百分号（%）；

W_{13} ——蛋黄重，单位为克（g）；

W_{14} ——蛋重，单位为克（g）。

6 繁殖性能

6.1 种母禽产合格种蛋数 number of settable eggs

6.1.1 入舍种母禽产合格种蛋数 number of settable hen-housed eggs

6.1.1.1 统计期内平均每只入舍种母禽产合格种蛋数。

6.1.1.2 计算方法见式（24）。

$$HHSE = \frac{\sum\limits_{i=1}^{d} D_i}{n} \quad\cdots\cdots\cdots\cdots\cdots\cdots\cdots\cdots\cdots\cdots\cdots\cdots\cdots (24)$$

式中：

$HHSE$——入舍母禽产合格种蛋数，单位为个；

D_i ——第 i 天的产合格蛋数，单位为个；

d ——统计期天数，单位为天（d）；

n ——入舍母禽数，单位为只。

6.1.2 种母禽饲养日产合格种蛋数 number of settable hen-day eggs

6.1.2.1 统计期内实际饲养种母禽平均产合格种蛋数。

6.1.2.2 计算方法见式（25）。

$$HDSE = \frac{\sum\limits_{i=1}^{d} D_i}{\bar{n}} \quad\cdots\cdots\cdots\cdots\cdots\cdots\cdots\cdots\cdots\cdots\cdots\cdots\cdots (25)$$

式中：

$HDSE$——种母禽饲养日产合格种蛋数，单位为个；

D_i ——第 i 天的产合格蛋数，单位为个；

d ——统计期天数，单位为天（d）；

$\bar{n}$ ——统计期内每日平均饲养量，单位为只。

6.2 种蛋合格率 percentage of settable eggs

6.2.1 种母禽所产符合本品种、品系和配套系要求的种蛋数占产蛋总数的百分比。

6.2.2 计算方法见式（26）。

$$SEP = \frac{e_3}{e_4} \times 100 \quad\cdots\cdots\cdots\cdots\cdots\cdots\cdots\cdots\cdots\cdots\cdots\cdots\cdots (26)$$

式中：

SEP——种蛋合格率，单位为百分号（%）；

e_3 ——合格种蛋数，单位为个；

e_4 ——产蛋总数，单位为个。

6.3 受精率 fertility

6.3.1 受精蛋数占入孵蛋数的百分比。

6.3.2 计算方法见式（27）。

$$F = \frac{e_5}{e_6} \times 100 \quad\cdots\cdots\cdots\cdots\cdots\cdots\cdots\cdots\cdots\cdots\cdots\cdots\cdots (27)$$

式中：

F ——种蛋受精率，单位为百分号（%）；

e_5 ——受精蛋数，单位为个；

e_6 ——入孵蛋数，单位为个。

注：血圈、血线蛋按受精蛋计数，散黄蛋不列入统计范围。

6.4 孵化率 hatchability

6.4.1 受精蛋孵化率 hatchability of fertile eggs

6.4.1.1 出雏数占受精蛋数的百分比。

6.4.1.2 计算方法见式（28）。

$$HF=\frac{n_1}{e_5}\times100 \qquad\cdots\cdots\cdots\cdots\cdots\cdots\cdots\cdots\cdots\cdots\cdots\cdots\cdots\cdots\cdots（28）$$

式中：

HF ——受精蛋孵化率，单位为百分号（%）；

e_5 ——受精蛋数，单位为个；

n_1 ——出雏数，单位为只。

6.4.2 入孵蛋孵化率 hatchability of settable eggs

6.4.2.1 出雏数占入孵蛋数的百分比。

6.4.2.2 计算方法见式（29）。

$$HS=\frac{n_1}{e_6}\times100 \qquad\cdots\cdots\cdots\cdots\cdots\cdots\cdots\cdots\cdots\cdots\cdots\cdots\cdots\cdots\cdots（29）$$

式中：

HS ——入孵蛋孵化率，单位为百分号（%）；

e_6 ——入孵蛋数，单位为个；

n_1 ——出雏数，单位为只。

6.5 健雏率 percentage of healthy day-old chicks

6.5.1 健雏数占出雏数的百分比。

6.5.2 计算方法见式（30）。

$$HCP=\frac{n_2}{n_1}\times100 \qquad\cdots\cdots\cdots\cdots\cdots\cdots\cdots\cdots\cdots\cdots\cdots\cdots\cdots\cdots（30）$$

式中：

HCP ——健雏率，单位为百分号（%）；

n_1 ——出雏数，单位为只；

n_2 ——健雏数，单位为只。

注： 健雏为适时出雏，绒毛正常、脐部愈合良好、精神活泼、无畸形的雏禽。

6.6 种母禽提供健雏数 healthy day-old chicks produced per hen

群体中平均每只种母禽在规定生产周期内提供的健雏数。

7 生活力

7.1 育雏期存活率 livability during brooding period

7.1.1 育雏期末存活雏禽数占入舍雏禽数的百分比。

7.1.2 计算方法见式（31）。

$$LB=\frac{n_3}{n_4}\times100 \qquad\cdots\cdots\cdots\cdots\cdots\cdots\cdots\cdots\cdots\cdots\cdots\cdots\cdots\cdots（31）$$

式中：

LB ——育雏期存活率，单位为百分号（％）；

n_3 ——育雏期末存活雏禽数，单位为只；

n_4 ——入舍雏禽数，单位为只。

7.2 育成期存活率　livability during growing period

7.2.1 育成期末存活禽数占育成期入舍禽数的百分比。

7.2.2 计算方法见式（32）。

$$LG=\frac{n_5}{n_6}\times100 \quad\cdots\cdots\cdots\cdots\cdots\cdots\cdots\cdots\cdots\cdots\cdots\cdots\cdots\cdots\cdots\cdots\cdots\cdots\cdots\cdots\quad(32)$$

式中：

LG ——育成期存活率，单位为百分号（％）；

n_5 ——育成期末存活禽数，单位为只；

n_6 ——育成期入舍禽数，单位为只。

7.3 产蛋期母禽存活率　livability during laying period

7.3.1 产蛋期入舍母禽数减去死亡数和淘汰数占产蛋期入舍母禽数的百分比。

7.3.2 计算方法见式（33）。

$$LL=\frac{n_7-n_8-n_9}{n_7}\times100 \quad\cdots\cdots\cdots\cdots\cdots\cdots\cdots\cdots\cdots\cdots\cdots\cdots\cdots\quad(33)$$

式中：

LL ——产蛋期母禽存活率，单位为百分号（％）；

n_7 ——产蛋期入舍母禽数，单位为只；

n_8 ——产蛋期死亡数，单位为只；

n_9 ——产蛋期淘汰数，单位为只。

7.4 填饲存活率　livability during over feeding period

7.4.1 肝用型禽经过填饲期后存活的数量占填饲前的数量的百分比，

7.4.2 计算方法见式（34）。

$$LF=\frac{n_{10}}{n_{11}}\times100 \quad\cdots\cdots\cdots\cdots\cdots\cdots\cdots\cdots\cdots\cdots\cdots\cdots\cdots\cdots\cdots\quad(34)$$

式中：

LF ——填饲存活率，单位为百分号（％）；

n_{10} ——填饲期结束后存活的数量，单位为只；

n_{11} ——填饲前的数量，单位为只。

8 饲料利用效率

8.1 耗料量　feed consumption

8.1.1 平均日耗料量　average daily feed consumption

8.1.1.1 统计期内平均每只家禽每天消耗的饲料重量。

8.1.1.2 计算方法见式（35）。

$$FCD = \frac{\sum\limits_{i=1}^{d} E_i}{\sum\limits_{i=1}^{d} B_i} \times 1000 \quad \cdots\cdots\cdots\cdots\cdots\cdots\cdots\cdots\cdots\cdots\cdots \quad (35)$$

式中：

FCD —— 平均日耗料量，单位为克（g）；

E_i —— 第 i 天的采食量，单位为千克（kg）；

B_i —— 第 i 天的饲养量，单位为只；

d —— 统计期天数，单位为天（d）。

8.1.2 平均只耗料量 average feed consumption per bird

8.1.2.1 统计期内平均每只家禽消耗的饲料重量。

8.1.2.2 计算方法见式（36）。

$$FCB = \frac{\sum\limits_{i=1}^{d} E_i}{\bar{n}} \times 1000 \quad \cdots\cdots\cdots\cdots\cdots\cdots\cdots\cdots\cdots\cdots \quad (36)$$

式中：

FCB —— 平均只耗料量，单位为克（g）；

E_i —— 第 i 天的采食量，单位为千克（kg）；

d —— 统计期天数，单位为天（d）；

$\bar{n}$ —— 统计期内每日平均饲养量，单位为只。

8.2 饲料转化率 feed conversion ratio

8.2.1 生产每一个单位产品实际消耗的饲料量。饲料转化率包括料蛋比、料重比、料肝比和生产每个种蛋耗料量，其中料蛋比包括产蛋期料蛋比和全程料蛋比。

8.2.2 料蛋比按式（37）计算；料重比按式（38）计算，料肝比式（39）计算，生产每个种蛋耗料量按式（40）计算。

$$FCR_e = \frac{\sum\limits_{i=1}^{d} E_i}{\sum\limits_{i=1}^{d} C_i} \quad \cdots\cdots\cdots\cdots\cdots\cdots\cdots\cdots\cdots\cdots \quad (37)$$

式中：

FCR_e —— 料蛋比，以 $X:1$ 表示；

E_i —— 第 i 天的采食量，单位为千克（kg）；

C_i —— 第 i 天产蛋的重量，单位为千克（kg）；

d —— 统计期天数，单位为天（d）。

注：产蛋期料蛋比统计期为开产到淘汰，全程料蛋比统计期为初生到淘汰。

$$FCR_w = \frac{\sum\limits_{i=1}^{d} E_i}{W_i - W_0} \quad \cdots\cdots\cdots\cdots\cdots\cdots\cdots\cdots\cdots\cdots \quad (38)$$

式中：

FCR_w —— 料重比，以 $X:1$ 表示；

E_i　　——第 i 天的采食量，单位为千克（kg）；

W_i　　——第 i 天测定群体的重量，单位为千克（kg）；

W_0　　——测定群体的始重量，单位为千克（kg）；

d　　——统计期天数，单位为天（d）。

$$FCR_f = \frac{\sum\limits_{i=1}^{d} E_i}{\sum\limits_{i=1}^{d} F_i} \quad \cdots\cdots\cdots\cdots\cdots\cdots\cdots\cdots\cdots\cdots\cdots\cdots\cdots\cdots\cdots \quad (39)$$

FCR_f——料肝比，以 X∶1 表示；

E_i　　——第 i 天的采食量，单位为千克（kg）；

F_i　　——第 i 天剖取的鲜肥肝重量，单位为千克（kg）；

d　　——统计期天数，单位为天（d）。

注：统计期为填饲期开始至填饲期结束。

$$FCR_b \frac{\sum\limits_{i=1}^{d} E_i}{\sum\limits_{i=1}^{d} D_i} \times 1000 \quad \cdots\cdots\cdots\cdots\cdots\cdots\cdots\cdots\cdots\cdots\cdots\cdots\cdots \quad (40)$$

FCR_b——生产每个种蛋耗料量，单位为克（g）；

E_i　　——第 i 天的采食量，单位为千克（kg）；

D_i　　——第 i 天的产合格种蛋数，单位为个；

d　　——统计期天数，单位为天（d）。

注：统计期为初生到淘汰，E_i 包括种公禽的采食量。

附　录　A
（规范性附录）
生产阶段划分方法

A.1　肉用禽生产阶段划分

见表 A.1。

表 A.1　肉用禽生产阶段划分

禽别		生产阶段，周	
		育雏期	育肥期
肉鸡	快速型	0～3	4 至上市
	中速型	0～4	5 至上市
	慢速型	0～6	7 至上市
肉鸭	快速型	0～3	4 至上市
	中慢速型	0～4	5 至上市
肉鹅		0～4	5 至上市
肉用鹌鹑		0～3	4 至上市

A.2　肉用种禽生产阶段划分

见表 A.2。

表 A.2　肉用种禽生产阶段划分

禽别		生产阶段，周		
		育雏期	育成期	产蛋期
鸡	快速型	0～5	6～24	25 至淘汰
	中速型		6～21	22 至淘汰
	慢速型		6～19	20 至淘汰
鸭		0～4	5～24	25 至淘汰
鹅		0～4	5～28	29 至淘汰
鹌鹑		0～3	4～6	7 至淘汰

A.3　蛋用禽生产阶段划分

见表 A.3。

表 A.3　蛋用禽生产阶段划分

禽别	生产阶段，周		
	育雏期	育成期	产蛋期
鸡	0～6	7～18	19 至淘汰
鸭	0～4	5～16	17 至淘汰
鹌鹑	0～3	4～6	7 至淘汰

图书在版编目（CIP）数据

浙东白鹅生产技术规范 / 陈维虎，王小骊主编 . —
北京：中国农业出版社，2022.8
ISBN 978 - 7 - 109 - 28870 - 6

Ⅰ.①浙… Ⅱ.①陈… ②王… Ⅲ.①白鹅—饲养管
理—技术规范—浙江 Ⅳ.①S835.4 - 65

中国版本图书馆 CIP 数据核字（2021）第 212504 号

中国农业出版社出版
地址：北京市朝阳区麦子店街 18 号楼
邮编：100125
责任编辑：杨晓改 耿韶磊
版式设计：杨 婧 责任校对：吴丽婷
印刷：中农印务有限公司
版次：2022 年 8 月第 1 版
印次：2022 年 8 月北京第 1 次印刷
发行：新华书店北京发行所
开本：787mm×1092mm 1/16
印张：16.25
字数：400 千字
定价：98.00 元

版权所有·侵权必究
凡购买本社图书，如有印装质量问题，我社负责调换。
服务电话：010 - 59195115 010 - 59194918